Mecanismes i màquines III
DINÀMICA DE MÀQUINES

Carles Riba Romeva

UPC Edicions UPC
UNIVERSITAT POLITÈCNICA DE CATALUNYA

Primera edició: novembre de 2000
Segona edició: març de 2005
Reimpressió: abril de 2010

Aquest llibre s'ha publicat amb la col·laboració
del Comissionat per a Universitats i Recerca
i del Departament de Cultura de la Generalitat de Catalunya

En col·laboració amb el Servei de Llengües i Terminologia de la UPC.

Disseny de la coberta: E. Castelltort

Producció: LIGHTNING SOURCE

Dipòsit legal: B-9099-2005
ISBN obra completa: 978-84-8301-352-6
ISBN: 978-84-8301-800-2

Presentació

Aquest text, *Dinàmica de màquines*, juntament amb altres dos textos, *El frec en les màquines* i *Transmissions d'engranatges*, formen un conjunt que sota el títol més general de *Mecanismes i màquines* han estat escrits per donar suport a l'assignatura del mateix nom que s'imparteix a l'Escola Tècnica Superior d'Enginyers Industrials de Barcelona de la Universitat Politècnica de Catalunya (ETSEIB-UPC) corresponent a la titulació d'*Enginyer Industrial.*

El contingut d'aquests escrits s'orienta especialment vers el disseny (o la síntesi) dels mecanismes més freqüents en les màquines i pressuposa els coneixements d'altres assignatures precedents de caràcter més bàsic i centrades en l'anàlisi com ara la *Mecànica* o la *Teoria de Màquines.*

Seguint una tradició en aquestes matèries iniciada en els anys 70 a l'ETSEIB pel professor Pedro Ramon Moliner, es posa l'èmfasi en la resolució de casos extrets d'aplicacions de l'enginyeria mecànica els quals, a més d'oferir una eficàcia pedagògica més gran en obligar l'estudiant a revisar les hipòtesis i a simplificar els models, proporcionen també la base per a una cultura de les màquines. La part expositiva del text pren la forma de guió per a l'estudi i de formulari per a facilitar-ne l'aplicació.

Alguns dels problemes inclosos en aquest text han estat proposats pels professors que han impartit assignatures anàlogues a l'ETSEIB en un període que abraça més de 25 anys: Josep Centellas Portella (JCP); Francesc Ferrando Piera (FFP); Juli Garcia Ramon (JGR); Joaquim Martell Pérez (JMP); Mateu Martín Batlle (MMB); Joan Mercader Ferreres (JMF); Xavier Miralles Mas (XMM); Pedro Ramon Moliner (PRM); Carles Riba Romeva (CRR). Molts altres exemples i problemes han estat elaborats per l'autor específicament per a aquesta obra.

Espero que aquest text sigui d'utilitat per als estudiants en la preparació de la matèria i que també ho sigui en el desenvolupament de la seva vida professional.

Índex

Presentació

Capítol III Dinàmica de les màquines

9   Masses rotatives

9.1   Forces d'inèrcia en rotors rígids

Introducció

El *desequilibri en rotors* (i l'equilibrament de rotors), els *efectes giroscòpics en rotors* l'*estabilitat de rotors* (velocitats crítiques), i les *vibracions torsionals en rotors* són diversos aspectes fonamentals del que es coneix com a *dinàmica de rotors*, una de les parts tecnològicament més interessants i complexes de la dinàmica de màquines.

Aquest capítol tracta tres d'aquests aspectes: el desequilibri de rotors rígids (i els seu equilibrament), de forma més completa, i unes breus introduccions als complexos temes dels efectes giroscòpics i de la inestabilitat en rotors flexibles, ja que presenten certes interdependències amb el primer que aconsellen de tractar-los conjuntament. Per contra, no s'estudien les vibracions torsionals, ja que constitueix una temàtica diferenciada que cal tractar en base a la teoria general de vibracions.

S'anomena *rotor* un cos que gira al voltant d'un eix fix amb una velocitat angular donada, ω. Més endavant pertocarà fer la distinció entre *rotor rígid* i *rotor flexible*. Inicialment s'estudia el desequilibri en els rotors rígids, o sigui, aquells que es comporten sensiblement com a sòlids rígids.

Rotor rígid amb una massa puntual desequilibrada

El model més simple de rotor rígid és aquell format per una massa concentrada, m, lligada a un eix sense massa de rigidesa infinita. Si aquesta massa concentrada es troba damunt de l'eix de rotació, no apareix cap força d'inèrcia de desequilibri (Figura

9.1a), mentre que si es troba desplaçada una certa distància respecte de l'eix (*excentricitat, e*), apareix una *força d'inèrcia de D'Alembert, F_i*, que s'equilibra amb (o és causada per) les reaccions, R_A i R_B, dels suports, coixinets o rodaments sobre l'eix (Figura 9.1b).

Les accions de l'eix sobre els coixinets o rodaments ($-R_A$ i $-R_B$) són els clàssics efectes d'un rotor desequilibrat sobre els seus elements de suport i, en definitiva, sobre la màquina de la qual el rotor forma part, origen de moltes de les vibracions i trepidacions de les màquines.

La força d'inèrcia, F_i, té per mòdul el producte de la massa desequilibrada, m, per l'acceleració normal centrípeta, a_n, de direcció que, passant per la massa concentrada, és perpendicular a l'eix de rotació, i de sentit de l'eix vers la massa. L'expressió del mòdul és:

$$F_i = m \cdot a_n = m \cdot e \cdot \omega^2 \quad (N) \tag{1}$$

Les reaccions R_A i R_B es troben en el mateix pla axial que conté la força d'inèrcia de desequilibri, F_i, i els seus mòduls són inversament proporcionals a les distàncies sobre l'eix entre cada una d'elles i la força de desequilibri, a i b:

$$R_A = \frac{b}{l} \cdot F_i \qquad R_A = \frac{b}{l} \cdot F_i \qquad a + b = l \tag{2}$$

En el cas que la massa del rotor no fos puntual, sinó discoïdal, i que el disc fos perpendicular a l'eix de rotació, tot el que s'ha dit fins ara continua essent vàlid, però substituint el disc per la seva massa concentrada en el centre de gravetat de la seva secció (Figura 9.2).

Exemple 9.1: Desequilibri en el rotor d'una turbina de vapor

Enunciat

Si un rotor equilibrat (a la pràctica sempre resta un petit desequilibri) perd un element durant el seu funcionament (la pala d'un ventilador, l'àlep d'una turbina) o es produeix una deformació a causa d'un cop (llanda d'automòbil), d'un desgast (pneumàtic) o de la fluència del material (àleps de turbines de gas), es crea un desequilibri important que, segons els casos, es manifesta de forma sobtada o progressiva. Es vol avaluar la força d'inèrcia de desequilibri, F_I, que apareix sobtadament en el rotor d'una turbina de vapor que gira a ω=3000 min^{-1} (Figura 9.3), considerat rígid i perfectament equilibrat, si, en ple funcionament, perd un dels seus àleps (massa m_a=1 kg; excentricitat e=0,52 m), així com les reaccions, R_A i R_B, dels suports o coixinets sobre el rotor.

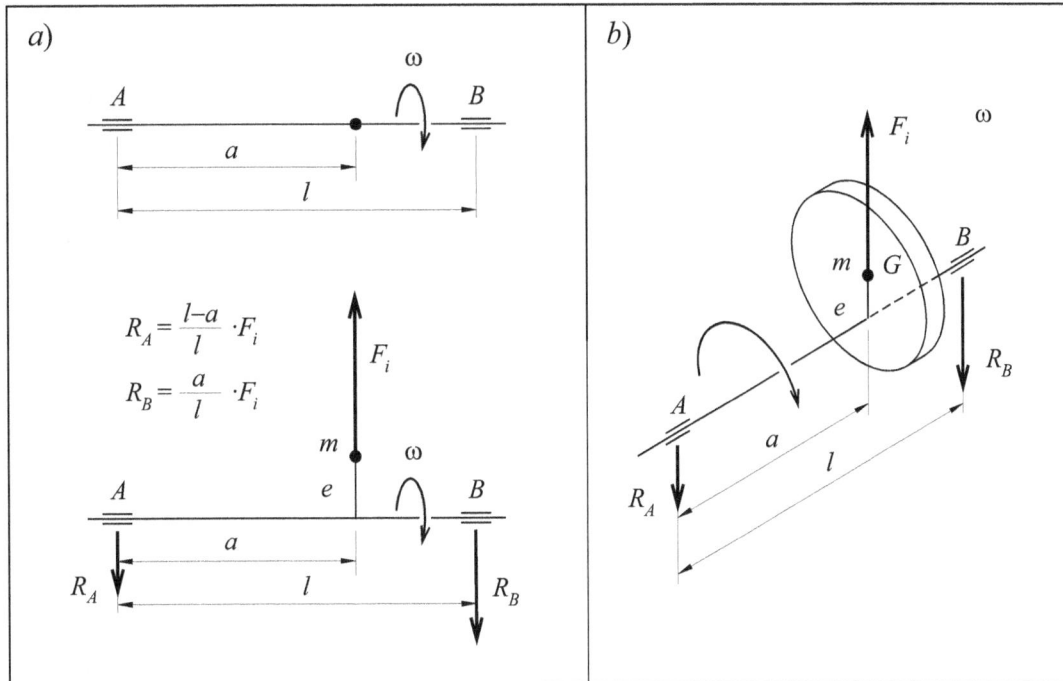

Figura 9.1 Rotor rígid amb una massa puntual: *a*) Rotor equilibrat; *b*) Rotor desequilibrat

Figura 9.2 Desequilibri en un disc perpendicular a l'eix de rotació

$$R_A = \frac{l-a}{l} \cdot F_i$$

$$R_B = \frac{a}{l} \cdot F_i$$

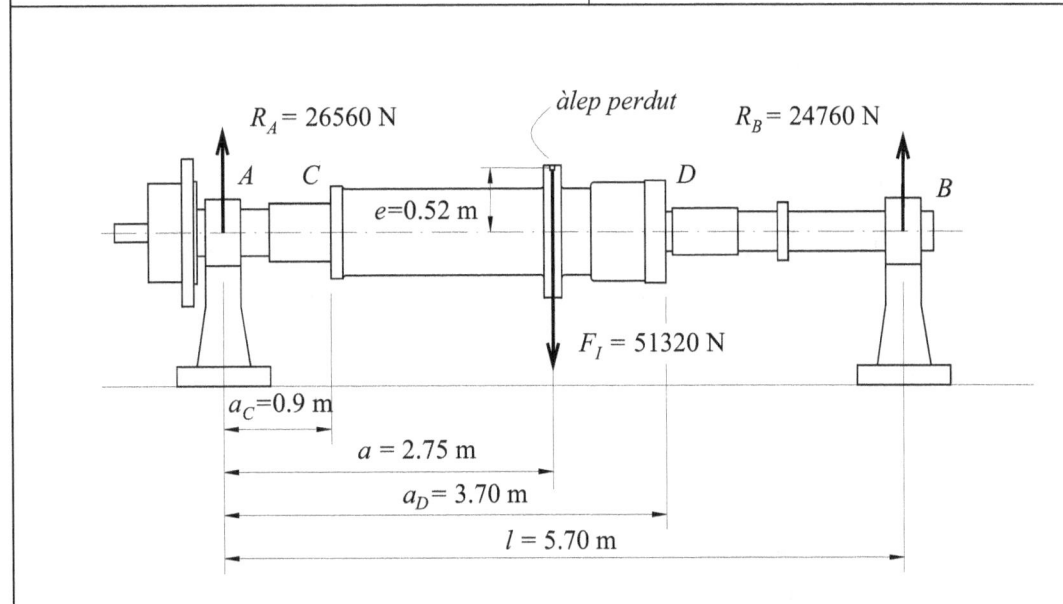

Figura 9.3 Esquema de rotor de turbina de valor (suposat rígid)

Resposta

Atès que, inicialment, el rotor està perfectament equilibrat, el desequilibri és causat per la manca de massa en un punt, equivalent a un excés de massa del mateix valor col·locada en posició simètrica respecte de l'eix.

Els efectes d'aquesta nova situació són equivalents a la superposició del desequilibri nul del rotor inicial i del desequilibri creat per la manca de massa de l'àlep, m_a, suposada puntual atesa la seva petita dimensió respecte a les dimensions generals del rotor. Per

$$F_I = m_a \cdot e \cdot \omega^2 = 1,052 \cdot (3000 \cdot \frac{2 \cdot \pi}{60})^2 = 51320 \quad (N)$$

tant, la força d'inèrcia de desequilibri, F_I, anirà dirigida de l'àlep vers l'eix del rotor i valdrà:
En definitiva, de sobte apareix una força transversal desequilibrada sobre el rotor equivalent a un pes de més de 5 tones que gira amb l'eix.

Les reaccions dels suports o coixinets sobre el rotor, R_A i R_B, es troben sempre en el pla determinat per la força d'inèrcia, F_I, i l'eix del rotor i, per tant, també són rotatives. Per avaluar-les, cal plantejar l'equilibri d'aquestes tres forces, les úniques que en aquest model actuen sobre el rotor:

$$R_A = F_I \cdot \frac{l-a}{l} = 51320 \cdot \frac{5,70-2,75}{5,70} = 26560 \quad (N)$$

$$R_B = F_I \cdot \frac{a}{l} = 51320 \cdot \frac{2,75}{5,70} = 24760 \quad (N)$$

Ocasionalment les centrals tèrmiques de generació d'energia elèctrica es troben amb aquest tipus d'incidència que, a causa de les fortes vibracions i a la gran trepidació que origina, obliga a aturar el seu funcionament de forma immediata i a procedir a un complex i costós procés d'equilibrament del rotor.

En aquest exemple, el rotor s'ha tractat com a rígid i el resultat dóna idea de la magnitud del desequilibri; tanmateix, el sistema motriu d'una central tèrmica sol estar format per diverses màquines amb els eixos enllaçats (generalment tres etapes de turbina de vapor, sovint la de baixa duplicada, el generador elèctric i la màquina excitatriu), que giren a una velocitat elevada (normalment a 3000 min^{-1}, on apareixen complexos i importants problemes d'inestabilitats que obliguen a considerar el sistema com un rotor flexible.

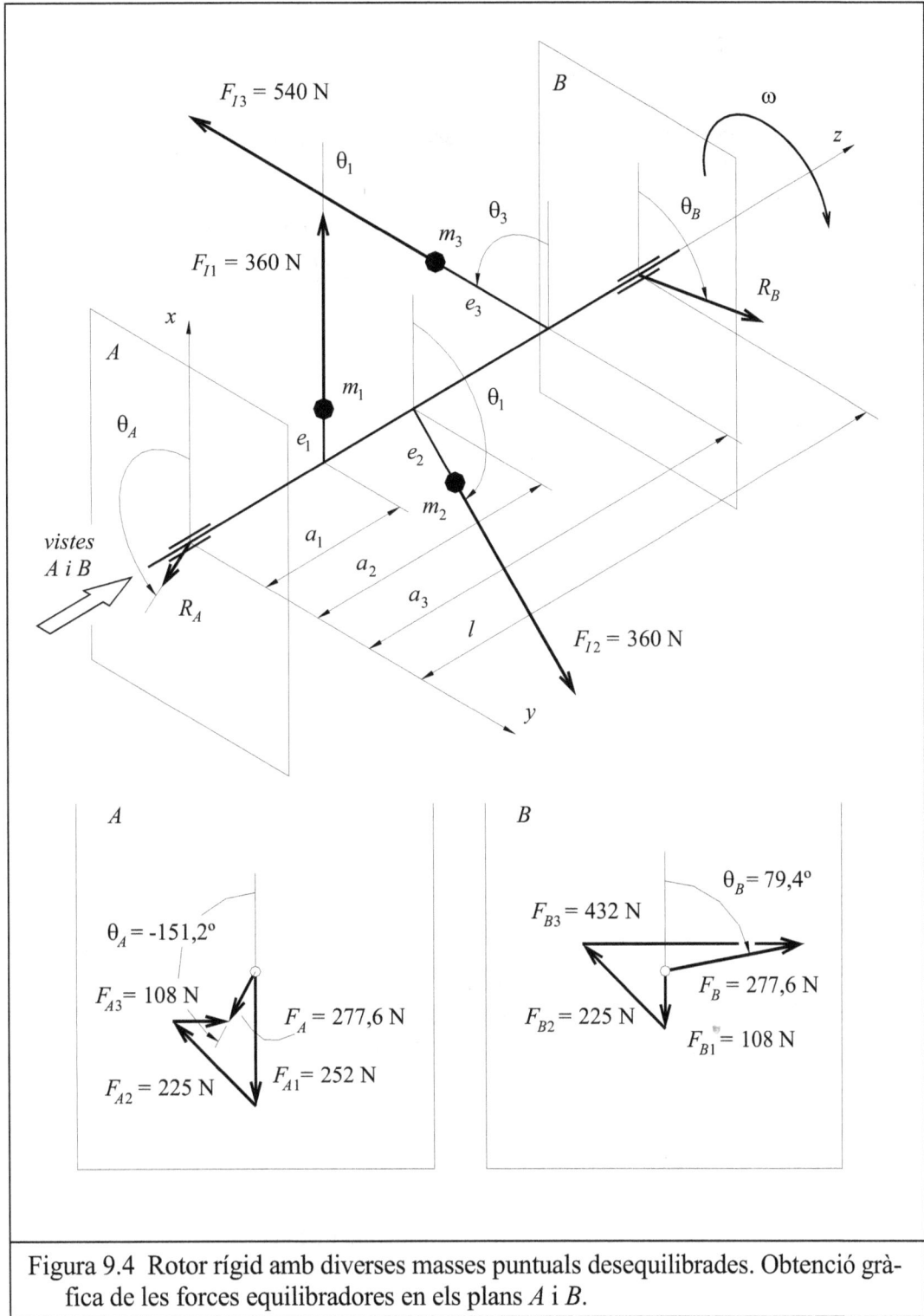

Figura 9.4 Rotor rígid amb diverses masses puntuals desequilibrades. Obtenció gràfica de les forces equilibradores en els plans A i B.

Rotor rígid amb diverses masses puntuals desequilibrades

El mateix principi utilitzat en un rotor rígid amb una massa puntual desequilibrada es pot aplicar a un rotor rígid amb diverses masses puntuals desequilibrades, m_j, amb excentricitats, e_j, angles de referència del pla que les conté, θ_j, i distàncies sobre de l'eix respecte al suport A de a_j. En aquest cas cal composar (o superposar) en els plans dels suports o coixinets, A i B, els efectes de la força d'inèrcia de cada una d'aquestes masses puntuals. Les equacions que proporcionen les reaccions, R_A i R_B, descompostes segons els eixos x i y, perpendiculars a l'eix, són (Figura 9.4):

En el pla A:

$$R_{Ax} = -\left(\sum_j m_j \cdot e_j \cdot \frac{l-a_j}{l} \cdot \cos\theta_j \right) \cdot \omega^2$$

$$R_{Ay} = -\left(\sum_j m_j \cdot e_j \cdot \frac{l-a_j}{l} \cdot \sin\theta_j \right) \cdot \omega^2 \qquad (3)$$

$$R_A = \sqrt{R_{Ax}^2 + R_{Ay}^2} \qquad \theta_A = \text{atan}\frac{R_{Ay}}{R_{Ax}}$$

En el pla B:

$$R_{Bx} = -\left(\sum_j m_j \cdot e_j \cdot \frac{a_j}{l} \cdot \cos\theta_j \right) \cdot \omega^2$$

$$R_{By} = -\left(\sum_j m_j \cdot e_j \cdot \frac{a_j}{l} \cdot \sin\theta_j \right) \cdot \omega^2 \qquad (4)$$

$$R_B = \sqrt{R_{Bx}^2 + R_{By}^2} \qquad \theta_B = \text{atan}\frac{R_{By}}{R_{Bx}}$$

En la mateixa figura s'ha exemplificat un cas amb valors concrets, on es poden veure les magnituds, direccions i sentits que prenen les reaccions R_A i R_B. També hi ha un abatiment de les composicions de forces sobre els plans d'equilibrament, A i B.

Desequilibri estàtic i desequilibri dinàmic

Forces d'inèrcia en un rotor

De forma general, la composició de les forces d'inèrcia que actuen sobre un rotor dóna lloc a una força d'inèrcia resultant, F_I (que actua sobre el centre de masses, G, del rotor) i a un parell d'inèrcia resultant, M_I.

Tant si es consideren diverses masses puntuals com una distribució contínua de masses, la força d'inèrcia resultant, F_I, equival a la que s'obtindria de considerar tota la massa del rotor, m, concentrada en el seu centre de masses, G, i el seu mòdul es calcula a partir del valor de l'excentricitat del centre de masses respecte a l'eix de rotació, e_G:

$$F_I = m \cdot e_G \cdot \omega^2.$$

L'estudi del parell d'inèrcia resultant, M_I, és més complex. En el cas de masses puntuals, pot obtenir-se com el parell resultant de les diferents forces d'inèrcia de les masses puntuals respecte al centre de masses, G. En el cas més general (especialment quan la massa és distribuïda), cal caracteritzar la distribució de masses a través del tensor d'inèrcia i el parell d'inèrcia resultant s'obté com a derivada del moment cinètic respecte al temps, canviat de signe (més endavant es concretaran aquests conceptes).

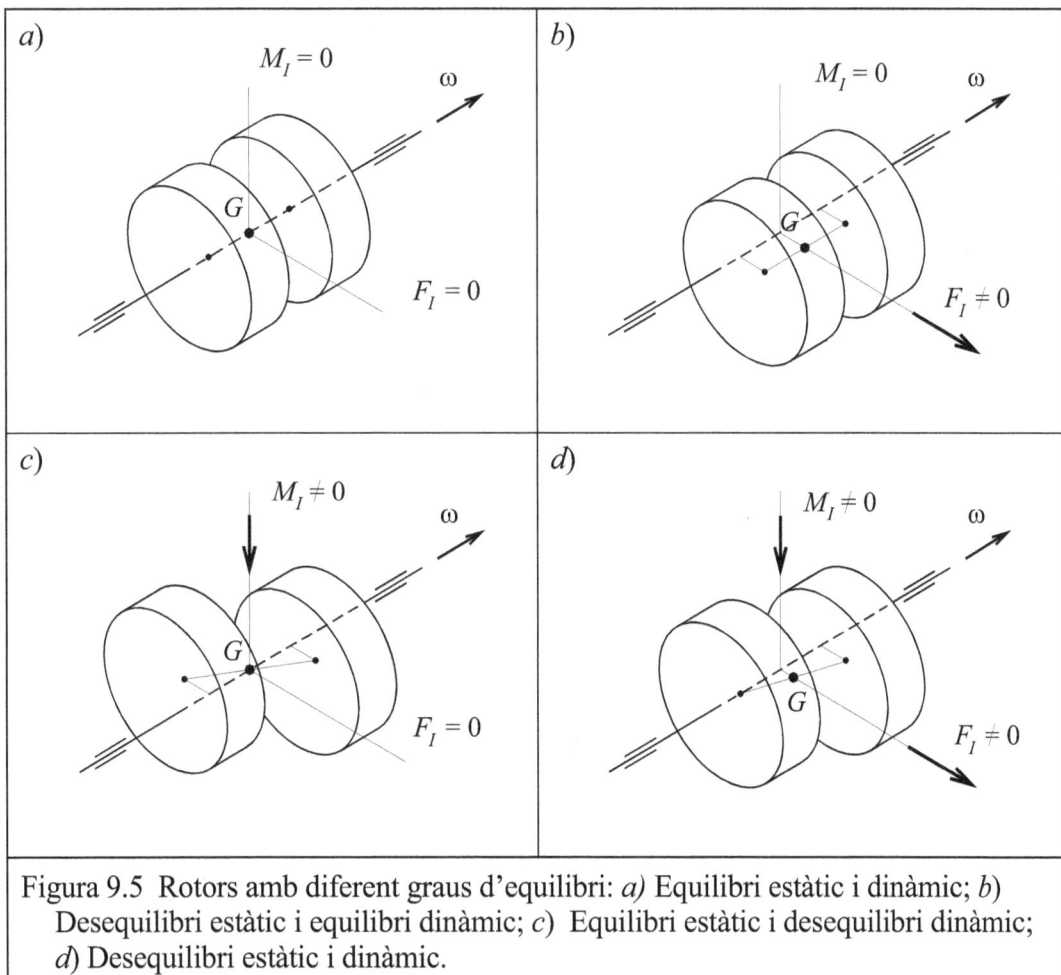

Figura 9.5 Rotors amb diferent graus d'equilibri: *a)* Equilibri estàtic i dinàmic; *b)* Desequilibri estàtic i equilibri dinàmic; *c)* Equilibri estàtic i desequilibri dinàmic; *d)* Desequilibri estàtic i dinàmic.

Definició de desequilibri estàtic i desequilibri dinàmic

Partint dels conceptes anteriors, es diu que un rotor rígid està *equilibrat estàticament* quan la força d'inèrcia resultant és nul·la, condició que equival a dir que el seu centre d'inèrcia, G, es troba sobre l'eix de rotació (vegeu Figura 9.1): $F_I = 0$; i, es diu que un rotor està *equilibrat dinàmicament* quan el parell d'inèrcia resultant és nul, $M_I = 0$ (més endavant es veurà que aquesta condició equival a dir que una de les tres direccions principals d'inèrcia del rotor és paral·lela a l'eix de rotació).

A partir de les definicions anteriors es poden donar les quatre situacions següents que mostra la Figura 9.5:
a) Rotor equilibrat estàticament i dinàmicament ($F_I = 0$; $M_I = 0$).
b) Rotor desequilibrat estàticament i equilibrat dinàmicament ($F_I \neq 0$; $M_I = 0$).
c) Rotor equilibrat estàticament i desequilibrat dinàmicament ($F_I = 0$; $M_I \neq 0$).
d) Rotor desequilibrat estàticament i dinàmicament ($F_I \neq 0$; $M_I \neq 0$).

Detecció del desequilibri estàtic i el desequilibri dinàmic

Un rotor amb desequilibri estàtic i eix de rotació horitzontal sotmès a l'acció de la gravetat, oscil·la fins que el seu centre d'inèrcia, G, se situa en la part més baixa (existeix també una posició inestable quan el seu centre d'inèrcia se situa a la part més alta). Independentment de l'existència de desequilibri dinàmic, el desequilibri estàtic es detecta, doncs, per procediments estàtics i d'aquí ve la seva denominació.

No esdevé el mateix amb el desequilibri dinàmic que tan sols es detecta fent girar el rotor rígid a una certa velocitat al voltant de l'eix de rotació per fer aparèixer el parell d'inèrcia, M_I (en cas d'existir, també es manifesta el desequilibri estàtic a través de la força d'inèrcia resultant, F_I). En rotors equilibrats estàticament, el desequilibri dinàmic es detecta, doncs, per procediments dinàmics i d'aquí ve la seva denominació.

Efectes del desequilibri estàtic i dinàmic

El desequilibri estàtic (sense desequilibri dinàmic) fa que el rotor tendeixi a girar desplaçat enfora respecte de l'eix materialitzat pels suports els quals, per mitjà de les reaccions, contraresten aquesta tendència. El desequilibri dinàmic (sense desequilibri estàtic) fa que el rotor tendeixi a girar amb una desalineació angular respecte a l'eix materialitzat pels suports els quals, per mitjà de les reaccions contraresten aquesta tendència. Els rotors amb els dos desequilibris combinen aquests efectes.

El desequilibri en rotors molt curts (discoïdals) és fonamentalment estàtic i es pot equilibrar en un sol pla (pla mitjà del disc). El desequilibri en rotors més llargs pot ser tant estàtic com dinàmic i cal equilibrar-lo en dos plans (les rodes d'automòbil, relativament amples, s'equilibren sobre les vores interior i exterior de la llanda).

9.2 Parell adreçador i parell giroscòpic

Cas general d'un rotor rígid

El moviment general d'un cos rígid en l'espai es pot considerar descompost en dos moviments independents: *a*) El moviment de translació, resumit pel moviment del seu centre d'inèrcia; *b*) El moviment de rotació al voltant del seu centre d'inèrcia.

Els efectes d'inèrcia sobre el cos es resumeixen a una força d'inèrcia resultant, F_I, aplicada al centre d'inèrcia del rotor, G, i un parell d'inèrcia resultant, M_I, donats per les següents expressions:

$$F_I = -m \cdot a_G \qquad M_I = -\left(\frac{d\,GK}{dt} \right)_{\text{ref.fixa}} \qquad\qquad (5)$$

Com ja s'ha indicat anteriorment, la primera igualtat, expressió de la *segona llei de Newton*, indica que la força d'inèrcia resultant sobre el rotor, F_I, equival a la que apareixeria si tota la massa estès concentrada en el seu centre d'inèrcia, G.

La segona igualtat, expressió del *teorema del moment cinètic*, indica que el parell d'inèrcia resultant sobre el rotor, M_I, és la derivada respecte al temps en una referència fixa, canviada de signe, del moment cinètic referit al centre de masses, GK.

En els apartats següents s'estudia la caracterització de la distribució de masses d'un rotor per mitjà del *tensor d'inèrcia* i del *moment cinètic* en funció del seu moviment per, més endavant, avaluar el parell d'inèrcia en diversos casos simples.

Tensor d'inèrcia

Per a un cos rígid de forma qualsevol i prenent un sistema de referència ortogonal de direcció arbitrària sobre d'ell, la geometria de masses en relació al moviment de rotació queda totalment determinada per 6 paràmetres diferents:

Tres moments d'inèrcia:

$$I_x = \int (y^2 + z^2) \cdot dm \qquad I_y = \int (z^2 + x^2) \cdot dm \qquad I_z = \int (x^2 + y^2) \cdot dm \qquad (6)$$

Tres productes d'inèrcia:

$$I_{xy} = I_{yx} = \int x \cdot y \cdot dm \qquad I_{yz} = I_{zy} = \int y \cdot z \cdot dm \qquad I_{zx} = I_{xz} = \int z \cdot x \cdot dm \qquad (7)$$

Aquest conjunt de paràmetres referits a un sistema de coordenades qualsevol $Oxyz$, es pot presentar en forma d'un tensor de segon grau simètric, anomenat *tensor d'inèrcia*, que caracteritza totalment la distribució de masses del cos rígid a efectes de la dinàmica de rotació:

$$II_{Oxyz} = \begin{bmatrix} I_x & -I_{xy} & -I_{xz} \\ -I_{yx} & I_y & -I_{yz} \\ -I_{zx} & -I_{zy} & I_z \end{bmatrix} \tag{6}$$

Fent un canvi de referència adequat amb origen al centre d'inèrcia, G, sempre es pot aconseguir que el tensor d'inèrcia estigui format tan sols per elements diagonals. Les noves direccions s'anomenen *eixos principals d'inèrcia* (a, b, c), els valors dels termes de la diagonal prenen el nom de *moments principals d'inèrcia* (I_a, I_b, I_c), essent tots els restants termes nuls (productes d'inèrcia $I_{ab}=I_{bc}=I_{ca}=0$):

$$II_{Gabc} = \begin{bmatrix} I_a & 0 & 0 \\ 0 & I_b & 0 \\ 0 & 0 & I_c \end{bmatrix} \tag{7}$$

Rotors cilíndrics. Són cossos amb un eix de simetria que tenen una direcció principal d'inèrcia segons l'eix del rotor (eix a) i les altres dues direccions principals d'inèrcia (eixos b i c) normals a l'eix del rotor i perpendiculars entre si). Dos dels moments d'inèrcia principals són iguals (els que corresponen als eixos b i c):

$$I_a \neq I_b = I_c \tag{8}$$

Moment cinètic

El concepte de moment cinètic equival per al moviment angular, a la quantitat de moviment per al moviment lineal, i es defineix com el moment de la quantitat de moviment de tota la massa del cos respecte a un punt. La seva expressió vectorial resulta de multiplicar el tensor inèrcia per la velocitat angular del rotor:

$$\vec{GK}_{Oxyz} = \left[II_{Oxyz} \right] \cdot \vec{\omega} \tag{6}$$

El desplegament escalar de l'anterior equació vectorial proporciona les expressions:

$$GK_x = I_x \cdot \omega_x - I_{xy} \cdot \omega_y - I_{xz} \cdot \omega_z$$
$$GK_y = -I_{yx} \cdot \omega_x + I_y \cdot \omega_y - I_{xz} \cdot \omega_z \qquad\qquad (7)$$
$$GK_z = -I_{zx} \cdot \omega_x - I_{zy} \cdot \omega_y + I_z \cdot \omega_z$$

Prenent com a referència els eixos principals d'inèrcia, els components del moment cinètic prenen la forma més simplificada següent:

$$GK_a = I_a \cdot \omega_a \qquad\qquad GK_b = I_b \cdot \omega_b \qquad\qquad GK_c = I_c \cdot \omega_c \qquad\qquad (8)$$

Com es pot constatar, en el cas més general, el moment cinètic d'un cos rígid té una direcció diferent de la seva velocitat angular (els moments principals d'inèrcia són, en principi, diferents). Tan sols quan la velocitat angular coincideix amb la d'un dels tres eixos principals d'inèrcia o, quan el rotor és esfèric ($I_a=I_b=I_c$), la direcció del moment cinètic coincideix amb la de la velocitat del rotor.

Teorema del moment cinètic. Equacions d'Euler

El *teorema del moment cinètic* permet estudiar el moviment general d'un cos rígid amb un punt fix, en establir que *la derivada respecte al temps del moment cinètic del cos rígid respecte a un punt equival al moment respecte a aquest mateix punt de les forces exteriors aplicades sobre el cos rígid.*

Aplicant la regla de derivació d'un vector referit a dues referències que giren una respecte a l'altra, el teorema del moment cinètic es pot expressar per:

$$\vec{M}_G = \left(\frac{d\,\vec{GK}}{dt}\right)_{fix} = \left(\frac{d\,\vec{GK}}{dt}\right)_{m\grave{o}bil} + \vec{\omega} \wedge \vec{GK} = -\vec{M}_I \qquad\qquad (9)$$

Si s'elegeixen uns eixos mòbils que coincideixin amb els eixos principals d'inèrcia *O-abc*, els components de l'anterior equació vectorial esdevenen:

$$M_{Ga} = I_a \cdot \frac{d\,\omega_a}{dt} + (\omega_b \cdot GK_c - \omega_c \cdot GK_b) = -M_{Ia}$$

$$M_{Gb} = I_b \cdot \frac{d\,\omega_b}{dt} + (\omega_c \cdot GK_a - \omega_a \cdot GK_c) = -M_{Ib} \qquad\qquad (10)$$

$$M_{Gc} = I_c \cdot \frac{d\,\omega_c}{dt} + (\omega_a \cdot GK_b - \omega_b \cdot GK_a) = -M_{Ic}$$

Introduint les expressions (8), les anteriors equacions es transformen en:

$$M_{Ga} = I_a \cdot \frac{d\omega_a}{dt} + \omega_b \cdot \omega_c \cdot (I_c - I_b) = -M_{Ia}$$

$$M_{Gb} = I_b \cdot \frac{d\omega_b}{dt} + \omega_c \cdot \omega_a \cdot (I_a - I_b) = -M_{Ib} \qquad (11)$$

$$M_{Gc} = I_c \cdot \frac{d\omega_c}{dt} + \omega_a \cdot \omega_b \cdot (I_b - I_a) = -M_{Ic}$$

El vector derivada respecte al temps del moment cinètic pot tenir dues direccions particulars: a) La mateixa direcció del moment cinètic: aleshores el parell exterior accelera o desaccelera (segons el sentit) la velocitat de gir del rotor i realitza un treball que es converteix en (o absorbeix) energia cinètica; b) Una direcció perpendicular al moment cinètic: aleshores el parell exterior és perpendicular a l'eix de rotació i tendeix a entregirar l'eix de rotació del rotor i, si aquest moviment és impedit, no realitza cap treball. Si la derivada del moment cinètic té una direcció qualsevol, aleshores es combinen els dos efectes anteriors.

Rotació simple. Parell adreçador

En aquest apartat s'estudien els parells d'inèrcia que apareixen sobre un rotor simètric quan aquest gira sobre un eix qualsevol que no és principal d'inèrcia. De fet, aquesta anàlisi porta de nou als parells d'inèrcia que apareixen sobre els rotors desequilibrats dinàmicament (aquí anomenats *parells adreçadors*) però, ara es manifesta una relació simple entre el sentit d'aquests parells (poden tendir a apropar o a allunyar l'eix de simetria del rotor a l'eix de gir) i la diferència de valors dels moments d'inèrcia principals del rotor.

Es fixa la direcció de l'eix principal d'inèrcia b de manera que el pla que determina amb l'eix principal d'inèrcia a (eix de simetria del rotor) contingui l'eix de rotació (Figura 9.6). La direcció de l'eix de rotació respecte a l'eix principal d'inèrcia a del rotor queda determinada per l'angle θ, i la velocitat del rotor al voltant d'aquest eix és ω, per la qual cosa, els components de la velocitat angular referides als eixos d'inèrcia principals són:

$$\omega_a = \omega \cdot \cos\theta \qquad \omega_b = \omega \cdot \sin\theta \qquad \omega_c = 0 \qquad (12)$$

Tenint en compte que els dos primers components de la velocitat, ω_a i ω_b (expressats en el sistema de referència dels eixos d'inèrcia principals), no depenen del temps (les seves derivades són zero) i que el component ω_c és nul i, introduint aquestes expressions en les equacions (11), s'obtenen els components corresponents del parell d'inèrcia:

$$M_{Ia} = 0$$

$$M_{Ib} = 0 \qquad\qquad\qquad\qquad (13)$$

$$M_{Ic} = \Omega^2 \cdot (I_a - I_b) \cdot \sin\theta \cdot \cos\theta = \Omega^2 \cdot (I_a - I_b) \cdot \frac{\sin 2\theta}{2}$$

Se'n dedueixen les següents conclusions: a) Apareix un parell d'inèrcia de direcció perpendicular a la velocitat de rotació del rotor (segons l'eix c), proporcional al quadrat d'aquesta velocitat; b) El seu sentit depèn de la diferència de valors dels moments d'inèrcia principals segons els eixos a i b i es poden donar els següents casos:

Parell adreçador positiu
Si el moment d'inèrcia principal segons a és més gran que segons b ($I_a > I_b$; rotor curt de gran diàmetre), aleshores el parell d'inèrcia segons l'eix c és positiu i tendeix a fer coincidir l'eix principal d'inèrcia a amb l'eix de rotació.

Parell adreçador negatiu
Contràriament, si el moment d'inèrcia principal segons a és més petit que segons b ($I_a < I_b$; rotor llarg de diàmetre petit), aleshores el parell d'inèrcia segons l'eix c és negatiu i tendeix a fer separar més l'eix principal d'inèrcia a de l'eix de rotació.

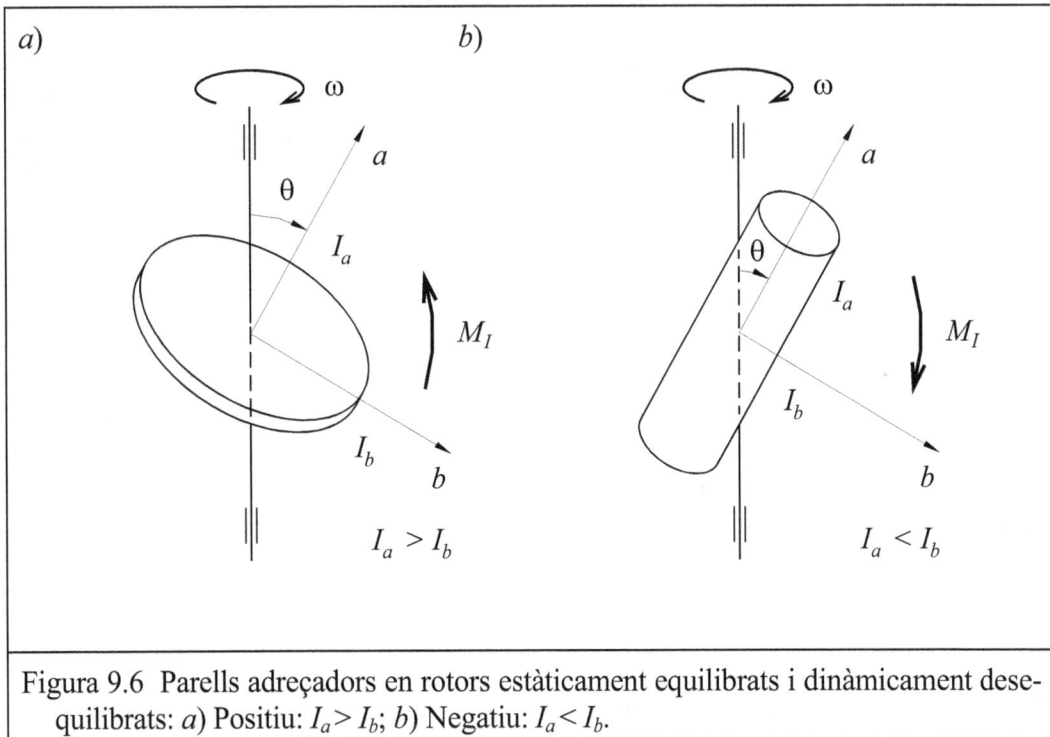

Figura 9.6 Parells adreçadors en rotors estàticament equilibrats i dinàmicament desequilibrats: a) Positiu: $I_a > I_b$; b) Negatiu: $I_a < I_b$.

Parell adreçador nul

Si el moment principal d'inèrcia segons *a* és igual al de *b* ($I_a = I_b = I_c$; rotor esfèric), el parell d'inèrcia segons l'eix *c* esdevé nul.

En tot cas, per a angles entre l'eix de simetria del rotor i de l'eix de rotació de $\theta = 0°$ i $\theta = 90°$, el parell d'inèrcia segons *c* també esdevé nul, com també es podria haver deduït pel fet que l'eix de rotació coincideix amb un dels eixos principals d'inèrcia.

Moviment de precessió. Parell giroscòpic

Es diu que un rotor simètric té un moviment de precessió quan, a més de girar sobre el seu eix de simetria amb una velocitat angular elevada (anomenada *velocitat de rotació*; en anglès, *spin*), ω, també gira al voltant d'un altre eix distint amb una velocitat angular (anomenada *velocitat de precessió*), Ω, generalment molt més moderada.

En determinats sistemes mecànics lliures o amb parts lliures (baldufes, giroscopis i aparells giroscòpics, determinats vehicles o parts de vehicle), la velocitat de precessió apareix espontàniament fruit de les forces exteriors que actuen sobre un rotor del sistema (problema dinàmic directe: les forces determinen els moviments).

En les màquines, on normalment el moviments estan perfectament guiats, també poden aparèixer parells giroscòpics originats per moviments de precessió forçats (especialment, rotors els eixos dels quals són obligats a canviar de direcció a causa de moviments dels seus suports. Atès que, en alguns casos, els parells giroscòpics poden prendre valors significatius que han de ser tinguts en compte en el càlcul i disseny dels sistemes de guiatge i d'accionament, a continuació es proporcionen elements per a avaluar-los.

Avaluació del parell giroscòpic

Es fa coincidir l'eix d'inèrcia principal *a* amb l'eix de simetria del rotor (i, per tant, amb la velocitat de rotació, ω), se situa l'eix principal d'inèrcia *b* (perpendicular a l'eix *a*) sobre el pla determinat pels eixos de rotació i precessió forçada, mentre que l'eix d'inèrcia principal *c* té la direcció i sentit que completen el sistema de referència (Figura 9.6). Els eixos de rotació i de precessió formen un angle θ, i la velocitat angular el rotor (suma vectorial de la velocitat de rotació i la de precessió) té els següents components en el sistema de referència descrit:

$$\omega_a = \omega + \Omega \cdot \cos\theta \qquad \omega_b = \Omega \cdot \sin\theta \qquad \omega_c = 0 \qquad (14)$$

Els dos primers components de la velocitat, ω_a i ω_b (expressats en el sistema de referència dels eixos principals d'inèrcia), no depenen del temps (les seves derivades són zero) i el component ω_c és nul. Introduint aquestes condicions en les equacions (11), s'obtenen les expressions dels components del moment cinètic per a aquest cas:

$$M_{Ia} = 0$$
$$M_{Ib} = 0 \qquad\qquad\qquad\qquad\qquad\qquad\qquad\qquad (15)$$
$$M_{Ic} = (I_a - I_b) \cdot \Omega^2 \cdot \frac{\sin 2\theta}{2} + I_a \cdot \Omega \cdot \omega \cdot \sin\theta$$

Les conclusions que se'n dedueixen són les següents:

a) Tan sols apareix un parell d'inèrcia de direcció perpendicular a la velocitat de rotació del rotor, segons l'eix d'inèrcia principal c.

b) Aquest parell d'inèrcia mostra dos sumands: el primer és el *parell adreçador* que ja s'havia estudiat en els apartats anteriors; el segon és el *parell giroscòpic*.

c) El parell giroscòpic sol ser molt més gran que el parell adreçador (I_a és més gran que $I_a - I_b$; ω molt superior a Ω).

d) El sentit del parell giroscòpic ve determinat pel sentit de l'increment del moment cinètic, canviat de signe.

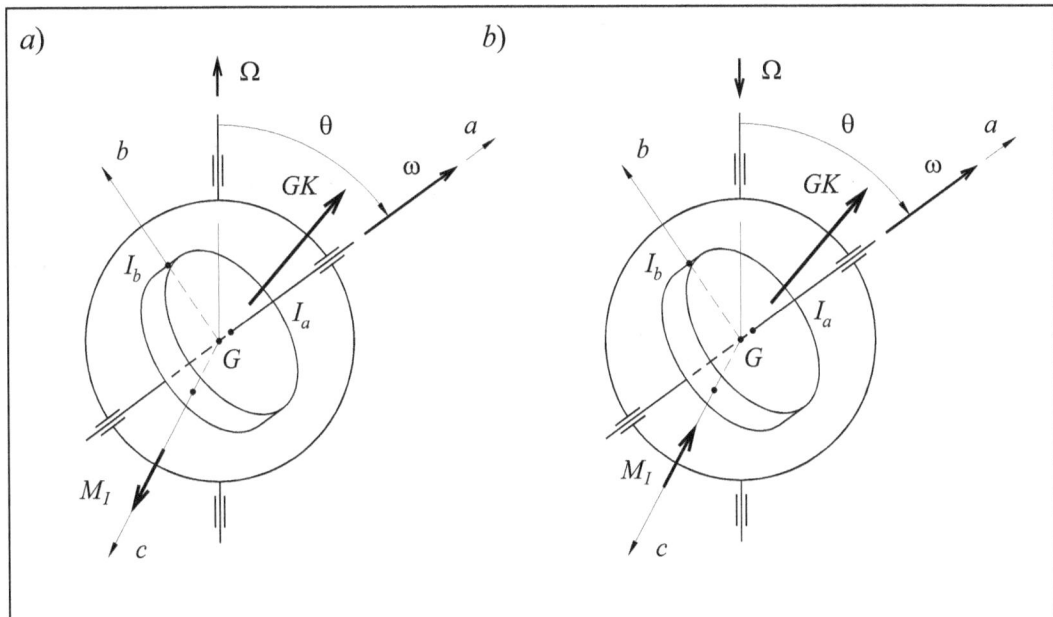

Figura 9.7 Rotors amb moviment de precessió forçats, Ω: a) i b) Relació entre el sentit del moviment de precessió i el sentit del parell giroscòpic, M_{Igir}.

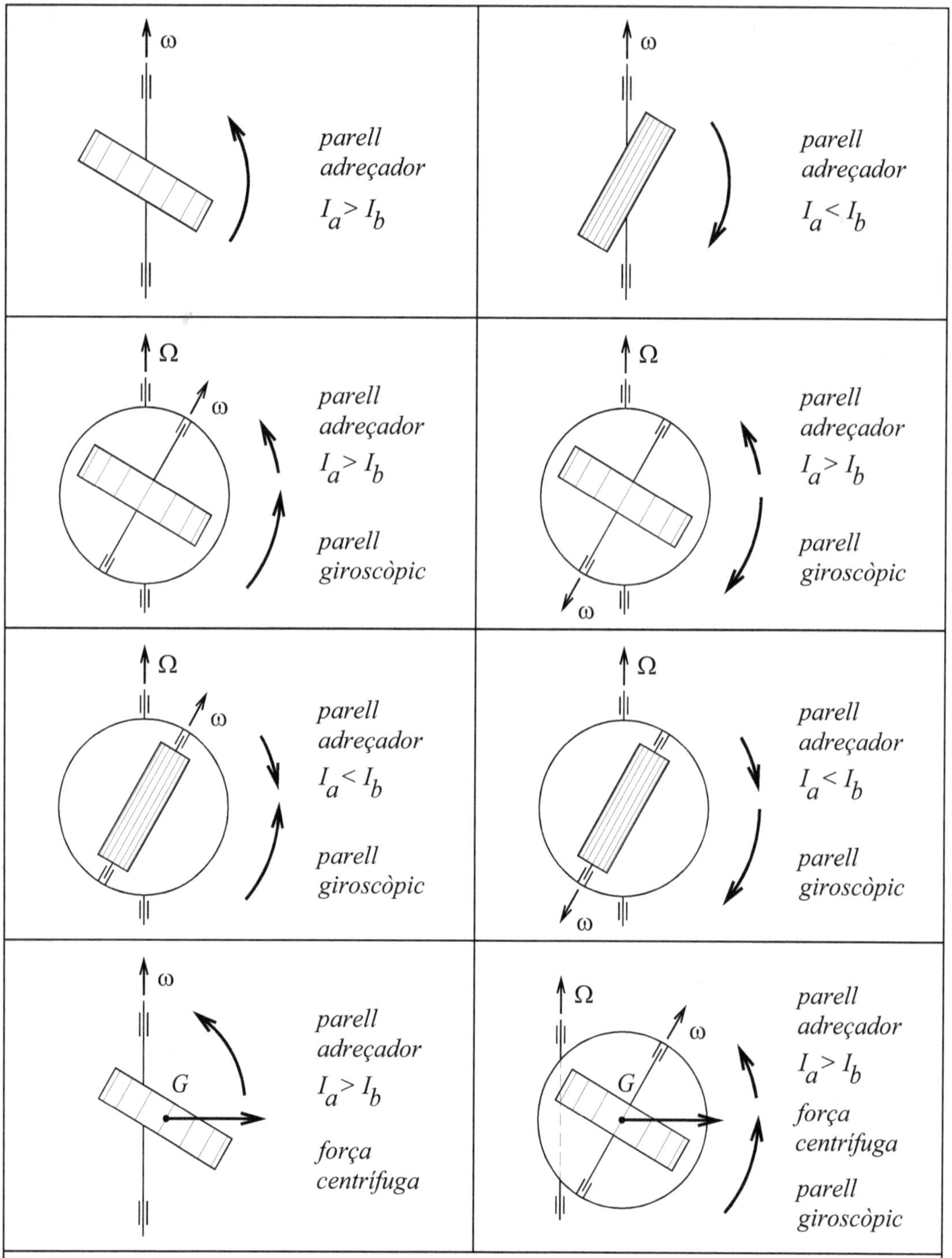

Figura 9.8 Diferents combinacions de parells d'inèrcia (suma del parell adreçador i del parell giroscòpic) i de forces d'inèrcia en funció del moviment i característiques del rotor.

Exemple 9.2: Parell giroscòpic en la bolcada d'una centrifugador

Enunciat

A fi de guanyar temps de cicle, es preveu que la bolcada d'una centrifugadora de càrrega vertical superior i descàrrega vertical inferior es realitzi quan el bombo encara gira, per a la qual cosa es proposen els tres possibles moviments de bolcada segons mostra la Figura 9.9. Es demana que s'avaluïn la força d'inèrcia i el parell d'inèrcia (adreçador i giroscòpic) que s'originen en el rotor i les reaccions dels suports per a equilibrar-los.

Dades: Massa de la centrifugadora (660 mm de diàmetre i 400 mm de profunditat): m_{cent} = 30 kg; Moments d'inèrcia del rotor de la centrifugadora: I_a = 2,5 kg·m^2, I_b = I_c = 1,5 kg·m^2; Velocitat angular del rotor: ω = 120 rad/s (1146 min^{-1}); Velocitat de bolcada: mitja volta en 2 segons; Distància entre rodaments: cas *a*), 250 mm; cas *b*), 120 mm; cas *c*), 200 mm.

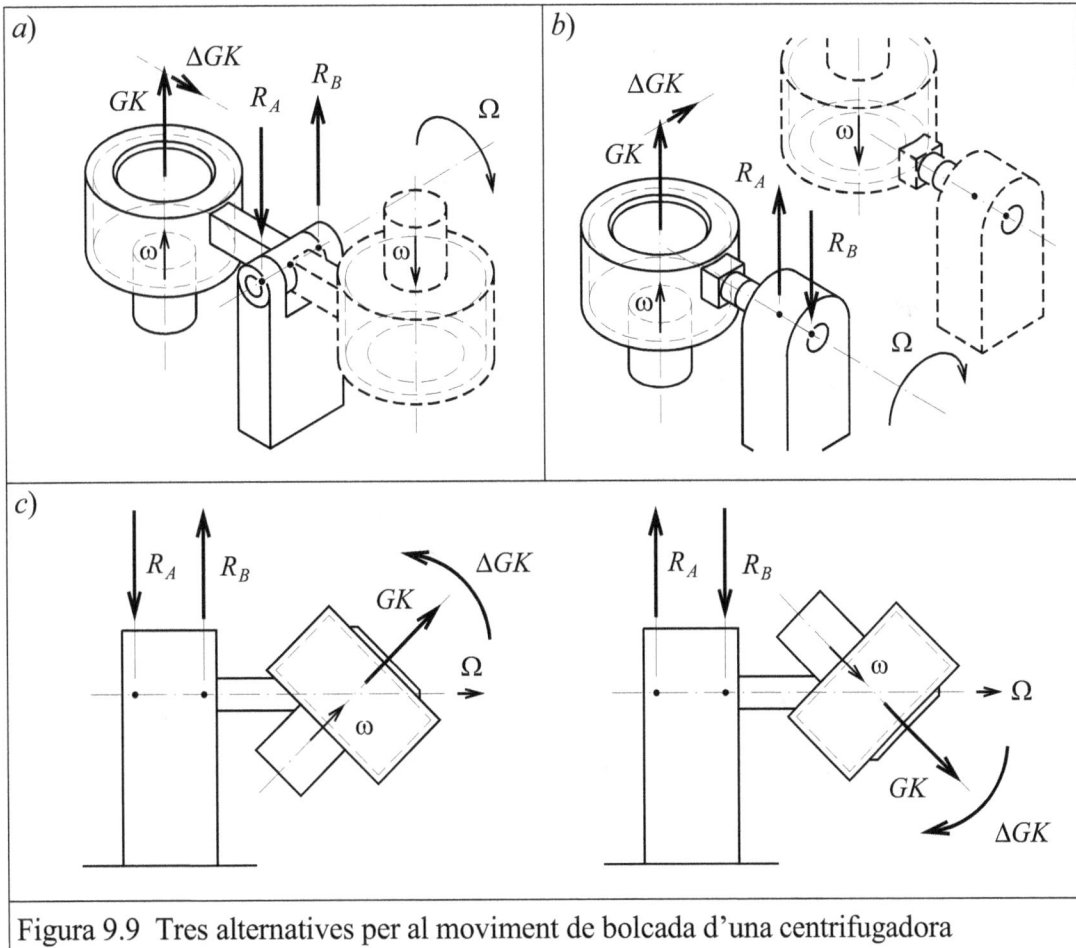

Figura 9.9 Tres alternatives per al moviment de bolcada d'una centrifugadora

Resposta

En funció de la geometria del moviment de bolcada, es donen les següents situacions per a cada un dels casos.

Forces d'inèrcia. En el cas *a*), el centre d'inèrcia de la centrifugadora descriu mitja circumferència i, per tant, apareix una força d'inèrcia mentre que, en els casos restants, *b*) i *c*), el centre de masses no es mou.

Parells giroscòpics. En tots els casos, la bolcada és un moviment de precessió forçada que varia la direcció de l'eix del rotor i, per tant, el seu moment cinètic: hi ha, doncs, parell giroscòpic. En iniciar el moviment de precessió, cal aplicar un parell en aquesta direcció fins aconseguir la velocitat de règim del moviment de precessió.

Parells adreçadors. En els dos primers casos, *a*) i *b*), l'eix del moviment de precessió forçada és perpendicular al del moviment de rotació i, per tant, no hi ha parell adreçador. En el tercer cas *c*), aquests dos eixos formen un angle de 45° i, atès que els moments d'inèrcia principals tenen valors diferents, apareix un parell adreçador.

Cas *a*)

Força d'inèrcia: $F_I = m_{cent} \cdot a \cdot \omega^2 = 30 \cdot 0,45 \cdot 1,571^2 = 33,3$ N

Parell adreçador: $M_{I\,adr} = 0$ ($\theta = 90°$, eixos de rotació i precessió perpendiculars)

Parell giroscòpic: Essent $I_a = 2,5$ kg·m², $\omega = 120$ rad/s, $\Omega = \pi/2 = 1,57$ rad/s i $\theta = 90°$, el valor del parell giroscòpic dóna: $M_{Igir} = 471$ N·m.

Reaccions dels suports: Les causades pel parell giroscòpic són: $R_{Agir} = -R_{Bgir} = M_{Igir}/d = 471$(N·m)/0,25(m) = 1884 N, que s'han de compondre amb unes reaccions perpendiculars molt menors causades per les forces d'inèrcia de: 33,3/2 = 16,65 N.

Cas *b*)

Força d'inèrcia: $F_I = 0$; *Parell adreçador*: $M_{I\,adr} = 0$

Parell giroscòpic: $M_{Igir} = 471$ N·m (igual que el cas anterior).

Reaccions dels suports: Les reaccions causades pel parell giroscòpic són: $R_{Agir} = -R_{Bgir} = M_{Igir}/d = 471$(N·m)/0,12(m) = 3925 N.

Cas *c*)

Força d'inèrcia: $F_I = 0$; *Parell adreçador*: $M_{Iadr} = (I_a - I_b) \cdot \Omega^2 \cdot (\sin 2\theta)/2 = 1,23$ N·m

Parell giroscòpic: $M_{Igir} = 333$ N·m (com els casos anteriors multiplicat per sin 45°).

Reaccions dels suports: Les causades pel parell giroscòpic són: $R_{Agir} = -R_{Bgir} = M_{Igir}/d = 333$(N·m)/0,20(m) = 1665 N i, les causades pel parell adreçador (molt menors), són: $R_{Aadr} = -R_{Badr} = M_{Iadr}/d = 1,23$(N·m)/0,20(m) = 6,15 N.

9.3 Equilibrament de rotors rígids

En el cas més general, el desequilibri d'un rotor rígid es redueix a una força d'inèrcia resultant, F_I, i a un parell d'inèrcia resultant, M_I, que s'equilibren amb les reaccions dels suports en dos plans A i B. Les accions del rotor sobre l'entorn són les causants de vibracions i trepidacions que solen ser molestes i sovint perjudicials. L'equilibrament d'un rotor consisteix en situar dues noves masses sobre dos *plans d'equilibrament*, C i D (generalment diferents dels de suport) de manera que les noves forces d'inèrcia compensin el desequilibri originari. D'aquesta manera s'aconsegueix que les accions del rotor a través dels suports en els plans A i B esdevinguin nul·les (o quasi nul·les, en un equilibrament parcial) i no transmetin (o disminueixin) les vibracions i la trepidació a la base i als elements circumdants.

Més endavant es defineixen dos punts de vista sobre l'equilibrament de rotors rígids: *l'equilibrament geomètric* i *l'equilibrament físic*. Tant en un cas com en l'altre, el procés d'equilibrament comporta les etapes següents o la major part d'elles:

a) *Determinació dels plans d'equilibrament*
Es determinen dos plans d'equilibrament, C i D, perpendiculars a l'eix de rotació; la seva situació al llarg de l'eix de rotació pot ser elegida lliurement, abraçant les masses desequilibrades, deixant-les a un sol cantó o repartint-les. A la pràctica, la situació dels plans d'equilibrament s'elegeix en funció de la disponibilitat d'espai (contrapesos d'un cigonyal), de la possibilitat de fixar-hi masses equilibradores (la vora de la llanda d'una roda d'automòbil) o la facilitat per treure material, generalment per mitjà de mecanització (rotor de motor elèctric).

b) *Avaluació de paràmetres d'equilibrament*
Per mitjà de càlcul, o per mitjà de mesura i càlcul, es determinen els valors de les reaccions, R_C i R_D, en els plans d'equilibrament, C i D, i les seves orientacions, θ_C i θ_D, respecte a una referència angular del rotor.

c) *Criteris per a determinar les excentricitats*
Atès que totes les masses lligades al rotor giren a la mateixa velocitat, per assegurar l'equilibrament del rotor cal associar en els plans d'equilibrament, C i D, uns valors adequats del productes de les masses per les corresponents excentricitats (i no uns valors concrets de masses o d'excentricitats):

$$m_C \cdot e_C = \frac{F_C}{\omega^2} \qquad m_D \cdot e_D = \frac{F_D}{\omega^2} \tag{9}$$

Des del punt de vista de l'equilibrament, és indistint si el valor d'aquests productes s'aconsegueixen per mitjà d'una massa elevada amb una excentricitat petita o a l'inrevés. En moltes aplicacions, les excentricitats venen fixades o forçades per la forma física o les dimensions del rotor, però si hi ha llibertat d'elecció d'aquests paràmetres, cal assenyalar que valors més elevats de l'excentricitat comporten increments més elevat del moment d'inèrcia del rotor, i viceversa:

$$\Delta I_{rot} = m_C \cdot e_C^2 + m_D \cdot e_D^2 = \frac{F_D}{\omega^2} \cdot e_C + \frac{F_D}{\omega^2} \cdot e_D \qquad (10)$$

d)   *Disseny o elecció de les masses equilibradores*

Fixades les excentricitats i determinats els valors de les masses equilibradores, m_C i m_D (en un equilibrament estàtic també s'anomenen contrapesos), cal dissenyar els cossos que materialitzen aquestes masses (material, forma i dimensions). Hi ha moltes formes de materialitzar les masses equilibradores, ja sigui afegint massa en forma de sector o segment circular (eix principal de la màquina de cosir) o de massa més o menys concentrada lligada excèntricament a un disc (llanda de roda d'automòbil) o a la perifèria d'un cilindre (rotor d'una turbina de vapor), ja sigui detraient massa per mitja de forats en un disc (cigonyals de motocicleta) o mecanitzant la vora del rotor (motors elèctrics). No és rar que els contrapesos resultants siguin excessivament voluminosos, i aleshores s'ha de jugar amb un augment de l'excentricitat per a minorar la massa equilibrant.

e)   *Comprovació del desequilibri residual*

En el cas de l'equilibrament físic d'un rotor, s'acostuma a realitzar una darrera mesura per a comprovar si el grau de qualitat d'equilibrament obtingut és el correcte.

Equilibrament geomètric

(fase de disseny)

Parteix del coneixement geomètric de la distribució de les masses d'un rotor rígid i n'avalua les masses d'equilibrament sobre dos plans prèviament determinats. Aquest és el cas de la predeterminació de masses necessàries per a l'equilibrament d'un rotor rígid en la fase de projecte (masses equilibradores en un cigonyal), o en l'avaluació dels efectes de possibles accidents en una màquina (pèrdua d'una pala en el rotor d'un aerogenerador, o d'un àlep en una turbina de vapor). Tanmateix, atès que la distribució exacta de les masses d'un rotor físic no es coneix mai (petits errors de fabricació, faltes d'homogeneïtat del material), aquest mètode tan sols permet una primera aproximació de l'equilibrament.

Exemple 9.3: Equilibrament de l'àlep d'uns turbina de vapor
(Equilibrament geomètric)

Es reprèn l'exemple de la turbina de vapor de la Figura 9.3 que ha perdut un dels àleps. Per a compensar-la, es preveuen uns plans d'equilibrament, C i D, situats a unes distàncies de $a_C = 0{,}90$ i $a_D = 3{,}70$ metres del coixinet A, amb les superfícies de suport de les masses equilibradores distanciades unes excentricitats de $e_C = 0{,}42$ i $e_D = 0{,}38$ metres de l'eix de rotació, respectivament. Es demanen el valor de les masses equilibradores, m_C i m_D.

Per avaluar les masses equilibradores, s'avalua prèviament les reaccions que equilibrarien el rotor en els plans C i D:

$$R_C = F_i \cdot \frac{a_D - a}{a_D - a_C} = 51320 \cdot \frac{3{,}70 - 2{,}75}{3{,}70 - 0{,}90} = 17410 \quad \text{(N)}$$

$$R_D = F_i \cdot \frac{a - a_C}{a_D - a_C} = 51320 \cdot \frac{2{,}75 - 0{,}90}{3{,}70 - 0{,}90} = 33910 \quad \text{(N)}$$

Les masses equilibradores que en resulten són:

$$m_C = \frac{R_C}{e_C \cdot \omega^2} = \frac{17410}{0{,}42 \cdot (3000 \cdot (2 \cdot \pi / 60))^2} = 0{,}420 \quad \text{kg}$$

$$m_D = \frac{R_D}{e_D \cdot \omega^2} = \frac{33910}{0{,}38 \cdot (3000 \cdot (2 \cdot \pi / 60))^2} = 0{,}902 \quad \text{kg}$$

Aquestes masses s'han de col·locar en el mateix pla que l'àlep perdut i en el mateix cantó, ja que s'ha de compensar una pèrdua de massa.

Equilibrament físic
(fase de fabricació)

S'aplica a un rotor físic equilibrat geomètricament però que, per les raons assenyalades en l'apartat anterior, presenta encara un desequilibri inacceptable (cigonyals de motors d'explosió, rotors de motors elèctrics, rodes d'automòbil). Aquest segon procediment es basa en fer girar el rotor en una *màquina d'equilibrar* que mesura les reaccions en els suports, R_A i R_B, i les corresponents orientacions, θ_A i θ_B, i, a per mitjà del corresponent càlcul, avalua les masses, excentricitats i orientacions de les masses equilibradores en els plans C i D. Aquest mètode permet detectar, compensar i assegurar graus de desequilibri molt més petits que amb l'equilibrament geomètric.

Exemple 9.4: Equilibrament d'una roda d'automòbil
(Equilibrament d'un rotor físic)

La Figura 9.10 representa l'esquema d'una màquina d'equilibrar rodes d'automòbil. Consta d'un arbre perfectament equilibrat, suportat per mitjà de rodaments en els plans, *A* i *B*, on, gràcies als transductors, *p*, és possible mesurar el mòdul i l'orientació de les forces transmeses, F_A i F_B. La roda es col·loca en un extrem de l'arbre i es fixa amb un centrador anàleg al de fixació a l'automòbil. Per mitjà de la indicació de la referència del tipus de roda, o d'un braç amb un sensor, la màquina reconeix la situació dels plans d'equilibrament de la llanda de la roda, *C* i *D*.

En una operació d'equilibrament d'una roda, els transductors *p* de la màquina d'equilibrar mesuren les següents accions en els plans de suport del rotor: forces màximes de $F_A = 1,14$ i $F_B = 2,28$ N quan la referència angular del rotor (i de la roda) assenyalen angles de $\theta_A=180°$ i $\theta_B=90°$ per a una velocitat angular de $\omega=500$ min^{-1}. Es demana de calcular els contrapesos (massa i orientació) que, situats a les vores (de diàmetre $d_v=400$ mm) interior i exterior de la llanda (plans *C* i *D*, distanciats de *l*=150 mm), equilibren la roda.

Les forces mesurades, F_A i F_B (de sentits contraris a les reaccions R_A i R_B), són dinàmicament equivalents a les forces desequilibrades de la roda (no conegudes). Per tant, si en les equacions (5) i (6) es substitueixen les forces d'inèrcia desequilibrades de la roda per les forces mesurades en els plans *A* i *B* (F_A i F_B), les reaccions sobre els plans d'equilibrament *C* i *D* (R_C i R_D), permeten obtenir directament els paràmetres de les masses equilibradores de la roda.

Reacció en el pla *C*

$$F_{ICx} = -R_A \cdot \frac{l-a_A}{l} \cdot \sin\theta_A - R_B \cdot \frac{l-a_B}{l} \cdot \sin\theta_B =$$
$$= -1,14 \cdot \frac{0,15-(-0,70)}{0,15} \cdot 0 - 2,28 \cdot \frac{0,15-(-0,20)}{0,15} \cdot 1 = -5,32 \quad \text{(N)}$$

$$F_{ICy} = -R_A \cdot \frac{l-a_A}{l} \cdot \cos\theta_A - R_B \cdot \frac{l-a_B}{l} \cdot \cos\theta_B =$$
$$= -1,14 \cdot \frac{0,15-(-0,70)}{0,15} \cdot (-1) - 2,28 \cdot \frac{0,15-(-0,20)}{0,15} \cdot 0 = 6,46 \quad \text{(N)}$$

$$F_{IC} = \sqrt{F_{ICx}^2 + F_{ICy}^2} = 8,37 \quad \text{N} \qquad \theta_C = \text{atan}\frac{F_{ICy}}{F_{ICx}} = -39,47°$$

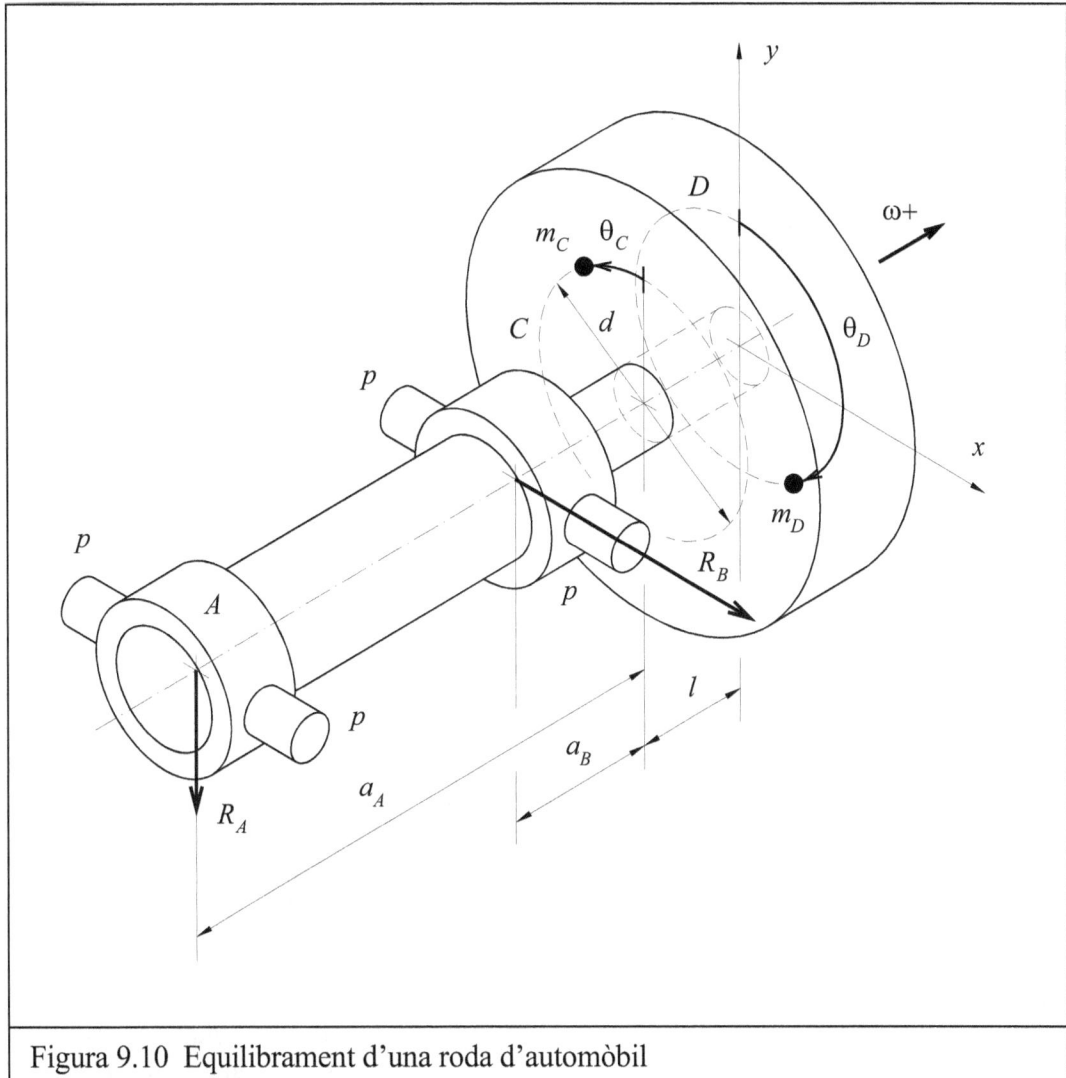

Figura 9.10 Equilibrament d'una roda d'automòbil

Reacció en el pla D

$$F_{IDx} = -R_A \cdot \frac{a_A}{l} \cdot \sin\theta_A - R_B \cdot \frac{a_B}{l} \cdot \sin\theta_B =$$

$$= -1,14 \cdot \frac{-0,70}{0,15} \cdot 0 - 2,28 \cdot \frac{-0,20}{0,15} \cdot 1 = 3,04 \quad (N)$$

$$F_{IDy} = -R_A \cdot \frac{a_A}{l} \cdot \cos\theta_A - R_B \cdot \frac{a_B}{l} \cdot \cos\theta_B =$$

$$= -1,14 \cdot \frac{-0,70}{0,15} \cdot (-1) - 2,28 \cdot \frac{-0,20}{0,15} \cdot 0 = 6,46 \quad (N)$$

$$F_{ID} = \sqrt{F_{IDx}^2 + F_{IDy}^2} = 6,13 \quad \text{N} \qquad \theta_D = \text{atan}\frac{F_{IDy}}{F_{IDx}} = 150,26°$$

Les masses equilibradores es calculen a partir de les fórmules:

$$m_C = \frac{R_C}{(d_v/2)\cdot\omega^2} = \frac{8,37}{0,2\cdot(500\cdot(2\cdot\pi))^2} = 0,018 \quad \text{kg}$$

$$m_D = \frac{R_D}{(d_v/2)\cdot\omega^2} = \frac{6,13}{0,2\cdot(500\cdot(2\cdot\pi))^2} = 0,013 \quad \text{kg}$$

Aquestes serien les masses dels ploms que els operaris col·locarien en les vores de la llanda, sota indicacions que proporciona automàticament la màquina. En general, aquestes màquines treballen amb un nombre de valors discrets de masses (per exemple, cada 5 g) i per ajustar l'equilibrament, repeteixen una o més vegades l'operació amb la col·locació de masses suplementàries.

Màquines d'equilibrar

Les *màquines d'equilibrar* (o *màquines equilibradores*) són aparells destinats a equilibrar rotors. Una màquina d'equilibrar rotors rígids és un aparell que ofereix un suport flotant en una direcció per a dos plans d'un rotor rígid en moviment de rotació a velocitat suficientment elevada i mesurar, o bé, el moviment d'aquests suports, o bé, les forces transmeses pel rotor a aquests suports (procediment més freqüent avui dia), a més de determinar la referència angular dels valors màxims d'aquests moviments o forces respecte al rotor.

Les primeres màquines d'equilibrar, que no disposaven de sistemes ràpids i eficaços de mesurar moviments, forces i referències angulars, es basaven en un muntatge on el suport del rotor muntat es disposa sobre molles. Per mitjà de fixar un punt o l'altre del suport a l'altura dels plans d'equilibrament, *C* o *D*, i treballant a una velocitat propera a la de la freqüència de ressonància i, col·locant diverses masses de prova, es mesurava l'amplitud del moviment de capcineig (Figura 9.11). Calia realitzar diverses operacions en base a col·locar sobre el rotor o masses conegudes que proporcionaven dades suficients per al càlcul. Aquest procediment resultava eficaç però molt lent.

Més endavant es van afegir uns capçals d'equilibrar que, per mitjà d'un enginyós tren d'engranatges, permetia moure angularment dues masses de prova respecte al motor de les següents maneres (desplaçament simètric, que afecta el mòdul del desequilibri; i, desplaçament conjunt, que afecta l'angle del desequilibri. Aquest dispositiu va alleugerir enormement les tasques d'equilibrament en la fabricació en sèrie (Figura 11).

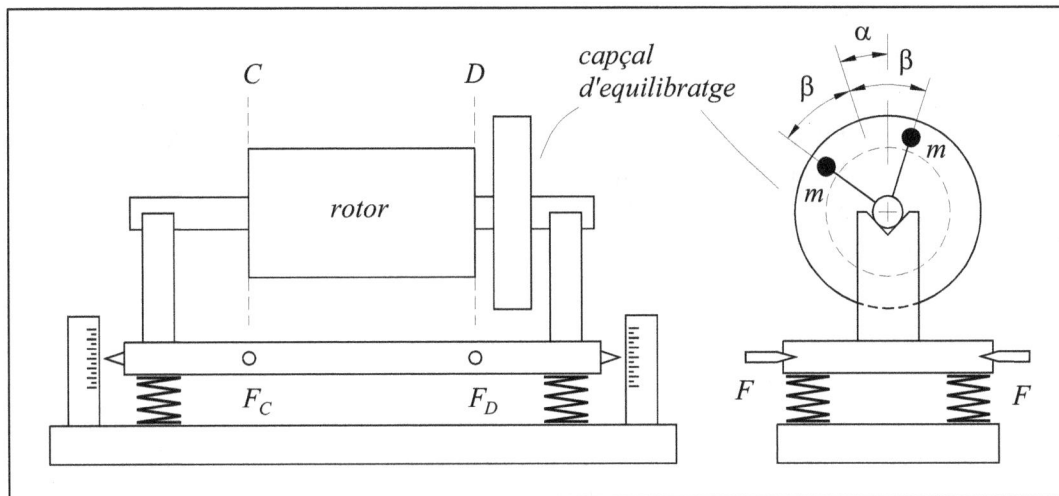

Figura 9.11 Màquina d'equilibrar amb suport sobre molles i capçal d'equilibrar

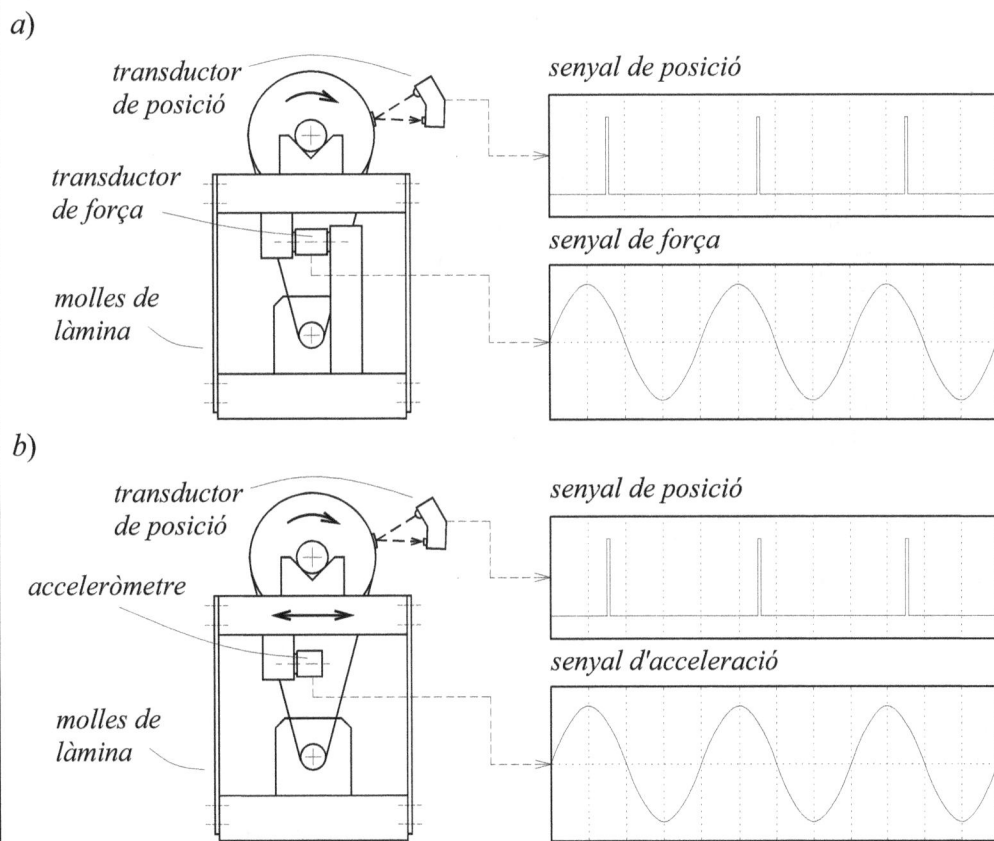

a)

b)

Figura 9.12 Esquemes de les actuals màquines d'equilibrar: *a*) Per mesura de les for-
ces; *b*) Per mesura del moviment

Tanmateix, avui dia màquines d'equilibrar es basen en els moderns transductors i al tractament del senyal que han facilitat enormement aquestes operacions. Actualment existeixen dos tipus bàsics de màquines d'equilibrar, en funció del tipus de mesura que efectuen: les que mesuren desplaçaments i les que mesuren forces. Totes elles estan formades per una estructura mecànica similar consistent en dos suports amb els plans de mesura muntats sobre làmines elàstiques que presenten una rigidesa horitzontal molt baixa i una rigidesa vertical molt alta. Tanmateix, el principi de funcionament és diferent:

a)   *Màquines d'equilibrar que mesuren el moviment* (Figura 9.12a)
      Els transductors mesuren el desplaçament horitzontal dels suports quan el rotor gira a velocitat molt superior a la freqüència de ressonància del moviment horitzontal; d'aquesta manera, si la massa del suport fos nul·la, l'amplitud del moviment s'aproximaria molt a l'excentricitat del rotor en el pla de mesura (en tot cas no és difícil establir la correcció per a una massa del suport no nul·la). Generalment, el transductor és un acceleròmetre, i la mesura és molt insensible a les vibracions exteriors.

b)   *Màquines d'equilibrar que mesuren la força* (Figura 9.12b)
      Els transductors de forces (generalment piezoelèctrics), que impedeixen el moviment lateral dels suports del rotor, mesuren les forces transmeses pel rotor als suports. En aquest cas, la massa del suport no influeix en la mesura, però el sistema resulta més sensible a les vibracions de l'entorn i és fràgil als cops i a les sotragades.

Tant en un tipus de màquina d'equilibrar com en l'altre, cal un dispositiu per a la mesura o determinació de la posició angular del rotor que serà comparada amb l'evolució de la mesura del desplaçament o de la força per a la determinació dels angles de referència, θ_A i θ_B.

Qualitat de l'equilibrament dels rotors rígids

L'equilibrament d'un rotor cerca d'evitar vibracions i esforços en els òrgans de les màquines de què formen part o en les estructures que les suporten. Malgrat que com més exacte sigui l'equilibrament millor, les operacions d'equilibrament constitueixen forçosament un compromís entre la qualitat de l'equilibrament i el cost que comporten.

La norma internacional ISO 1940-73 proporciona recomanacions pel que fa a la qualitat de l'equilibrament per a diferents tipus de rotors i d'aplicacions i estableix la següent definició del *grau de qualitat d'equilibrament* (per a l'equilibrament estàtic): és la velocitat tangencial màxima admissible per al centre d'inèrcia del rotor, G, mesurada en mm/s, i és el producte de l'excentricitat (o desequilibri residual), *e*, per la velocitat angular en rad/s. Per exemple:

$$G\,16 \quad \Rightarrow \quad v_{Gm\grave{a}x} = e \cdot \omega \leq 16 \quad mm/s \tag{11}$$

Cal observar que el valor del desequilibri és proporcional a la massa del rotor per a un mateix grau de qualitat d'equilibrament. La Taula 9.1 resumeix les recomanacions proporcionades per la norma ISO 1940-73.

Taula 9.1 Grau de qualitat de l'equilibrament (norma ISO 1940-73)

Grau	$e \cdot \omega$ (mm/s)	Tipus de rotors – aplicacions
G 4000	4.000	Grans motors Diesel marins
G 1600	1.600	Grans motors de 2 temps
G 630	630	Grans motors de 4 temps
G 250	250	Motors Diesel ràpids de 4 cilindres
G 100	100	Motors complets d'automòbil, camió i locomotora
G 40	40	Rodes d'automòbil; politges; arbres de transmissió
G 16	16	Peces de màquines agrícoles; components de motors d'automòbil, camió i locomotora
G 6,3	6,3	Rotors elèctrics; volants d'inèrcia; ventiladors; peces de maquinària
G 2,5	2,5	Turbines de gas i de vapor; petits motors elèctrics
G 1,0	1,0	Accionaments de magnetòfons; moles
G 0,4	0,4	Rectificadores de precisió; giroscopis

9.4   Rotors flexibles. Velocitats crítiques

Inestabilitat en rotors

Fins ara s'ha considerat que els rotors es comporten com a cossos rígids, o que aquesta és una aproximació suficient en la majoria dels casos. Tanmateix, en els rotors de gran llum entre els suports o coixinets, de diàmetre petit i que giren a una gran velocitat, la deformació lateral del rotor (considerat com una biga) a causa de les forces d'inèrcia desequilibrades pot prendre valors importants que intervenen en l'equilibri general de forces. Si es manté (encara que sigui per un temps relativament breu) la velocitat de rotació en determinats valors (anomenats *velocitats crítiques*, ω_c), o en valors molt pròxims, el rotor es troba en una greu situació d'inestabilitat que comporta la seva ruptura per deflexió.

S'acostuma a considerar que un rotor és *rígid* quan gira per sota del 50% de la primera velocitat crítica (la més baixa), i que un rotor és *flexible* quan gira per damunt d'aquest valor.

Rotor flexible amb una massa puntual desequilibrada

En el cas dels rotors flexibles també és convenient de començar l'anàlisi per un model simplificat del rotor, consistent en un eix sense massa (però flexible) en un pla del qual hi ha una massa, m, amb el centre d'inèrcia, G, desplaçat de l'eix no deformat en una excentricitat, e.

La força d'inèrcia, F_i, origina una deformació lateral de l'arbre de valor, r, i l'equilibri s'estableix entre la força d'inèrcia, $F_i = m \cdot (r + e) \cdot \omega^2$ i la força recuperadora de l'arbre actuant com a molla, $F_k = -K \cdot r$ (essent K la constant de rigidesa lateral del rotor en el pla de la massa; o sigui, la relació entre la força transversal aplicada en aquest pla i la deformació lateral que experimenta):

$$F_i + F_k = 0 \qquad m \cdot (r + e) \cdot \omega^2 - K \cdot r = 0 \tag{12}$$

El valor de la deformació lateral, r, de l'arbre del rotor en el pla on se situa la massa desequilibrada, s'expressa per:

$$r = \frac{\omega^2}{K / m - \omega^2} \tag{13}$$

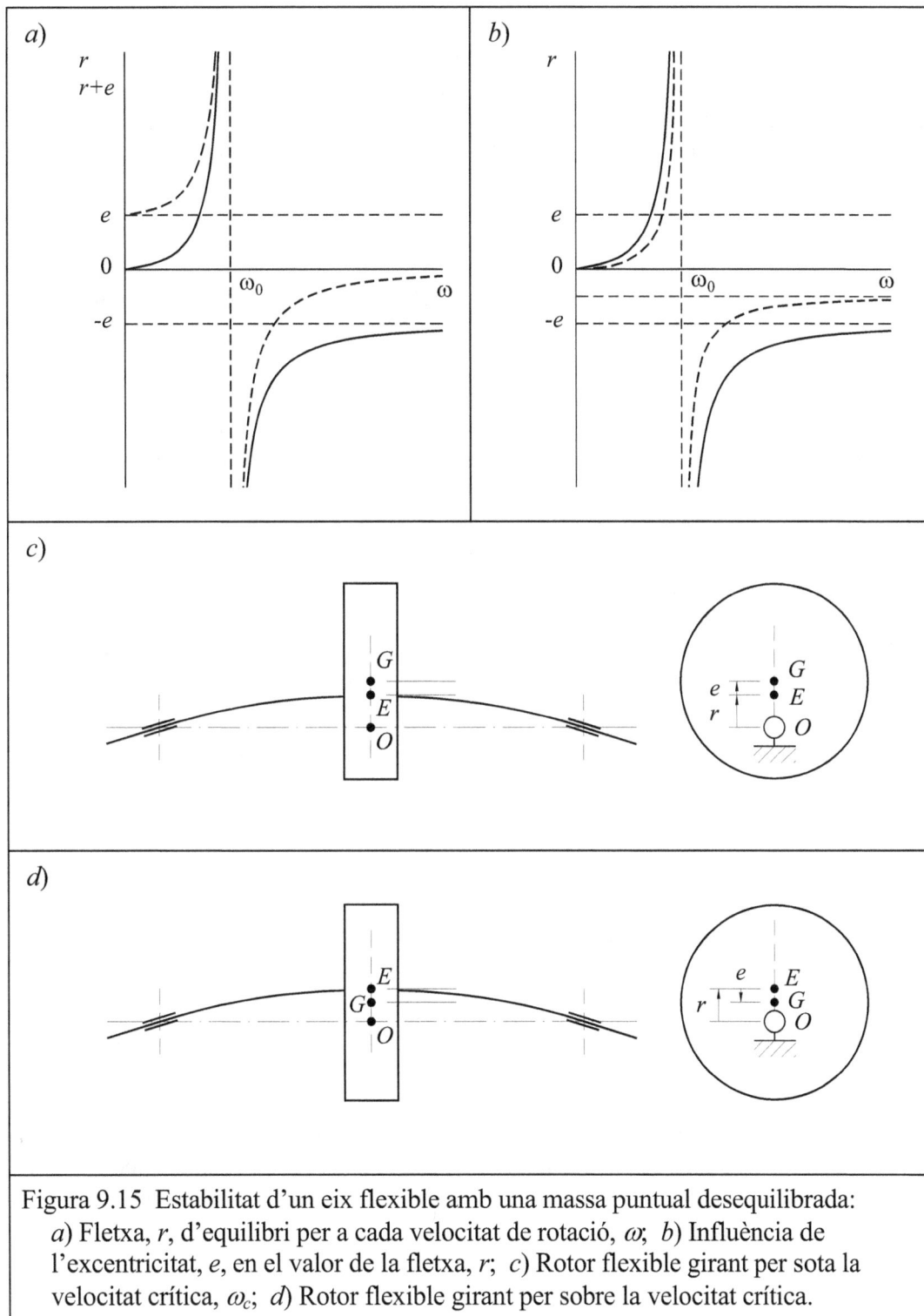

Figura 9.15 Estabilitat d'un eix flexible amb una massa puntual desequilibrada:
a) Fletxa, *r*, d'equilibri per a cada velocitat de rotació, ω; *b*) Influència de
l'excentricitat, *e*, en el valor de la fletxa, *r*; *c*) Rotor flexible girant per sota la
velocitat crítica, ω_c; *d*) Rotor flexible girant per sobre la velocitat crítica.

A partir d'aquesta equació es pot comprovar que quan la velocitat angular del rotor pren el valor $\omega^2 = K/m$, el denominador es fa zero i la deformació lateral del rotor, r, esdevé infinita (vegeu Figura 9.15a); o sigui que, de persistir fent girar el rotor a aquesta velocitat, l'amplitud de la deformació lateral, r, anirà creixent fins a trencar-se el rotor, i això pot esdevenir en un interval de temps molt breu. Precisament aquest valor de la velocitat angular pren el nom de *velocitat crítica*:

$$\omega_c = \sqrt{K/m} \tag{14}$$

Un cop plantejat el model i les equacions anteriors, és convenient de formular les següents observacions:

Observació primera
Parant atenció als tres punts següents (Figura 9.15c i d): *a*) Punt O, centre de gir de l'eix del rotor; *b*) Punt E, intersecció de l'eix deformat amb el pla que conté la massa m; *c*) Punt G, centre d'inèrcia de l'element discoïdal de massa m; s'observa que prenen posicions relatives diferents quan el rotor gira per sota o per damunt de la velocitat crítica, ω_c. Per sota de la velocitat crítica, els segments $OE = r$ i $EG = e$ tenen el mateix signe i, per tant, la part més pesant del rotor està del mateix cantó que la deformada de l'arbre mentre que, per damunt de la velocitat crítica, aquests dos segments tenen sentits contraris i la part més pesant del rotor està en el cantó contrari de la deformació de l'arbre. Per a velocitats de rotació molt superiors a la crítica, el centre d'inèrcia, G, coincideix pràcticament amb l'eix, O, i el punt E (corresponent a la deformada de l'arbre), gira al voltant de l'eix O a una distancia molt poc superior a l'excentricitat e (Vegeu Figura 9.15a i d).

Observació segona
Tot i fer la suposició que el rotor flexible està perfectament equilibrat, continua existint inestabilitat per a la velocitat crítica, ω_c, ja que aquesta depèn de la rigidesa de l'arbre, K, i de la massa en joc, m, però no de l'excentricitat, e. Així, doncs, en un rotor perfectament equilibrat no hi hauria perill d'inestabilitat fora de la velocitat crítica. Un valor més o menys elevat de l'excentricitat, e, influeix en els valors del desequilibri a què es veu sotmès el rotor, però no en el valor de la seva velocitat crítica (vegeu Figura 9.15b).

Observació tercera
La velocitat crítica d'un rotor, ω_c, coincideix amb la freqüència de ressonància, ω_o, de les vibracions laterals del rotor considerat com una biga. Aquesta analogia permet remetre el càlcul de les velocitats crítiques de rotors més complexos al càlcul de les vibracions laterals de les bigues a flexió.

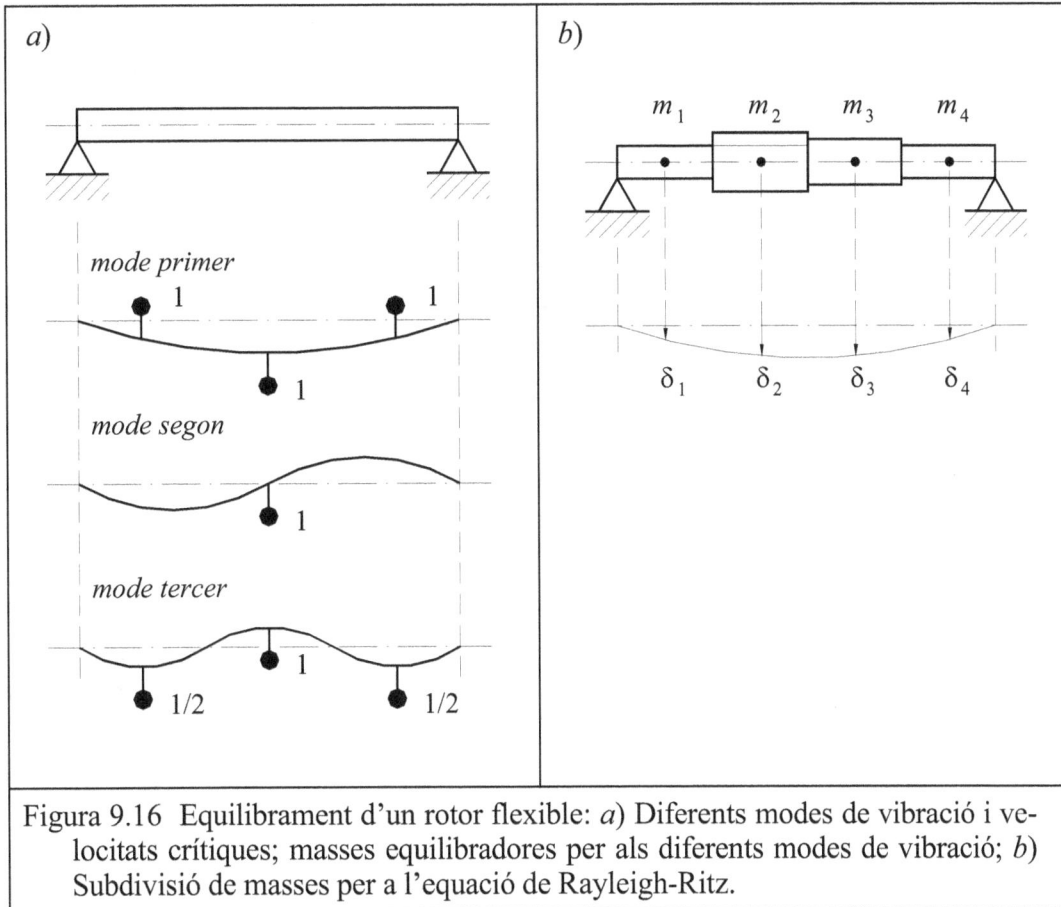

Figura 9.16 Equilibrament d'un rotor flexible: *a*) Diferents modes de vibració i ve-
locitats crítiques; masses equilibradores per als diferents modes de vibració; *b*)
Subdivisió de masses per a l'equació de Rayleigh-Ritz.

Problema general de les velocitats crítiques

En l'apartat anterior s'ha analitzat el cas d'un rotor flexible en el qual s'ha considerat la presència d'una sola massa però, en realitat, els rotors presenten la seva massa distribu-ïda al llarg del seu eix, generalment amb diversos esglaonaments i amb algunes masses més o menys concentrades (politges, rodes dentades). En aquest cas, existeixen múlti-ples modes de vibració lateral de la biga (en teoria infinits), amb freqüències pròpies creixents, que coincideixen amb els valors de les velocitats crítiques creixents (vegeu Figura 9.16a).

La determinació exacta del valor de totes les velocitats crítiques d'un rotor flexible comporta un càlcul molt complex i laboriós; tanmateix, en la major part de les aplicaci-ons n'hi ha prou en conèixer la primera velocitat crítica (la més baixa) a fi d'evitar els efectes de la inestabilitat.

D'entre els diversos mètodes aproximats per al càlcul de la primera velocitat crítica (suficients per a un primer tempteig), a continuació es dóna l'equació de Rayleigh-Ritz per a un rotor amb diverses masses concentrades (vegeu Figura 9.16b):

$$\omega_c = \sqrt{\frac{g \cdot \sum_j m_j \cdot \delta_j}{\sum_j m_j \cdot \delta_j^2}} \quad \text{(rad/s)} \tag{15}$$

On: g = Acceleració de la gravetat (m/s²)
m_j = Massa concentrada de l'element j del rotor (kg)
δ_j = Deformació del rotor en el pla de referència de l'element j sota el pes del conjunt de les masses del rotor (m)

Aquesta formulació també és aplicable a rotors amb massa distribuïda, sempre i quan s'hagi dividit en un conjunt de masses concentrades (vegeu Figura 9.16b). L'experiència mostra que no cal procedir a una divisió excessivament refinada per a obtenir una aproximació acceptable.

En el cas d'una massa concentrada (la deformació de l'arbre correspon al pla on està situada la massa) i d'una massa uniformement repartida, l'equació de Rayleigh-Ritz es redueix, respectivament a:

$$\omega_c = \sqrt{g/\delta} \quad \text{(rad/s)}$$
$$\omega_c = \sqrt{1{,}25 \cdot g/\delta_{màx}} \quad \text{(rad/s)} \tag{16}$$

En general cal procurar que la velocitat de funcionament sigui, com a mínim, un 20% inferior a la velocitat crítica del rotor. Si la velocitat de funcionament fos superior a la primera velocitat crítica (situació es dóna en aplicacions molt especials, com ara arbres del conjunt turbina de gas / generador en les centrals tèrmiques), també hauria de distanciar-se, com a mínim, un 20% d'aquesta primera velocitat crítica però, en aquest cas, caldria comprovar també que està distanciada suficientment de la segona velocitat crítica (no es donen mètodes de càlcul simplificats per a les velocitats crítiques superiors a la primera).

Factors que incideixen en les velocitats crítiques

Existeixen un bon nombre de factors que fan que la determinació de les velocitats crítiques i la inestabilitat dels rotors flexibles no presenti la nitidesa que podria fer pensar el model i càlculs precedents. En efecte, fenòmens com les pertorbacions en el lubricant, les forces axials i la temperatura poden influir sobre les velocitats crítiques, però a continuació en voldríem destacar uns altres aspectes que, per la seva naturalesa, tenen una incidència més directa en el disseny:

a)

b)

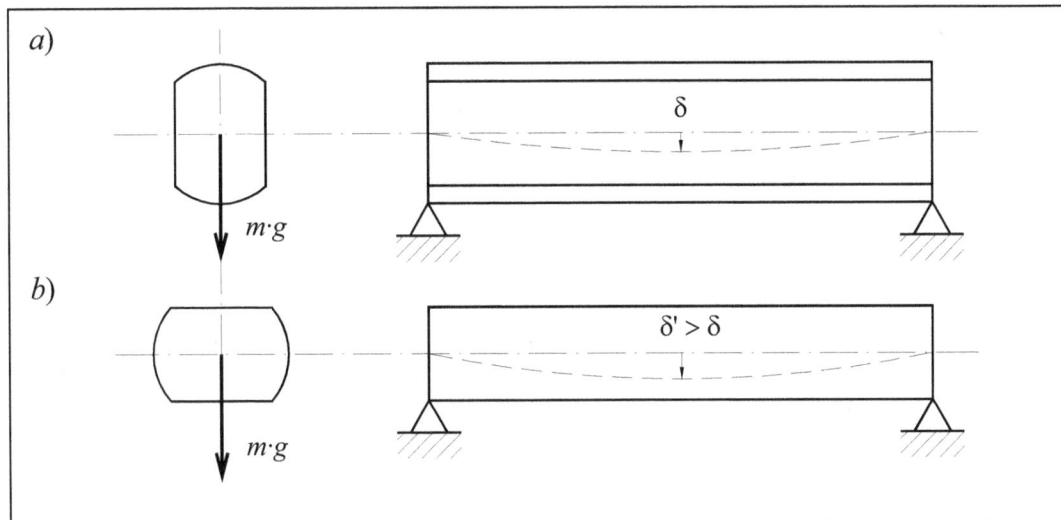

Figura 9.17 Arbre de rigidesa variable: a) Pla de rigidesa major (vertical); b) Pla de rigidesa menor (horitzontal)

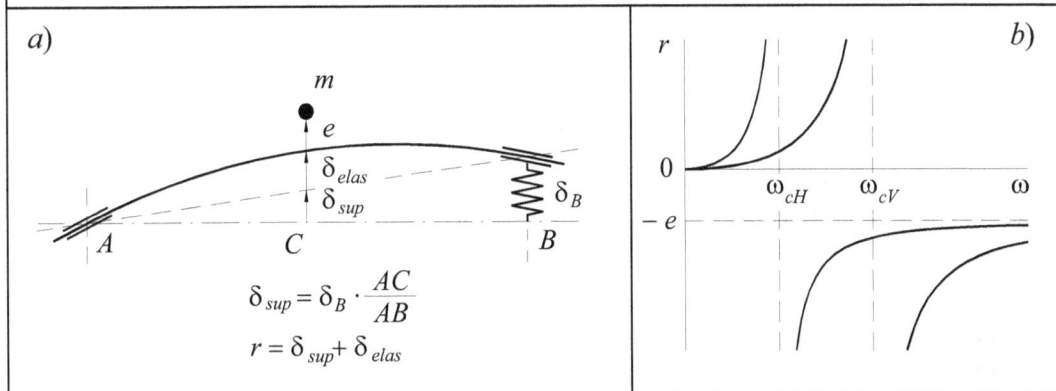

a)

$$\delta_{sup} = \delta_B \cdot \frac{AC}{AB}$$

$$r = \delta_{sup} + \delta_{elas}$$

b)

Figura 9.18 a) Efectes de la manca de rigidesa en un suport; b) Desdoblament de velocitats crítiques en el pla horitzontal i en el pla vertical

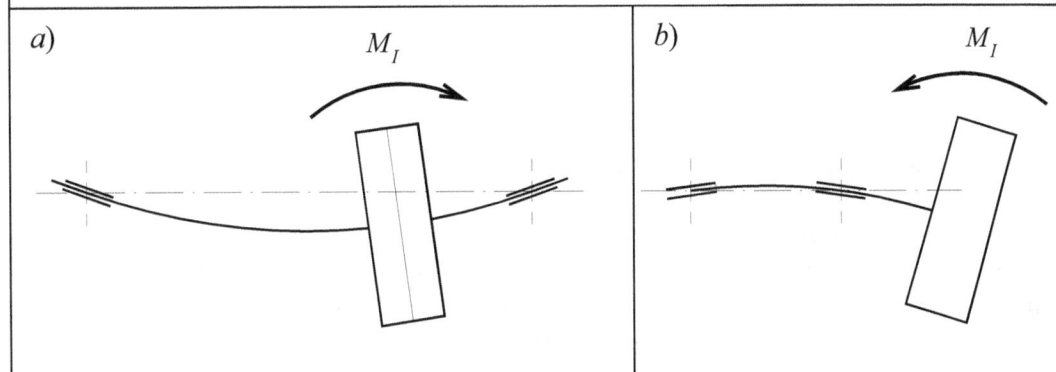

a)

b)

Figura 9.19 Efectes giroscòpics en discs: a) Disc entre suports; b) Disc en voladís

Rotors de secció no circular. Velocitats crítiques secundàries

Es comprova experimentalment que els rotors flexibles disposats amb l'eix horitzontal amb una rigidesa variable segons els diferents plans que passen per l'eix de rotació, presenten unes *velocitats crítiques secundàries*, ω_{cs}, a causa de l'efecte de la gravetat, de valor meitat que les freqüències crítiques principals:

$$\omega_{cs} = \frac{1}{2} \cdot \sqrt{K/m} \qquad \qquad (17)$$

Aquest fenomen pot fer que un rotor que, segons un primer càlcul, funciona lluny de la velocitat crítica (o fins i tot, podria ser considerat com a rígid), a la pràctica presenti problemes d'inestabilitat (vegeu la Figura 9.17).

Elasticitat dels suports o coixinets

En cas que els suports o coixinets no siguin del tot rígids, la deformació causada per la seva elasticitat, δ_{sup}, s'ha d'afegir a la deformació elàstica del rotor (vegeu Figura 9.18a). Aquest fet produeix una sensible disminució de la velocitat crítica, com es pot comprovar aplicant l'equació de Rayleigh-Ritz. Si, a més, l'eix del rotor és horitzontal i la rigidesa en sentit vertical i horitzontal dels suports o coixinets no és la mateix, apareix un desdoblament de la velocitat crítica corresponent a aquests dos moviments: ω_{cv}, en el sentit vertical; ω_{ch}, en el sentit horitzontal (vegeu la Figura 9.18b).

Efectes giroscòpics en discs

Quan un rotor flexible suporta un disc de grans dimensions en un pla que no correspon a la deformació màxima, o que està en voladís, aleshores el parell d'inèrcia que apareix sobre el disc, M_I, tendeix a redreçar l'eix tot disminuint la deformació lateral, δ, i, per tant, augmenta el valor de la velocitat crítica tot allunyant el perill d'inestabilitat. Aquest és l'anomenat *efecte giroscòpic en discs* (vegeu la Figura 9.19). Per determinar el valor del parell giroscòpic es pot utilitzar la fórmula (10). Si enlloc d'un disc hi ha la presència d'un cilindre allargat, l'efecte és contrari al descrit; tanmateix, un cilindre allargat forçosament reforça la rigidesa d'un arbre suportat pels seus extrems (efecte clarament beneficiós per evitar les inestabilitats per velocitats crítiques) i tan sols és clarament perjudicial si se situa en l'extrem d'un arbre en voladís.

Equilibrament de rotors flexibles in situ

Quan un rotor funciona a una velocitat superior a la meitat de la primera velocitat crítica, els sistemes d'equilibrament dels rotors rígids esdevenen inadequats, ja que no poden ser ignorades les deformacions laterals. Si es pren, per exemple, un rotor flexible de secció constant amb una massa desequilibrada en el seu centre, i s'intenta equilibrar amb masses situades simètricament a 1/6 de la llum de cada un dels extrems, es pot observar que les masses equilibradores han de ser diferents quan el rotor gira amb velocitats pròximes a cada una de les tres primeres velocitats crítiques (vegeu la Figura 9.16a):

a)   Per a la primera velocitat crítica, ω_{c1} (el mode de vibració de l'arbre és d'extrem a extrem, sense cap node): calen dues masses equilibradores iguals a la desequilibrada situades en el costat contrari (són dobles a les necessàries per a equilibrar un rotor rígid, ja que la deformada de l'arbre a 1/6 dels extrems és la meitat que en el centre).

b)   Per a la segona velocitat crítica, ω_{c2} (el mode de vibració inclou un node en el centre i l'arbre vibra per meitats): no cal cap massa equilibradora ja que el centre no realitza cap desplaçament.

c)   Per a la tercera velocitat crítica, ω_{c3} (el mode de vibració inclou dos nodes i l'arbre vibra per terços): calen dues masses equilibradores de valor meitat a la massa desequilibrada i situades al mateix costat, ja que les deformacions són de sentits contraris.

Així, doncs, s'arriba a la conclusió que un rotor flexible pot equilibrar-se sobre dos plans tan sols per a una determinada velocitat de rotació, però queda desequilibrat per a qualsevol altre velocitat de rotació. És freqüent que un rotor flexible ben equilibrat a la seva velocitat de règim, presenti desequilibris importants a baixes velocitats durant la seva engegada i aturada.

Determinats grans rotors flexibles, sovint amb diversos coixinets de suport (com ara els arbres dels turbogeneradors de les centrals tèrmiques), s'acostumen a equilibrat *in situ*, això és, sobre els propis coixinets amb les seves deformacions, i a les velocitats i temperatures de règim, ja que així es tenen en compte tots els factors reals que intervenen en l'equilibrament.

En aquest cas, atès que els suports del rotor no tenen les característiques dels de les màquines d'equilibrar, cal avaluar el desequilibri de forma indirecta, a través d'unes operacions prèvies de rotació amb tares conegudes i determinació d'uns coeficient d'influència del desequilibri d'aquestes tares sobre les vibracions mesurades en diversos punts de la màquina. Avui dia, l'equilibrament de grans rotors flexible es realitza amb l'ajut de programes informàtics especialitzats i comporta la realització de successives operacions de mesura de vibracions, d'avaluació i de col·locació de masses equilibradores que disminueixen progressivament el desequilibri residual.

Els grans rotors flexibles, sovint amb diversos punts de suport, i que acostumen a treballar per sobre de la primera velocitat crítica (i, en alguns casos, de la segona), se solen equilibrar amb masses situades en diversos plans (més de dos).

Exemple 9.5: Velocitat crítica d'un agitador

Enunciat

A fi de determinar les velocitats de funcionament d'un agitador industrial, cal avaluar les seves velocitats crítiques. Aquestes màquines usades per agitar líquids en l'interior de dipòsits tenen un rodet de pales a l'extrem d'un arbre llarg en voladís.

Els paràmetres del problema són: arbre tubular (diàmetres extern i intern: $d_e = 60$ mm i $d_i = 50$ mm), amb una longitud en voladís de l=800 mm, i una longitud entre suports de $l_0 = 150$ o 200 mm; massa del rodet de pales: m =15 kg; massa per unitat de longitud de l'arbre: $m_u = 6{,}74$ kg/m; rigidesa dels suports de l'arbre: $K_A = K_B = 20000$ N/mm.

Es demana de calcular les velocitats crítiques en els cinc casos següents: 1) Es considera tan sols la massa del rodet de pales (sense la massa de l'arbre), la distància entre suports és de 200 mm i es consideren els suports totalment rígids; 2) Es consideren la massa del rodet de pales i la de l'arbre, la distància entre suports és de 200 mm i es consideren els suports totalment rígids; 3) Igual que el cas anterior però amb una distància entre suports de 150 mm; 4) Igual que el cas segon però amb deformació en els suports; 5) Igual que el cas tercer però amb deformació en els suports.

Resolució

Per al càlcul de la primera velocitat crítica és suficient l'equació de Rayleigh-Ritz que requereix el coneixement de com es deforma l'arbre sotmès a les càrregues del propi pes del rotor. Atès que l'estudi de la deformació lateral d'una biga està fora de l'abast d'aquest curs (correspon a la matèria d'Elasticitat i Resistència de Materials), a continuació es proporcionen fórmules per a la seva aplicació:

Equació de les deformacions laterals de l'arbre per a una càrrega a l'extrem (Figura 9.20*b*1, representativa del pes del rodet de pales),

$$y = \frac{1}{6 \cdot E \cdot I} \cdot \left(R_A \cdot (l_0^2 - z^2) \cdot z \right) \qquad\qquad 0 \leq z \leq l_0$$

$$y = \frac{1}{6 \cdot E \cdot I} \cdot \left(R_A \cdot (l_0^2 - z^2) \cdot z + R_B \cdot (z - l_0)^3 \right) \qquad\qquad l_0 \leq z \leq l_0 + l$$

Equació de les deformacions laterals de l'arbre per a una càrrega uniformement repartida (Figura 9.20*b*2, representativa del pes del propi arbre):

$$y = \frac{1}{6 \cdot E \cdot I} \cdot \left(R_A^{'} \cdot (l_0^2 - z^2) \cdot z + \frac{m_u \cdot g}{4} \cdot (l_0^3 - z^3) \cdot z \right) \qquad\qquad 0 \leq z \leq l_0$$

$$y = \frac{1}{6 \cdot E \cdot I} \cdot \left(R_A^{'} \cdot (l_0^2 - z^2) \cdot z + \frac{m_u \cdot g}{4} \cdot (l_0^3 - z^3) \cdot z + R_B^{'} \cdot (z - l_0)^3 \right) \qquad\qquad l_0 \leq z \leq l_0 + l$$

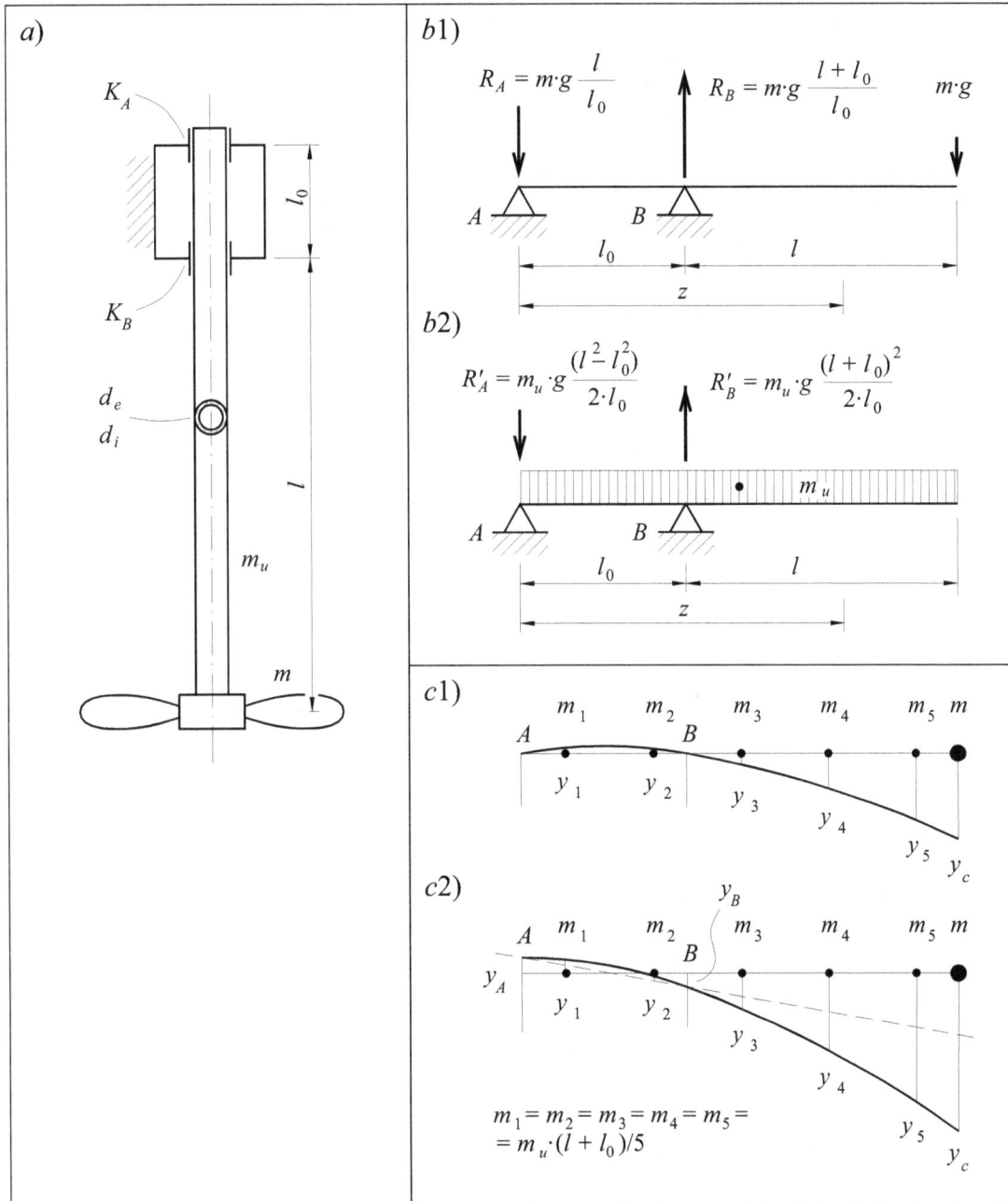

Figura 9.20 Agitador industrial: *a*) Paràmetres que intervenen en al càlcul de la velocitats crítica; *b*) Esquema per al càlcul de la deformada de l'eix (el cas més general resulta de la superposició dels dos següents): *b*1) Tan sols la massa, *m*, concentrada a l'extrem de l'eix; *b*2) Tan sols la massa de l'arbre, $m_u \cdot (l+l_0)$, distribuïda uniformement; *c*) Masses i deformades: *c*1) Amb rigidesa infinita en els suports; *c*2) Amb deformacions en els suporta.

Per a facilitar l'aplicació de l'equació de Rayleigh-Ritz en el càlcul de la velocitat crítica quan es t5é en compte la massa uniformement distribuïda de l'arbre, aquesta se segmenta en diverses parts iguals que se situen en els centres d'inèrcia de cada una d'elles (vegeu Figura 9.20c1).

En els casos en què es tenen en compte la influència de les deformacions en els suports de l'arbre ($y_A = (R_A+R_A')/K_A$ i $y_B = (R_B+R_B')/K_B$), cal superposar les deformacions obtingudes anteriorment, a les deformacions resultants de la recta que uneix les deformades en els suports A i B (vegeu Figura 9.20c2).

Els càlculs realitzats per mitjà d'un full de càlcul es resumeixen en la taula següent:

Taula 9.1

Cas	m	m_u	l_0	$K_A=K_B$	y_c	ω_c	n_c
	kg	Kg	Mm	N/mm	mm	rad/s	min^{-1}
1	15	0	200	0	0,454	147,0	1404
2	15	6,74	200	0	0,519	140,9	1345
3	15	6,74	150	0	0,492	144,8	1382
4	15	6,74	200	20000	0,882	108,4	1035
5	15	6,74	150	20000	1,096	97,4	930

Conclusions:

1. La influència de la massa de l'arbre en la velocitat crítica és moderada, tot i que tendeix a disminuir-la (4,2% més petita).

2. Quan la distància entre suports disminueix, les condicions s'acosten a les d'un encastament, i la velocitat crítica millora lleugerament (2,8% més gran)

3. La falta de rigidesa dels suports es tradueix en una disminució molt sensible de la velocitat crítica (per a la rigidesa de l'enunciat, un 23,1% més petita).

4. Finalment, si mantenint la influència de la falta de rigidesa dels suports, es disminueix la distància entre suports, contràriament a la variació entre el cas 2 i el 3, la velocitat crítica baixa novament ja que les reaccions augmenten (la disminució és ara de 30,9%).

Sembla, doncs, que és més favorable una distància entre suports de $l_0 = 200$ mm, per a la qual el càlcul més ajustat (influència de la massa de l'arbre i de la deformació dels suports) dóna una velocitat crítica de $\omega_c = 1035$ min^{-1}. La velocitat d'utilització no hauria de sobrepassar, doncs, el valor de $\omega_u < 0,8\cdot\omega_c = 828$ min^{-1}.

10 Masses alternatives

10.1 Mecanismes de moviment alternatiu

En el capítol anterior s'ha tractat l'equilibrament de masses rotatives, un dels problemes més freqüents en el disseny i la fabricació de les màquines, mentre que en aquest capítol es tracta el problema de l'equilibrament de masses alternatives, presents en aquelles màquines que incorporen mecanismes que transformen un moviment rotatiu en un moviment alternatiu, com ara el *mecanisme de jou escocès*, el *mecanisme de corredora-biela-manovella* (molt utilitzat en els motors alternatius, on pren el nom de *mecanisme de pistó-biela-cigonyal*), o els mecanismes de lleva.

El mecanisme de jou escocès (Figura 10.1a), poc utilitzat a causa de la seva difícil materialització en una disposició compacte i sense efectes elevats de la fricció, és el que proporciona la relació cinemàtica més senzilla ja que transforma un moviment de rotació uniforme en un moviment harmònic simple. El mecanisme corredora-biela-manovella (Figura 10.1b), molt utilitzat a causa de la fàcil materialització i del millor comportament a la fricció, proporciona una relació cinemàtica més complexa ja que transforma un moviment de rotació uniforme en un moviment alternatiu aparentment harmònic simple però que és una superposició complexa de funcions sinusoïdals. Finalment, cada mecanisme de lleva té la seva llei cinemàtica (Figura 10.1c) i, per tant, es fa difícil d'establir criteris generals per a l'equilibrament de les masses alternatives associades al seguidor, tot i que la descomposició del moviment en sèrie de Fourier permet desenvolupar una metodologia anàloga a la del mecanisme de corredora-biela-manovella.

Les aplicacions del mecanisme de corredora-biela-manovella són molt nombroses, entre les que destaca la seva utilització en els motors alternatius de combustió interna com el mecanisme bàsic (anomenat de *pistó-biela-cigonyal*) que transforma l'energia d'expansió dels gasos sobre el pistó (moviment alternatiu) en moviment de rotació del cigonyal útil per a la tracció dels vehicles. Altres aplicacions poden ser els compressors i bombes de pistons (l'energia flueix en sentit invers, des del moviment de rotació vers al moviment alternatiu), o en mecanismes cinemàtics com el que imprimeix el moviment alternatiu de l'agulla de la màquina de cosir.

L'aplicació del mecanisme de jou escocès (equivalent a un mecanisme de corredora-biela-manovella de biela de longitud infinita) es restringeix quasi exclusivament quan es requereix un moviment alternatiu estrictament sinusoïdal. Atès que, sovint, les masses alternatives d'aquests mecanismes són importants i/o els règims de velocitats elevats, les forces d'inèrcia de D'Alembert que en resulten són significatives, per la qual cosa es fa necessari, fins allà on sigui possible, l'equilibrament del sistema.

Els mecanismes de lleva, entre els quals destaquen els d'accionament de les vàlvules en els motors d'explosió i els de les bombes d'injecció, s'apliquen quan es requereix un moviment alternatiu de llei prefixada i, atès que, en general, les masses alternatives són més reduïdes i/o els règims de velocitat més baixos, no se solen equilibrar.

L'estudi i les tècniques per a l'equilibrament de les masses alternatives d'un mecanisme de corredora-biela-manovella comporta una certa complexitat i és l'objec-te de les planes que segueixen, mentre que l'equilibrament de les masses alternatives del mecanisme de jou escocès pot ser considerat un cas particular del cas anterior. Com ja s'ha comentat anteriorment, la metodologia basada en la descomposició del moviment en sèrie de Fourier combinada amb el concepte dels rotors equivalents, pot aportar una metodologia (no desenvolupada en aquestes planes) per a l'equilibrament de les masses alternatives associades al seguidor d'una lleva.

Cinemàtica del mecanisme de corredora-biela-manovella

Aquest apartat estudia la cinemàtica del mecanisme de corredora-biela-manovella i, en concret, el moviment de la corredora (associat a les masses alternatives) quan la manovella gira a velocitat angular constant. Aquest moviment és proper al de la projecció de l'extrem de la manovella sobre la direcció de la corredora (moviment harmònic simple), però en difereix a causa de la variació en la inclinació de la biela.

La coordenada del moviment alternatiu de la corredora en funció dels angles, θ i α, relacionats entre si, és (Figura 10.1b):

$$x = r \cdot \cos\theta + l \cdot \cos\alpha \qquad r \cdot \sin\theta = l \cdot \sin\alpha \tag{1}$$

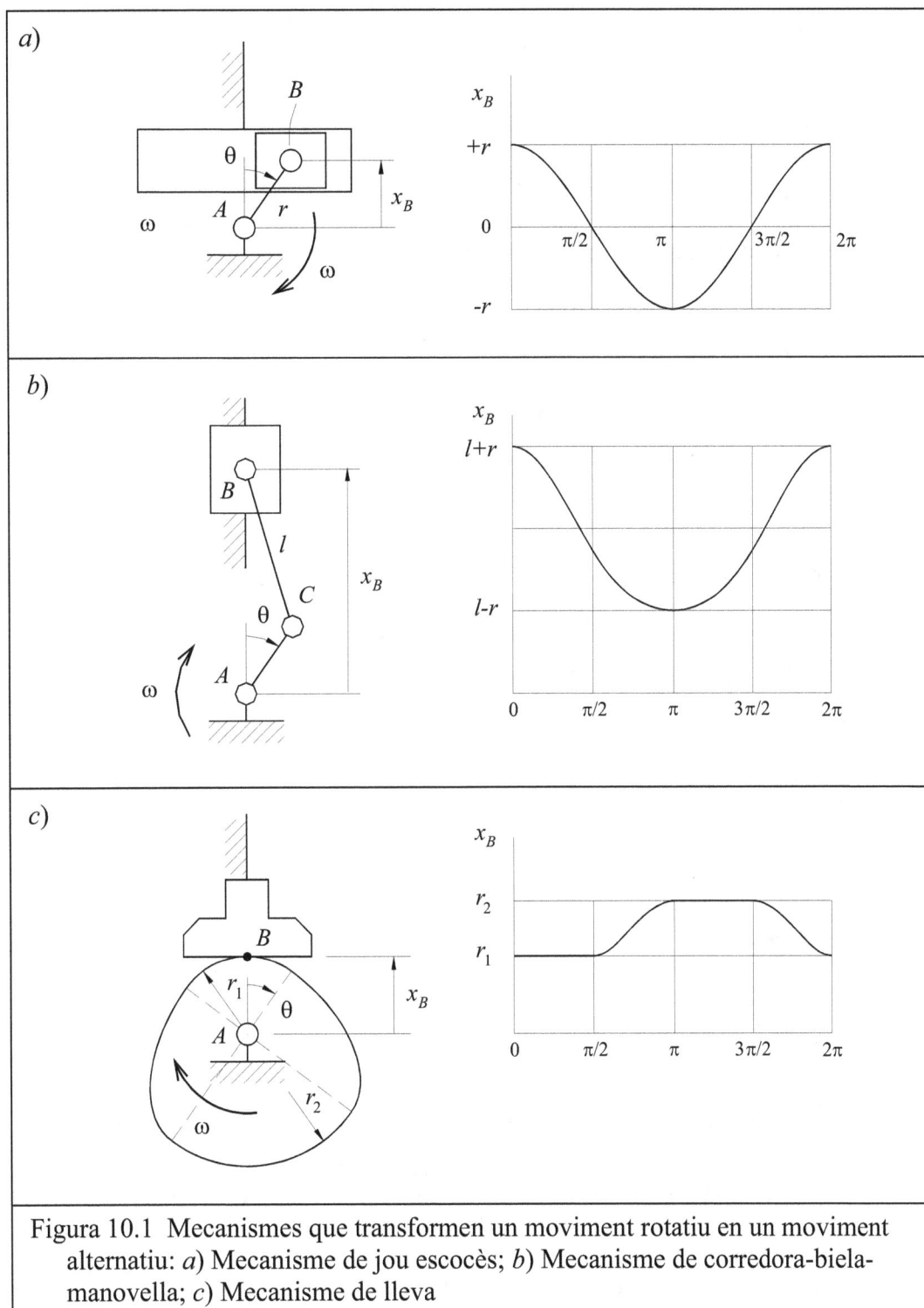

a)

b)

c)

Figura 10.1 Mecanismes que transformen un moviment rotatiu en un moviment alternatiu: *a)* Mecanisme de jou escocès; *b)* Mecanisme de corredora-biela-manovella; *c)* Mecanisme de lleva

Per expressar la distància, x, en funció de l'angle del cigonyal, θ, es pot procedir de diverses formes. Una d'elles és establir les següents aproximacions trigonomètriques:

$$\cos\alpha = \sqrt{1-\sin^2\alpha} \approx 1-\frac{1}{2}\cdot\sin^2\alpha = 1-\frac{1}{2}\cdot\frac{r^2}{l^2}\sin^2\theta = 1-\frac{1}{2}\cdot\frac{r^2}{l^2}\cdot\frac{1-\cos 2\theta}{2} \qquad (2)$$

Substituint aquesta darrera expressió en l'equació (1), introduint l'expressió de l'angle en funció de la velocitat angular constant de la manovella ($\theta=\omega t$) i, reordenant els termes, s'obtenen les equacions del moviment i les seves derivades:

$$x = \left(l-\frac{r^2}{4\cdot l}\right) + r\cdot\cos\omega t + \left(\frac{r^2}{4\cdot l}\right)\cdot\cos 2\omega t$$

$$v = -\omega\cdot r\cdot\sin\omega t - 2\cdot\omega\cdot\left(\frac{r^2}{4\cdot l}\right)\cdot\sin 2\omega t \qquad (3)$$

$$a = -\omega^2\cdot r\cdot\cos\omega t - (2\cdot\omega)^2\cdot\left(\frac{r^2}{4\cdot l}\right)\cdot\cos 2\omega t$$

L'expressió de l'acceleració s'utilitza per al càlcul de la força d'inèrcia de les masses alternatives. Gràcies a l'aproximació (2), l'acceleració del moviment alternatiu té dos termes significatius, el primer funció del cosinus de la velocitat angular de la manovella (que dóna lloc a l'anomenada *força d'inèrcia primària*) i, un segon terme, funció del cosinus del doble de la velocitat angular de la manovella (que dóna lloc a l'anomenada *força d'inèrcia secundària*).

La simplificació a què s'ha arribat, també s'hauria pogut obtenir a partir del desenvolupament en sèrie de Fourier de l'expressió:

$$x = r\cdot\cos\omega t + l\cdot\sqrt{1-\frac{r^2}{l^2}\cdot\sin^2\omega t} \qquad (4)$$

que és el següent:

$$x = l\cdot\left(1-\frac{1}{4}\cdot\frac{r^2}{l^2}+\frac{3}{64}\cdot\frac{r^4}{l^4}+\cdots\right) + r\cdot\cos\omega t + l\cdot\left(\frac{1}{4}\cdot\frac{r^2}{l^2}-\frac{1}{16}\cdot\frac{r^4}{l^4}+\cdots\right)\cdot\cos 2\omega t +$$

$$+\,0\cdot\cos 3\omega t + l\cdot\left(\frac{1}{64}\cdot\frac{r^4}{l^4}+\cdots\right)\cdot\cos 4\omega t + \cdots \qquad (5)$$

Per tal que el mecanisme de corredora-biela-manovella pugui donar voltes senceres, la longitud de la biela, l, ha de ser sensiblement més gran que l'excentricitat de la manovella, r (generalment, el quocient r/l està comprès entre 1/3 i 1/5); per tant, els sumands que inclouen potències d'aquest quocient més elevades de 2 poden menystenir-se. Amb aquesta simplificació, el desenvolupament de Fourier queda reduït a l'equació (3).

10.2 Sistemes de masses equivalents. Aplicació a la biela

Introducció

En els mecanismes de les màquines hi ha membres guiats a la base per enllaços de revolució que es comporten com a rotors, l'equilibrament dels quals ha estat tractat en el capítol anterior, i membres guiats a la base per enllaços prismàtics que tenen un moviment alternatiu, l'equilibrament dels quals es tracta en el present capítol. Tanmateix, també hi ha membres enllaçats d'altres formes, amb moviments més complexos, per als quals també cal disposar de procediments per equilibrar-los totalment o parcialment.

El mètode dels sistemes de masses equivalents que es tracta en aquesta secció, i en especial la substitució de la massa d'un cos per masses puntuals, permet sovint importants simplificacions en l'estudi dinàmic de les màquines alhora que proporciona criteris i procediments per a l'equilibrament.

En el cas concret del mecanisme de corredora-biela-manovella, la manovella realitza un moviment de rotació i la seva massa pot ser equilibrada com la d'un rotor rígid, mentre que la corredora descriu un moviment alternatiu i l'equilibrament de la seva massa és l'objecte d'aquest capítol, però resta la biela amb un moviment més complex per a la qual no existeix un model simple d'equilibrament de la seva massa.

La substitució de la massa de la biela per dues masses puntuals (acostuma a requerir una simplificació de la qual cal conèixer els límits i els errors) permet transferir el problema de l'equilibrament de la biela als problemes de la corredora (equilibrament de masses alternatives) i de la manovella (equilibrament de masses rotatives).

Sistemes de masses equivalents. Masses puntuals

Dos sistemes de masses lligades a un cos rígid tenen el mateix comportament dinàmic (o sigui, són dinàmicament equivalents i poden substituir-se l'un per l'altre) sempre que tinguin la mateixa massa total, m, el mateix centre d'inèrcia, G, i el mateix tensor d'inèrcia. Una de les formes d'equivalència més interessants és la substitució de la massa real d'un cos per un conjunt de masses puntuals rígidament unides entre elles de manera que conservin els paràmetres anteriorment esmentats.

La substitució de la massa d'un cos tridimensional requereix un mínim de 4 masses puntuals col·locades en forma de tetraedre irregular, si bé aquest nombre pot ser superior, com ara 6 masses puntuals disposades per parelles sobre els tres eixos principals d'inèrcia. Tanmateix, aquesta substitució esdevé excessivament complexa en dinàmica tridimensional de manera que perd l'integrés pràctic.

La substitució de la massa d'un cos pla requereix un mínim de 2 masses disposades sobre una línia que passa pel centre d'inèrcia, si bé aquest nombre també pot ser superior, com ara 3 masses puntuals, una d'elles en el centre de masses. El cas més simple de substitució per 2 masses puntuals és el que ofereix més possibilitats d'aplicació.

Masses equivalents en el moviment pla

La major part dels mecanismes de les màquines poden ser considerats en el pla, fet que simplifica el seu estudi i càlcul i que permet la utilització de mètodes gràfics intuïtius i de fàcil resolució. Entre aquests mètodes i ha la substitució de la massa dels membres per masses puntuals. Tanmateix, per evitar errors en la interpretació dels resultats, cal fer la distinció entre mecanismes de moviment pla i mecanismes dinàmicament plans:

Mecanismes de moviment pla guiat
Són aquells en què els membres es mouen de manera que tots els seus punts descriuen trajectòries sobre plans paral·lels. En les màquines és molt freqüent que el moviment pla dels mecanismes s'asseguri per mitjà del guiatge dels seus membres i, aleshores, es pot parlar de *mecanismes de moviment pla guiat*.

Mecanismes dinàmicament plans
Són aquells en què es donen les següents condicions: *a*) Existeix un pla de simetria que és principal d'inèrcia (conté dos dels eixos principals d'inèrcia) de cada un dels membres del mecanisme; *b*) La resultant de les forces exteriors sobre cada membre es troba en el pla de simetria i el parell resultant és perpendicular a aquest pla. Aquestes condicions asseguren que els mecanismes són de moviment pla i que totes les reaccions es troben sobre aquest pla.

Malgrat que no es compleixin les condicions anteriors, un mecanisme de moviment pla guiat es comporta i pot ser estudiat com si fos dinàmicament pla, sempre que es projectin les forces exteriors en el pla del moviment, els parells exteriors en la direcció perpendicular, i es prenguin els moments d'inèrcia dels membres respecte a eixos perpendiculars al pla del moviment.

La no coincidència dels plans principals d'inèrcia de determinats membres amb el pla del moviment i d'eventual falta de simetria de les forces i parells exteriors, originen desequilibris que afecten la forma com es reparteixen les reaccions entre els diferents suports de cada un dels eixos, però no afecten el moviment del mecanisme ni les projeccions de les reaccions segons el pla del moviment, que continuen essent els mateixos que si el pla fos de simetria.

Descomposició d'un cos pla en masses puntuals

En el cas del moviment pla, dos cossos són equivalents si tenen la mateixa massa, el mateix centre de masses i el mateix moment d'inèrcia segons la direcció perpendicular al pla. En la substitució d'un cos amb moviment pla per masses puntuals, cal que es compleixin les condicions esmentades anteriorment, que es tradueixen en quatre condicions escalars:

$$\sum_j m_j = m \qquad \sum_j m_j \cdot x_j = 0 \qquad \sum_j m_j \cdot y_j = 0$$
$$\sum_j m_j \cdot (x_j^2 + y_j^2) = J_z \tag{6}$$

Aquesta substitució es pot realitzar per mitjà d'un mínim de 2 masses puntuals alineades amb el centre d'inèrcia, G, una a cada costat. Prenent tan sols la coordenada sobre la línia de descomposició de les masses, les equacions són (Figura 10.2a):

$$m_1 + m_2 = m \qquad m_1 \cdot x_1 + m_2 \cdot x_2 = 0 \qquad m_1 \cdot x_1^2 + m_2 \cdot x_2^2 = J_z = m \cdot i_G^2 \tag{7}$$

Que, reordenades adequadament, adopten la següent forma (sentit positiu el de x_1):

$$m_1 = m \cdot \frac{-x_2}{x_1 - x_2} \qquad m_2 = m \cdot \frac{x_1}{x_1 - x_2} \qquad x_1 \cdot x_2 = -i_G^2 \tag{8}$$

Hi ha diversos cometaris a fer sobre la descomposició en dues masses puntuals:

a)   Es pot elegir lliurement la direcció de la línia de descomposició, sempre que passi pel centre d'inèrcia, G.

b)   Els dos punts on es situen les masses puntuals són conjugats respecte el centre d'inèrcia, G, essent el producte dels mòduls de les distàncies el quadrat del radi de gir del cos respecte al centre d'inèrcia, i_G^2.

c)   Conseqüència de l'anterior, elegida la situació d'una de les masses puntuals damunt de la línia de descomposició, la situació de l'altra ve determinada.

d)   Finalment, determinada la situació, x_1 i x_2, dels punts de descomposició, queden determinades les masses, m_1 i m_2, que són inversament proporcionals a les distàncies al centre d'inèrcia.

En definitiva, es poden elegir lliurement la direcció de descomposició del sistema i una altra de les quatre incògnites del sistema (x_1, m_1, x_2 i m_2), mentre que les restants incògnites queden determinats per les equacions del sistema. En general s'acostuma a elegir la posició d'una de les masses per així situar-la en un punt de moviment conegut (o de moviment nul).

Centre d'oscil·lació i centre de percussió

Tal com s'ha dit en els apartats anteriors, un cos rígid amb moviment pla guiat pot ser substituït per dues masses puntuals, tot mantenint el seu mateix comportament dinàmic. Es descompon la seva massa en els punts A_1 i A_2 (masses m_1 i m_2, i distàncies x_1 i $-x_2$, respectivament) de manera que es conserven els paràmetres d'inèrcia (m, massa; G, centre d'inèrcia; J_G, moment d'inèrcia respecte al centre d'inèrcia).

Si sobre d'aquest cos en repòs s'aplica una força, F (Figura 10.2b), perpendicular a la direcció de descomposició de les masses, A_1A_2, l'acceleració del centre d'inèrcia, a_G, té aquesta mateixa direcció. Les acceleracions dels punts A_1 i A_2 (a_{A21} i a_{A2}, respectivament) resulten de composar l'acceleració del centre d'inèrcia, a_G, i les acceleracions tangencials relatives dels punts A_1 i A_2 respecte G (a_{tA1G} i a_{tA2G} respectivament), fruit de l'acceleració angular del cos, α, acceleracions també perpendiculars a la direcció de descomposició. Per tant, les acceleracions absolutes dels punts A_1 i A_2 (a_1 i a_2, respectivament) són també perpendiculars a la direcció de descomposició A_1A_2.

Establertes aquestes consideracions cinemàtiques, la força exterior, F, s'equilibra amb dues forces d'inèrcia de D'Alembert a A_1 i A_2 (F_{i1} i F_{i2}) paral·leles a la primera. Aplicant les equacions de l'equilibri, s'obtenen les següents forces d'inèrcia de D'Alembert (els signes són els indicats a la Figura 10.2b):

$$F_{iA1} = F \cdot \frac{x - x_2}{x_1 - x_2} \qquad F_{iA2} = F \cdot \frac{x_1 - x}{x_1 - x_2} \tag{9}$$

Dividint aquestes forces d'inèrcia de D'Alembert per les masses corresponents, s'obtenen les acceleracions dels punts A_1 i A_2:

$$a_{A1} = \frac{F_{iA1}}{m_{A1}} = \frac{F \cdot \dfrac{x - x_2}{x_1 - x_2}}{m \cdot \dfrac{-x_2}{x_1 - x_2}} = \frac{F}{m} \cdot \frac{x_2 - x}{x_2}$$

$$a_{A2} = \frac{F_{iA2}}{m_{A2}} = \frac{F \cdot \dfrac{x_1 - x}{x_1 - x_2}}{m \cdot \dfrac{x_1}{x_1 - x_2}} = \frac{F}{m} \cdot \frac{x_1 - x}{x_1} \tag{10}$$

Un cas molt interessant d'aquest sistema és quan la força s'aplica directament a l'alçada d'una de les dues masses puntuals conjugades, per exemple, la massa A ($x = x_1$). Aleshores l'acció exterior, F, s'iguala amb la força d'inèrcia a A_1 ($F_{i1} = F$) mentre que la força aplicada al punt A_2 esdevé nul·la ($F_{i2} = 0$) i aquest punt no té acceleració.

a)

$$x_1 \cdot (-x_2) = i_G^2 = \frac{J_G}{m}$$

$$m_1 = m \cdot \frac{-x_2}{x_1 - x_2}$$

$$m_2 = m \cdot \frac{x_1}{x_1 - x_2}$$

b)

$$a_2 = \frac{F_{I2}}{m_2}$$

$$a_1 = \frac{F_{I1}}{m_1}$$

c)

$$a_2 = 0$$
$$F_{I2} = 0$$

$$a_1 = \frac{F_{I1}}{m_1}$$

centre d'ascil·lació

centre de percussió

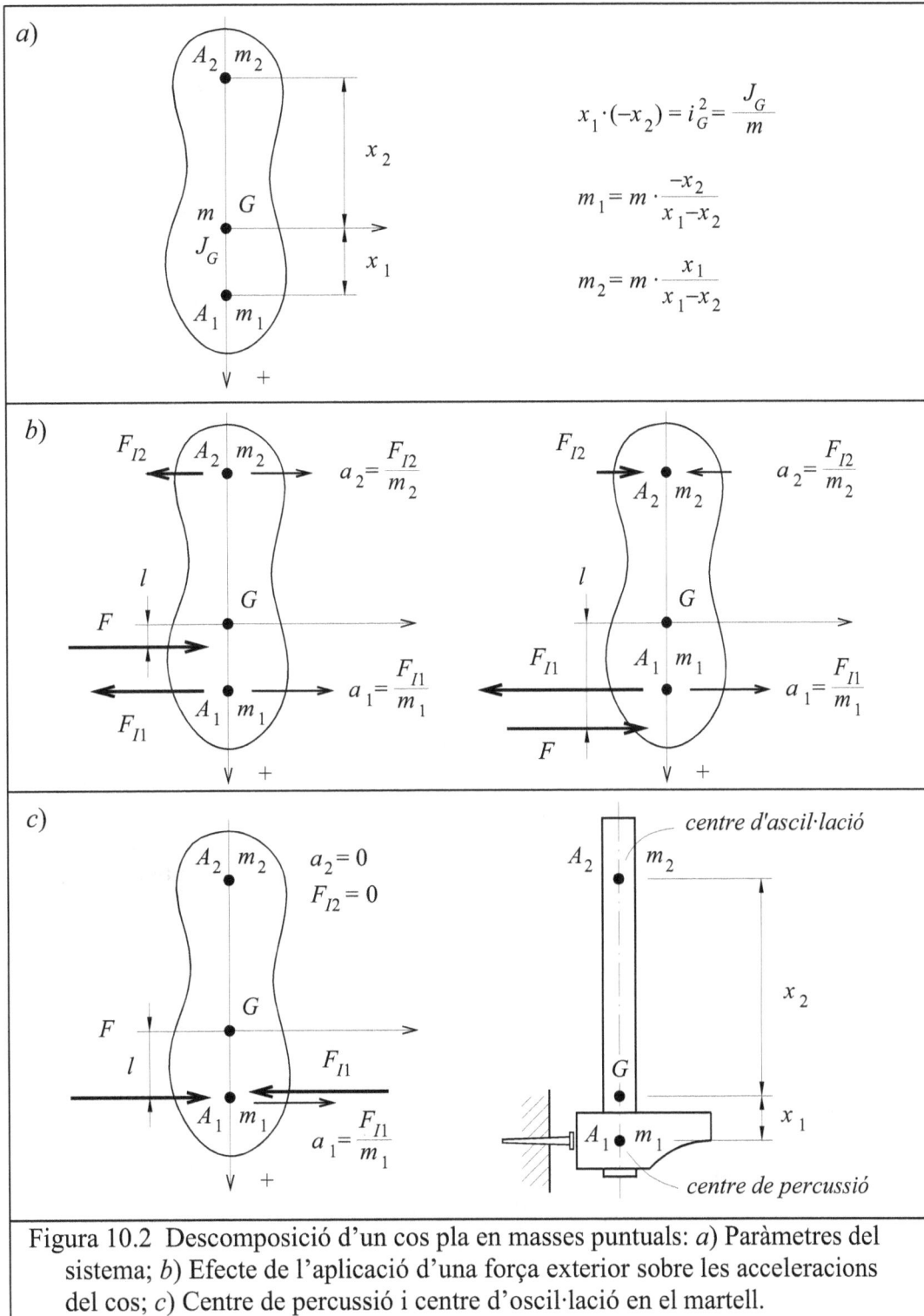

Figura 10.2 Descomposició d'un cos pla en masses puntuals: a) Paràmetres del sistema; b) Efecte de l'aplicació d'una força exterior sobre les acceleracions del cos; c) Centre de percussió i centre d'oscil·lació en el martell.

Vist des d'un altre punt de vista, si una persona sosté un cos amb moviment pla pel punt A_2 (per exemple, disposat com un pèndol) i percudeix el cos pel punt A_1, aquesta persona no percep cap reacció sobre la mà. El punt A_1 on s'aplica la força exterior s'anomena *centre de percussió*, i el punt de suspensió, A_2, que no experimenta cap acceleració s'anomena *centre d'oscil·lació*. Aquests dos punts són conjugats respecte el centre d'inèrcia, i les seves funcions són intercanviables, o sigui que, sostenint el cos pel centre de percussió i percudint pel centre d'oscil·lació la mà tampoc rep cap repercussió.

Els centres d'oscil·lació i de percussió no són únics en un cos. Existeixen una doble infinitat de parelles de punts conjugats, ja que es pot elegir lliurement qualsevol línia de descomposició que passi pel centre de masses, G, i també es pot elegir lliurement la situació d'una de les dues masses sobre aquesta línia, en funció de la qual la situació de l'altra queda determinada.

Els conceptes de centre de percussió i centre d'oscil·lació tenen múltiples aplicacions pràctiques, com ara:

a)   Es pot estudiar un pèndol físic com un pèndol simple a base de prendre la massa puntual equivalent del centre de percussió A_1 ($m = m_1$), conjugat del centre d'oscil·lació A_2, i la distància entre els centres d'oscil·lació i de percussió ($l = A_1A_2$).

b)   Els martells tenen les masses i les dimensions convenients perquè el punt on pica el clau (centre de percussió A_1) sigui conjugat (o molt aproximadament conjugat) del punt on s'agafa (centre d'oscil·lació A_2), ja que d'aquesta manera s'eviten els retrucs sobre la mà (Figura 10.2c). Si s'agafa el mànec del martell lluny del punt d'oscil·lació, la mà rep els retrucs de les picades (de sentits contraris, segons s'agafi a un costat o a l'altre del centre d'oscil·lació).

b)   Quan es col·loca un topall per aturar l'obertura d'una porta, és convenient de situar-lo en la posició del centre de percussió, A_1, essent el centre d'oscil·lació, A_2, la frontissa de la porta. Tenint en compte que el topall es sol col·locar al peu de la porta, els parells transversals que apareixen són molt importants, a causa de no ser un sistema dinàmicament pla.

c)   Un membre d'una màquina que es traslladada té el centre d'oscil·lació, A_2, a d'infinit i el centre de percussió coincideix amb el centre de masses, $G{\equiv}A_1$. Si ha de rebre una força acceleradora o un impacte, convé que ho faci en una línia d'acció que passi pel centre d'inèrcia.

Masses puntuals equivalents en una biela

Una biela és un membre d'una màquina articulada amb altres membres per mitjà de dos enllaços de revolució en dos punts físics, C i D. És freqüent que aquests punts realitzin moviments simples com ara un moviment alternatiu o un moviment rotatiu; per tant, sembla que la substitució de la massa de la biela per dos masses situades en aquests punts pot simplificar l'estudi de determinats problemes de dinàmica.

Per tal que aquesta substitució sigui rigorosament correcta cal que es donin les dues circumstàncies següents: a) Que el centre d'inèrcia es trobi sobre la línia CD; b) Que els punts C i D siguin conjugats respecte al centre d'inèrcia, G. Normalment, aquestes dues condicions no es compleixen exactament, però si amb una certa aproximació: les bieles són simètriques (o pràcticament simètriques) respecte a la línia CD i els punts C i D, sense ser exactament conjugats, no se n'allunyen molt.

A la pràctica és freqüent d'acceptar la següent substitució aproximada de la biela per dues masses puntuals que conserva la mateixa massa i centre d'inèrcia i que discrepa (generalment en un percentatge reduït) del seu moment d'inèrcia. Les masses puntuals s'obtindrien per les fórmules:

$$m_C = m \cdot \frac{-x_D}{x_C - x_D} \qquad m_D = m \cdot \frac{x_C}{x_C - x_D} \qquad (11)$$

Mentre que l'increment (o decrement) del moment d'inèrcia de les masses puntuals respecte a la biela original és (els signes de x_C i de x_D sempre són contraris):

$$\Delta J = J_{G(CD)} - J_G = m \cdot i_G^2 - (m_C \cdot x_C^2 + m_D \cdot x_D^2) = m \cdot (i_G^2 + x_C \cdot x_D) \qquad (12)$$

En definitiva, l'error en el moment d'inèrcia serà tant més gran com més allunyats es trobin els punts C i D de ser conjugats.

Exemple 10.1: Centre de masses i moment d'inèrcia d'una biela

Enunciat

Fent oscil·lar una biela com un pèndol al voltant dels punts A i B a l'interior dels forats dels seus allotjaments (suportant-la sobre una ganiveta rígida per minimitzar els frecs), es mesuren els següents períodes d'oscil·lació: $T_A = 0,46$ s; $T_B = 0,44$ s; amb un peu de rei es mesura la distància entre punts d'oscil·lació: $AB = 70$ mm; i, amb una bàscula, es mesura la seva massa: $m = 58,6$ g. A partir d'aquestes dades, es demana de calcular la situació del centre d'inèrcia, G, i el moment d'inèrcia de la biela respecte al centre d'inèrcia, J_G (Figura 10.3a i b).

Resolució

Com s'ha dit anteriorment, un pèndol físic (en el present cas, la biela) es comporta com un pèndol simple present la massa associada al centre de percussió i la distància entre els centres d'oscil·lació i percussió:

$$l_A = AA' = x_A - x_{A'} = x_A + \frac{i_G^2}{x_A} = \frac{x_A^2 + i_G^2}{x_A} = \frac{i_A^2}{GA}$$

$$l_B = BB' = x_B - x_{B'} = x_B + \frac{i_G^2}{x_B} = \frac{x_B^2 + i_G^2}{x_B} = \frac{i_B^2}{GB}$$

(13)

Per tant, els períodes d'oscil·lació de la biela respecte els punts, A i B, són els següents (A', no conegut, conjugat de A; B', no conegut, conjugat de B):

$$T_A = 2 \cdot \pi \cdot \sqrt{\frac{l_A}{g}} = 2 \cdot \pi \cdot \sqrt{\frac{i_A^2}{g \cdot GA}} \qquad l_A = \frac{i_A^2}{GA} = \left(\frac{T_A}{2 \cdot \pi}\right)^2 \cdot g$$

$$T_B = 2 \cdot \pi \cdot \sqrt{\frac{l_B}{g}} = 2 \cdot \pi \cdot \sqrt{\frac{i_B^2}{g \cdot GB}} \qquad l_B = \frac{i_B^2}{GB} = \left(\frac{T_B}{2 \cdot \pi}\right)^2 \cdot g$$

(14)

Sabent que el teorema de Steiner permet escriure:

$$i_A^2 = i_G^2 + GA^2 \qquad i_B^2 = i_G^2 + GB^2 \qquad GA + GB = AB$$

(15)

S'arriba, en funció dels períodes d'oscil·lació de la biela respecte els punts, A i B, a les expressions de les distàncies GA i GB que situen el centre d'inèrcia, G:

$$GA = \frac{(l_B - AB) \cdot AB}{l_A + l_B - 2 \cdot AB} \qquad GB = \frac{(AB - l_A) \cdot AB}{l_A + l_B - 2 \cdot AB}$$

(16)

A partir d'aquestes dues distàncies és fàcil d'obtenir el radi d'inèrcia i el moment d'inèrcia de la biela respecte el centre de masses:

$$i_G^2 = \frac{(l_A - AB) \cdot (AB - l_B) \cdot AB}{l_A + l_B - 2 \cdot AB}$$

(17)

Aplicant valors de les dades del problema s'obté la següent solució:

$l_A =$ 50,319 mm $GA =$ 44,000 mm

$l_B =$ 48,108 mm $GB = -26,000$ mm

$i_G =$ 21,359 mm $J_G =$ 26,460 kg·mm^2

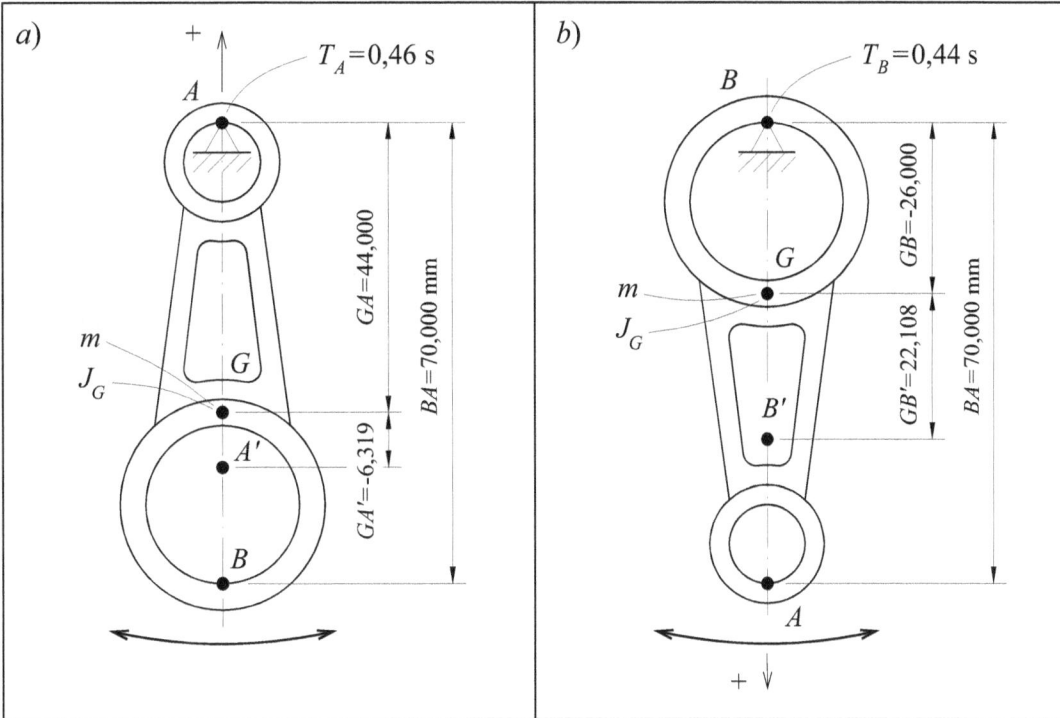

Figura 10.3 Paràmetres d'una biela: *a*) Oscil·lació al voltant del punt *A*; *b*) Oscil·lació al voltant del punt *B*.

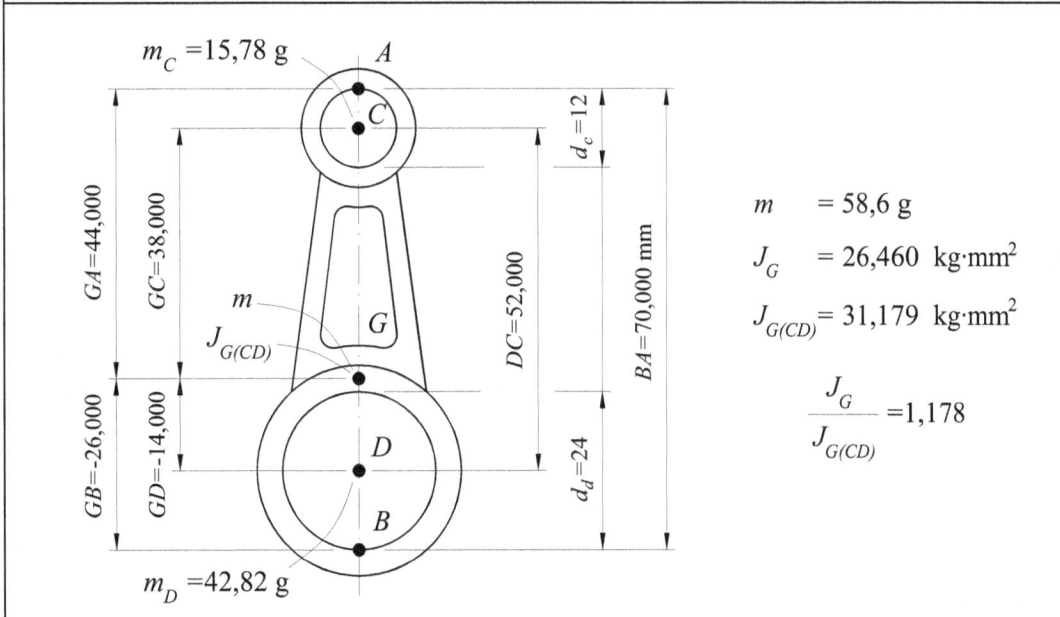

$m \quad = 58,6$ g

$J_G \quad = 26,460$ kg·mm^2

$J_{G(CD)} = 31,179$ kg·mm^2

$$\frac{J_G}{J_{G(CD)}} = 1,178$$

Figura 10.4 Dimensions de la biela de l'exemple 2: substitució d'una biela per masses puntuals.

Exemple 10.2: Substitució d'una biela per masses puntuals

Enunciat

Les dades de la biela del problema anterior es completen mesurant amb un peu de rei els diàmetres dels allotjaments de les articulacions de peu (d_p =12 mm) i de cap (d_c =24 mm). Es demana que es substitueixi la massa de la biela per dues masses puntuals situades en els centres de les articulacions, C i D (masses m_C i m_D), així com el nou moment d'inèrcia d'aquestes masses, $J_{G(CD)}$, i l'error que es comet respecte el moment d'inèrcia real de la biela, J_G.

Resolució

Per càlculs geomètrics sobre la Figura 10.3, es calculen les distàncies GC i GD:

$$GC = GA - CA = 38,000 \ \text{ mm} \qquad GD = GB - DB = -14,000 \ \text{ mm}$$

Aquests distàncies permeten repartir la massa tot conservant el centre d'inèrcia:

$$m_C = m \cdot \frac{-GD}{GC - GD} = 15,78 \ \text{g} \qquad m_D = m \cdot \frac{GC}{GC - GD} = 42,82 \ \text{g}$$

El moment d'inèrcia de les masses puntuals a C i D és el següent:

$$J_{G(CD)} = m_C \cdot GC^2 + m_D \cdot GD^2 = 31,179 \ \text{kg·mm}^2$$

Aquest moment d'inèrcia és un 17,9% superior al de la biela real.

10.3 Forces d'inèrcia alternatives

L'objecte d'aquesta secció és avaluar i modelitzar les forces d'inèrcia de les masses alternatives del mecanisme de corredora-biela-manovella. A tal fi, s'inicia l'estudi de la cinemàtica d'aquest mecanisme per després establir l'expressió de la força d'inèrcia de D'Alembert.

Els conceptes de forces d'inèrcia primàries, de forces d'inèrcia secundàries i dels rotors equivalents col·laboren en la conceptualització i modelització de sistemes més complexos (especialment els motors policilíndrics).

Força d'inèrcia primària i secundària

La força d'inèrcia alternativa és el producte de la massa associada al moviment de la corredora per l'acceleració del moviment alternatiu. La massa associada al moviment alternatiu de la corredora, m_a, és la suma de la massa de la corredora, m_{cor}, més la part de massa de la biela associada a l'articulació del seu peu, m_{bC}, segons l'expressió següent:

$$m_a = m_c + m_{bC} = m_c + m_b \cdot \frac{-GD}{GC - GD} \qquad (27)$$

La situació del centre d'inèrcia de la biela fa que la part de la seva massa que intervé com a massa alternativa, m_{bC}, sigui la més petita. Cal tenir present que en el càlcul de la contribució de la biela en la massa alternativa, s'ha acceptat una aproximació consistent en forçar la posició de les masses en els centres de les articulacions C i D, malgrat que amb això es pugui arribar a cometre un error en el moment d'inèrcia de fins el 25% en bieles convencionals (no es comet error en el valor de la massa ni en la situació del centre d'inèrcia).

Respecte a l'acceleració del moviment alternatiu, també es parteix de la simplificació de considerar tan sols aquells sumands dels termes de la sèrie de Fourier fins a la segona potència del quocient r/l, fet que limita la sèrie de Fourier a dos termes (si la relació r/l és igual o inferior a 4, l'error màxim és del 5%).

Fetes les anteriors precisions, l'expressió de la força d'inèrcia (de D'Alembert) alternativa té la següent expressió:

$$F_{ia} = -m \cdot a = m \cdot \omega^2 \cdot r \cdot \cos\omega t + \left(m \cdot \frac{r}{4 \cdot l} \right) \cdot (2 \cdot \omega)^2 \cdot r \cdot \cos 2\omega t \qquad (28)$$

Aquesta força d'inèrcia es composa dels dos sumands següents:

Força d'inèrcia primària
El primer terme, que s'anomena força d'inèrcia primària, és la projecció en la direcció del moviment alternatiu de la força d'inèrcia que s'originaria si la massa alternativa (corredora + part corresponent de biela) es situessin en el colze de la manovella. De fet és el component més important.

Força d'inèrcia secundària
El segon terme, que s'anomena força d'inèrcia secundària, és la projecció en la direcció del moviment alternatiu de la força d'inèrcia que s'originaria si la massa alternativa (corredora + part corresponent de biela), afectada del factor $r/(4 \cdot l)$ es situessin en el colze de la manovella. La seu valor màxim és sempre menor que el de la força d'inèrcia primària.

Rotors equivalents

Havent admès les dues aproximacions anteriors (substitució de la massa de la biela per dues masses puntuals en les seves articulacions; limitació de la sèrie de Fourier als dos primers termes), la força d'inèrcia de les masses alternatives es podria substituir per les forces d'inèrcia de 4 rotors desequilibrats disposats simètricament respecte a la direcció del moviment alternatiu, prenent els següents valors i disposicions (Figura 10.6):

Rotors equivalents primaris
2 rotors simètrics girant a $+\omega$ i $-\omega$, respectivament, amb desequilibris (producte de la massa per l'excentricitat) de la meitat del valor màxim de la força d'inèrcia primària orientats amb angles de θ i $-\theta$, respectivament, respecte a la direcció del moviment alternatiu (θ és l'angle que forma la manovella respecte la direcció del moviment alternatiu):

$$(m \cdot r)_p = \frac{1}{2} \cdot m_a \cdot r \qquad\qquad m_{ap} = \frac{1}{2} \cdot m_a \tag{29}$$

Rotors equivalents secundaris
2 rotors simètrics girant a $+2 \cdot \omega$ i $-2 \cdot \omega$, respectivament, amb un desequilibris (producte de la massa per l'excentricitat) de la meitat del valor màxim de la força d'inèrcia secundària orientats amb angles de $2 \cdot \theta$ i $-2 \cdot \theta$, respectivament, respecte a la direcció del moviment alternatiu (θ és l'angle que forma la manovella respecte la direcció del moviment alternatiu):

$$(m \cdot r)_s = \frac{1}{2} \cdot \left(m_a \cdot \frac{r}{4 \cdot l} \right) \cdot r \qquad\qquad m_{as} = \frac{1}{2} \cdot \left(m_a \cdot \frac{r}{4 \cdot l} \right) \tag{30}$$

La disposició simètrica dels rotors per parelles fa que els components de les forces d'inèrcia en la direcció del moviment alternatiu se sumen, mentre que els components en la direcció normal s'anul·len. D'aquesta manera, l'efecte global dels rotors equivalents és el mateix que el de la força d'inèrcia alternativa.

El model dels rotors equivalents és de gran utilitat en l'estudi dels motors alternatius, especialment els policilíndrics, tant per determinar el seu grau d'equilibrament com dissenyar els dispositius per a equilibrar-los.

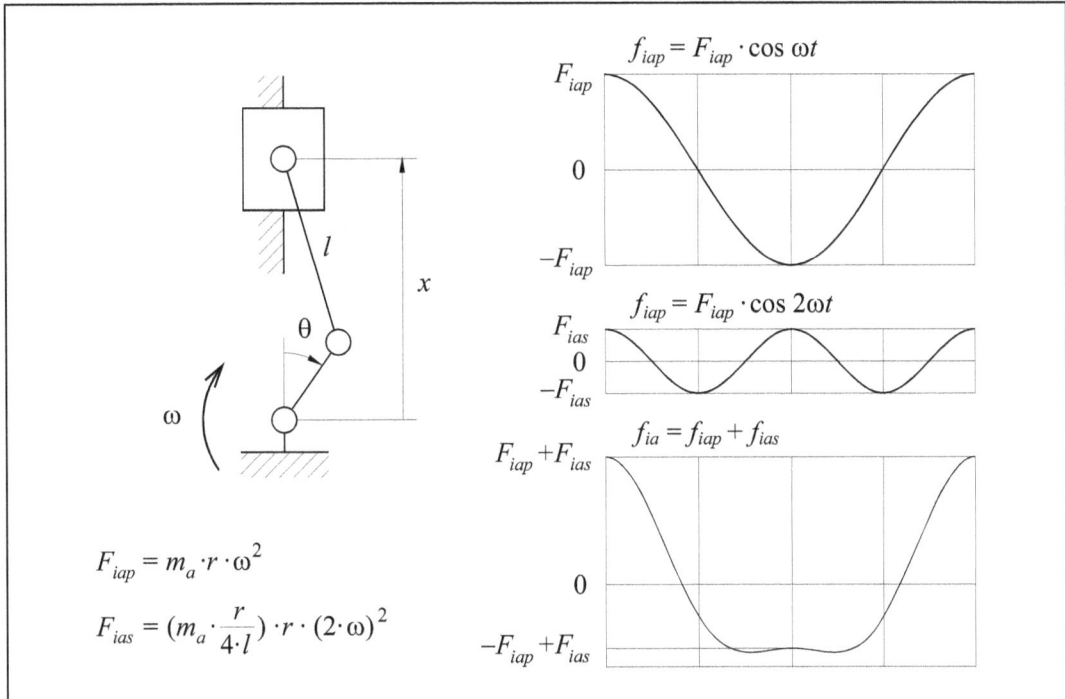

$$f_{iap} = F_{iap} \cdot \cos \omega t$$

$$f_{iap} = F_{iap} \cdot \cos 2\omega t$$

$$f_{ia} = f_{iap} + f_{ias}$$

$$F_{iap} = m_a \cdot r \cdot \omega^2$$

$$F_{ias} = \left(m_a \cdot \frac{r}{4 \cdot l} \right) \cdot r \cdot (2 \cdot \omega)^2$$

Figura 10.4 Descomposició de la força d'inèrcia de les masses alternatives en la força d'inèrcia primària, F_{ip}, i la força d'inèrcia secundària, F_{is}.

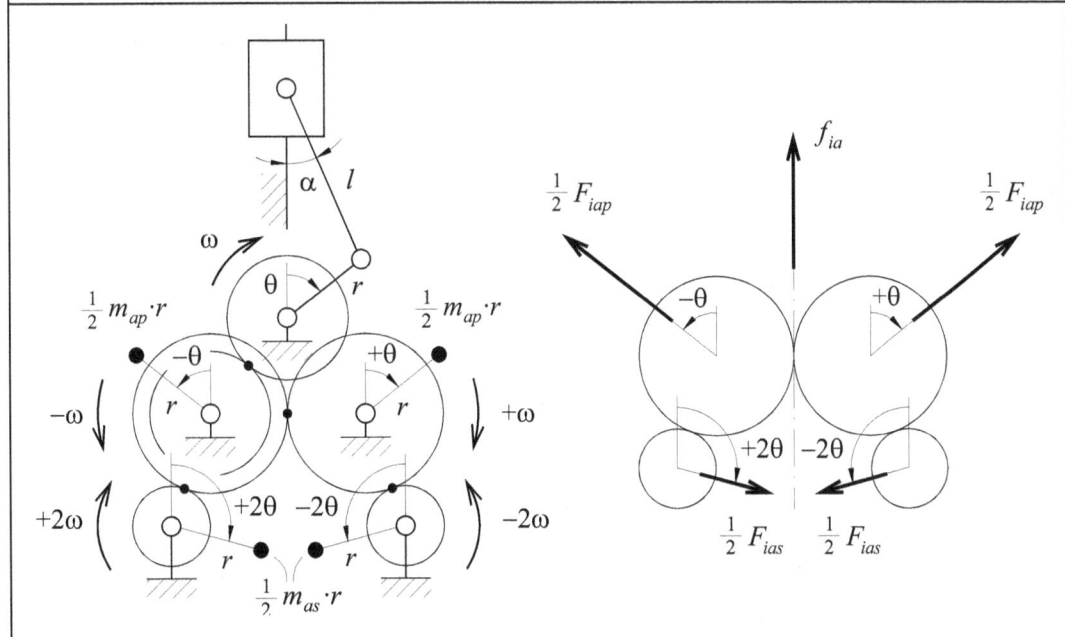

Figura 10.5 Model dels rotors equivalents amb la composició de les forces d'inèrcia primàries i secundàries.

10.4 Equilibrament de sistemes monocilíndrics

Introducció a l'equilibrament de motors alternatius

Les forces d'inèrcia de les masses rotatives i les forces d'inèrcia de les masses alternatives d'un mecanisme de corredora-biela-manovella (en els motors alternatius pren el nom de *mecanisme de pistó-biela-cigonyal*), s'analitzen (i, eventualment s'equilibren) independentment per procediments diferents.

Les primeres són originades pel moviment de les masses rotatives (m_r, formades per la massa desequilibrada del cigonyal més la part de la massa de la biela associada al seu cap, m_{bD}), mentre que les segones són originades pel moviment de les masses alternatives (m_a, formades per la massa del pistó, m_p, més la part de la massa de la biela associada al seu peu, m_{bC}).

L'equilibrament de les forces d'inèrcia rotatives no comporta excessiva dificultat pràctica ja que es realitza col·locant uns contrapesos adequats en el cigonyal que, a més de la massa desequilibrada del cigonyal, han de compensar la massa de la biela associada al seu cap (per tant, en determinats motors, com ara els monocilíndrics, es pot donar el cas que el cigonyal sol, com a rotor, no estigui equilibrat).

L'equilibrament de les forces d'inèrcia alternatives resulta més complex que el de les rotatives. En els motors policilíndrics (que s'estudien en la secció següent) el principal procediment per equilibrar les masses alternatives consisteix en disposar adequadament els diferents cilindres en el motor de manera que compensin mútuament (en un grau més o menys elevat) les forces d'inèrcia alternatives d'uns cilindres amb les dels altres. Òbviament, aquesta estratègia no és possible en els motors monocilíndrics.

Procediments d'equilibrament de motors monocilíndrics

A continuació es descriuen diverses estratègies per equilibrar les forces d'inèrcia alternatives dels motors monocilíndrics, de les més senzilles i menys eficaces fins a les més complexes i eficaces.

Contrapesos per equilibrar les forces primàries a +ω

Aquesta és l'estratègia més senzilla i barata per equilibrar les forces d'inèrcia d'un motor monocilíndric, ja que no obliga a crear cap contrarotor específic, però també és la que obté un equilibrament menys eficient.

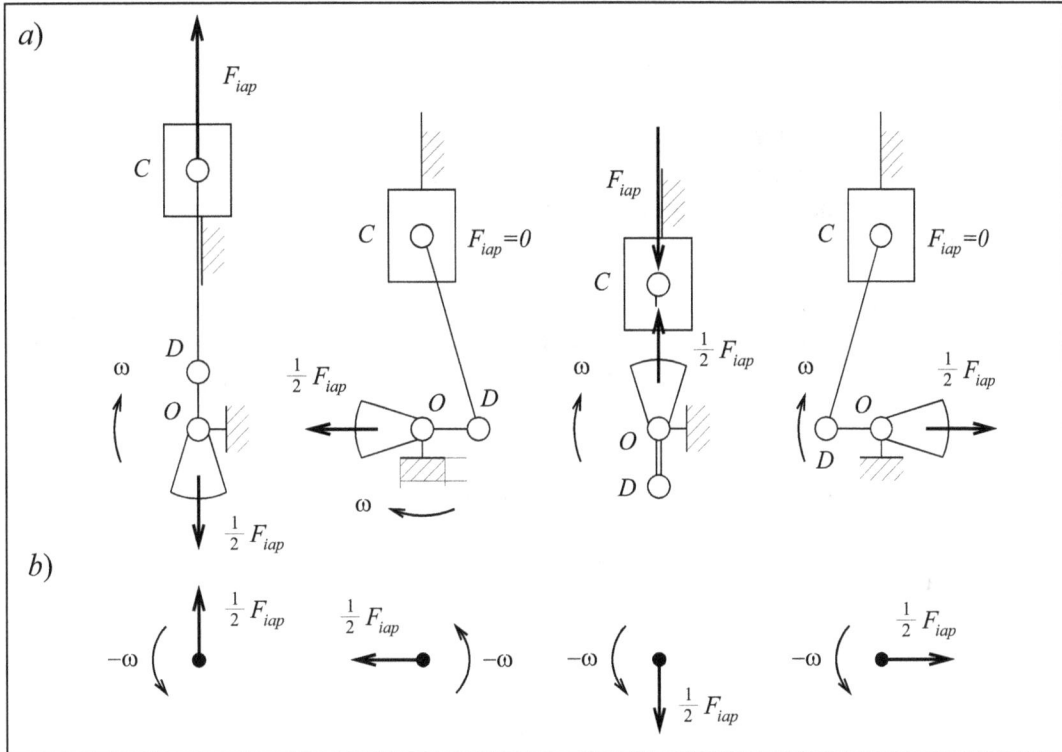

Figura 10.6 Motor monocilíndric amb la meitat de les forces d'inèrcia primàries contrapesades en el cigonyal: *a*) Forces sobre els membres del mecanisme; *b*) Resultant de les forces d'inèrcia primàries.

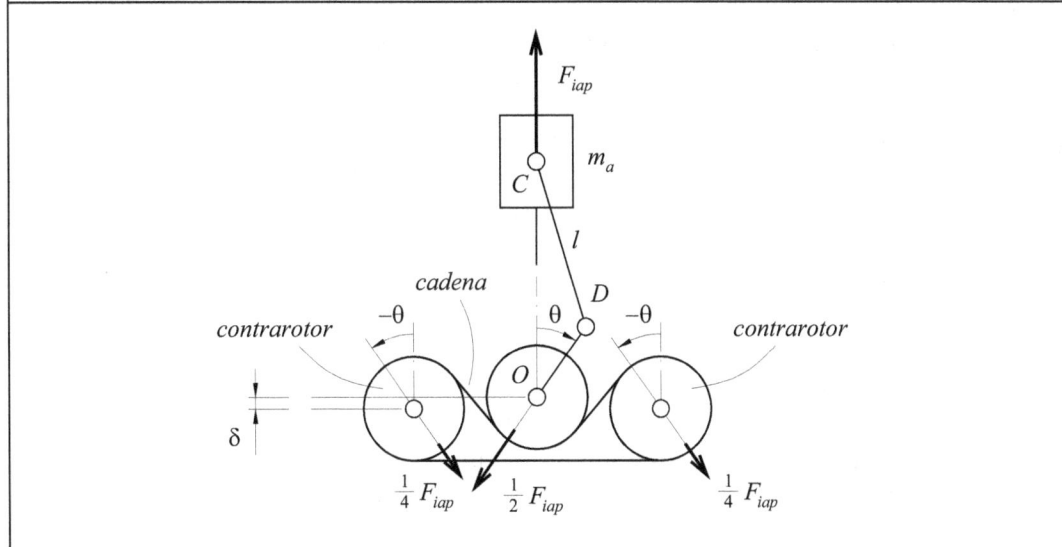

Figura 10.7 Motor monocilíndric amb dos contrarotors per compensar les forces d'inèrcia primàries a $-\omega$.

Atès que el cigonyal materialitza ja un dels quatre rotors equivalents (el que gira a $+\omega$), aquest procediment consisteix en incrementar els contrapesos del cigonyal (més enllà dels que equilibren les masses rotatives) de manera que també compensin la força d'inèrcia (alternativa) primària a $+\omega$. La força d'inèrcia primària a ω queda descompensada (vegeu-la seva representació durant un cicle en la Figura 10.6) així com totes les forces d'inèrcia secundàries (d'efectes més reduïts i no representades en la Figura 10.6).

Aquesta és la solució que s'adopta en la gran majoria dels motors monocilíndrics de preus econòmics, com ara els utilitzats pels ciclomotors i motocicletes de baixa cilindrada, per serres motoritzades, talladores de gespa, o petits grups generadors d'electricitat.

Contrarotors per equilibrar les forces primàries a $-\omega$

Una altra estratègia més sofisticada per equilibrar els motors monocilíndrics i, que alhora proporciona millors resultats, consisteix en crear dos contrarotors simètrics que giren a $-\omega$, enllaçats per una transmissió de cadena amb l'eix del cigonyal segons mostra la Figura 8.7.

En el cigonyal es col·loca un contrapès (de fet un increment de contrapès) de valor ½ del mòdul de la força d'inèrcia primària, seguint el mateix criteri que en el cas anterior, mentre que en cada un dels dos contrarotors es col·loca un contrapès de valor ¼ del mòdul de la força d'inèrcia primària, orientats simètricament als del cigonyal, de manera que la seva resultant se situa sobre l'eix de simetria del cilindre molt poc per sota (valor δ, forçat pel gruix de la cadena) de l'eix del cigonyal.

Aquesta disposició permet equilibrar (llevat dels petits parells originats pel desplaçament δ) la força d'inèrcia primària (la més important) però deixa totalment descompensada la força d'inèrcia secundària. S'aplica a motors monociclíndrics (també a bicilíndrics en línia de 4 temps) de vehicles de més potència i qualitat.

Conjunt complet de contrarotors

Una darrera estratègia per equilibrar motors monocilíndrics consisteix en materialitzar quatre rotors, dos girant a $+\omega$ i $-\omega$, i dos més girant a $+2\omega$ i -2ω, on es col·loquen uns contrapesos adequats per compensar totalment les forces d'inèrcia primàries i secundàries. La disposició és anàloga a la de Figura 10.5, però totes les masses estan orientades en sentit oposat, ja que no es tracta de substituir efectes sinó d'equilibrar.

Aquesta disposició té un caràcter més teòric que no pràctic, i sols es pot justificar en alguns grans motors marins, ja que esdevé molt complexa i costosa.

10.5 Equilibrament de sistemes policilíndrics

Les disposicions dels cilindres en els motors policilíndrics (i, per tant, les configuracions generals dels motors) responen en gran mesura a la necessitat d'equilibrar les forces d'inèrcia alternatives i d'assegurar la màxima uniformitat del parell motor a base de repartir regularment les explosions en un cicle. Per tant, les disposicions dels motors de dos temps (un cicle cada volta) i de 4 temps (un cicle cada dues voltes) no són necessàriament coincidents.

A continuació s'estableix un model que facilita la comprensió i l'anàlisi del grau d'equilibrament dels motors policilíndrics. Parteix de la constatació (habitual en els motors policilíndrics, però que pot no ser cert en aplicacions especials) que els mecanismes de pistó-biela-cigonyal dels diferents cilindres són iguals (la mateixa excentricitat del cigonyal, r, les mateixes longituds de bieles, l, i els mateixos paràmetres de massa de pistons i bieles); en conseqüència, les forces d'inèrcia alternatives del cilindres són iguals i poden ser substituïdes pel mateix conjunt de 4 rotors equivalents amb masses desequilibrades que, a efectes d'anàlisi, es pot considerar que són concèntrics amb l'eix del cigonyal, cada conjunt situat en el pla del corresponent cilindre.

Un cop feta la substitució de les masses alternatives pels rotors equivalents, aquets s'agrupen de nou en quatre rotors concèntrics que giren a $+\omega$, $-\omega$, $+2\omega$ i -2ω amb la corresponent massa desequilibrada de cada un dels cilindres amb posicions relatives fixes ja que giren a la mateixa velocitat angular.

Quan les forces i parells d'inèrcia d'un d'aquests rotors s'equilibren entre si, es diu que les forces d'inèrcia corresponents estan equilibrades mentre que, en cas contrari, subsisteix un desequilibri. L'interès bàsic de la disposició d'un motor policilíndric és equilibrar les forces d'inèrcia primàries a $-\omega$ ja que, essent importants en mòdul, obligarien a crear un contrarotor per compensar-les, mentre que els desequilibris de les forces d'inèrcia primària a $+\omega$ poden compensar-se amb contrapesos sobre el cigonyal. Compensades les forces d'inèrcia primàries, és bo que es compensin en el possible les forces d'inèrcia secundàries.

A continuació s'estudien alguns dels tipus més freqüents de motors policilíndrics:

Exemple 3: Motor de 2T de dos cilindres en línia

Per repartir dues curses de treball en un cicle de 2 temps (una volta, o 360°), cal que es produeixi una explosió cada gir de 180° de cigonyal; atès que els dos cilindres estan disposats en línia (la mateixa direcció i sentit), ha de tenir els colze del cigonyal en orientacions oposades ($\theta_1 = 0°$ i $\theta_2 = 180°$).

En cada un dels rotors equivalents se situen uns vectors representatius en les direccions i sentits de les forces d'inèrcia (tots ells iguals, ja que els cilindres són iguals), de manera que un simple càlcul permet comprovar si hi ha equilibri o no (Figura 10.11).

Per situar correctament les forces d'inèrcia en els rotors equivalents, es parteix en cada cilindre de la direcció de referència del moviment alternatiu i el sentit del pistó i es determina el valor de l'angle, θ, que forma el colze de cigonyal amb aquesta direcció (generalment es pren l'angle més petit, ja que facilita els càlculs). Aleshores es dibuixa el vector representatiu de cada una de les forces d'inèrcia (quatre per a cada cilindre, una sobre cada un dels rotors equivalents) tenint en compte de prendre els angles $+\theta$ (per al rotor equivalent a $+\omega$), $-\theta$ (per al rotor equivalent a $-\omega$), $+2\theta$ (per al rotor equivalent a $+2\omega$) i -2θ (per al rotor equivalent a -2ω), tots ells respecte a referència indicada.

En el cas del motor de quatre temps i dos cilindres en línia de la Figura 10.8, s'observa les forces d'inèrcia primàries (o els rotors equivalents primaris que els representen) tenen la resultant equilibrada però el parell resultant desequilibrat (tant les que giren a $+\omega$ com les giren a $-\omega$), mentre que les forces d'inèrcia secundàries (o els rotors equivalents secundaris que les representen) no tenen l resultant equilibrada.

Aquest motor, amb un repartiment uniforme de les dues explosions en el cicle, té equilibrades les resultants de les forces d'inèrcia primàries a $+\omega$ i a $-\omega$ (en això millora el motor monocilíndric) però, si bé el parell resultant de les forces d'inèrcia primàries pot equilibrar-se amb contrapesos sobre el cigonyal, el parell resultant de les forces d'inèrcia primàries a $-\omega$ (relativament important) resta desequilibrat. Aquesta disposició, adoptada en moltes motocicletes pels motors bicilíndrics de 2T, pot ser millorada per mitjà de contrarotors com en els motors monocilíndrics.

Si, el motor en lloc de ser de 2T fos de 4T, aleshores per a repartir les dues curses de treball en 720° caldria que els colzes de cigonyal tinguessin la mateixa orientació. El comportament dinàmic d'aquest motor (utilitzat per algun petit automòbil) és exactament igual al d'un motor monocilíndric (duplicat) amb l'únic avantatge de tenir dues curses de treball en un cicle de 4T.

Exemple 11.4: Motor de 4T de quatre cilindres en línia

Per repartir quatre curses de treball en un cicle de 4 temps (dues voltes, o 720°), cal que es produeixi una explosió a cada 180° de gir del cigonyal; atès que els quatre cilindres estan disposats en línia (la mateixa direcció i sentit), dos colzes del cigonyal han de tenir una determinada orientació (es pren, $\theta = 0°$) i dos colzes més han de tenir l'orientació oposada ($\theta = 180°$).

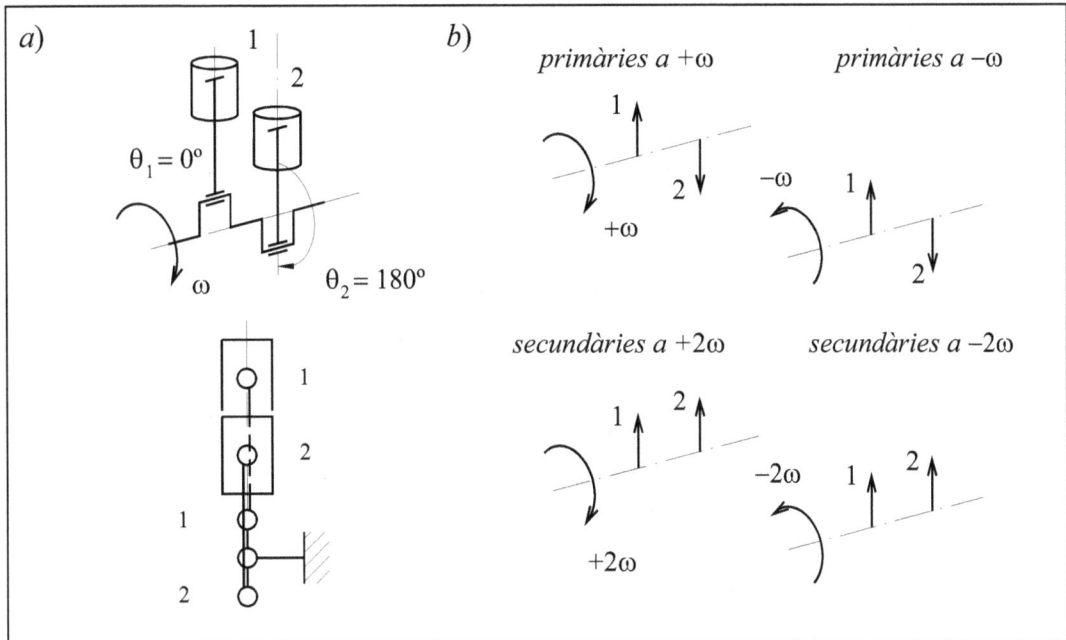

Figura 10.8 Motor de 2T de dos cilindres en línia: *a*) Disposició dels cilindres i dels colzes del cigonyals; *b*) Forces en els rotors equivalents.

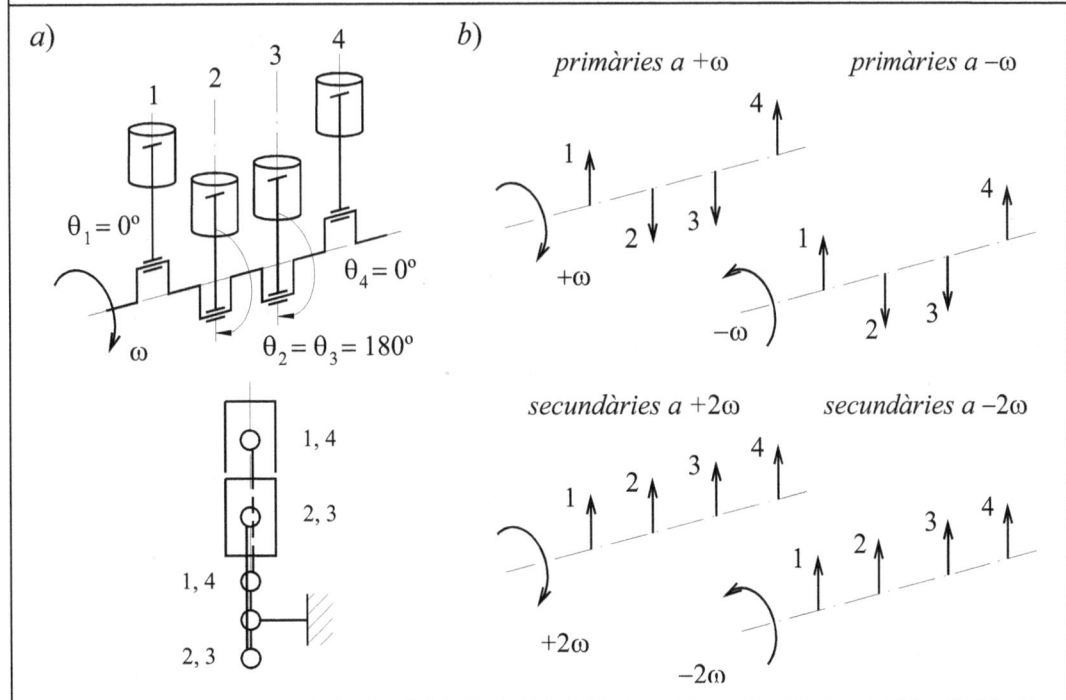

Figura 10.9 Motor de 4T de quatre cilindres en línia: *a*) Disposició dels cilindres i dels colzes del cigonyals; *b*) Forces en els rotors equivalents.

Per altre costat, per equilibrar els moments de les forces d'inèrcia al llarg de l'eix del cigonyal, sembla raonable que els colzes del cigonyal (normalment equidistants entre ells) estiguin disposats simètricament respecte al pla mig, o sigui: $\theta_1=0°$, $\theta_2=180°$, $\theta_3=180°$ i $\theta_4=0°$. L'ordre d'encesa dels cilindres pot ser una de les dues combinacions següents: 1–2–4–3 o 1–3–4–2.

S'observa que forces d'inèrcia primàries a $+\theta$ i a $-\theta$ (o els rotors primaris equivalents) estan totalment equilibrades, ja que la resultant i el parell resultant són nuls, mentre que les forces d'inèrcia secundàries a $+2\theta$ i a -2θ resten desequilibrats, ja que se sumen els efectes dels quatre cilindres. Com a resum, cal destacar el repartiment uniforme de les explosions al llarg del cicle i l'equilibrament complet de les forces d'inèrcia primàries (les més importants), però assenyalar el desequilibri de les forces d'inèrcia secundàries (més petit, però significatiu), de freqüència doble a la de la velocitat angular. Aquesta és la solució que adopten avui dia la gran majoria dels motors d'automòbil.

Exemple 11.5: Motors de 4T de tres i sis cilindres en línia

El motor de quatre temps de tres cilindres en línia té els colzes del cigonyal distribuïts a 120° ($\theta_1 = 0°$, $\theta_2 = 240°$ i $\theta_3 = 120°$ en la Figura 10.10), disposició que permet repartir regularment les curses de treball cada 240° de gir del cigonyal en un cicle de dues voltes, o 720° (seqüència 1–3–2–1, en la disposició de la Figura 10.10). La resultant de les forces d'inèrcia és nul·la (vegeu els rotors equivalents de la Figura 10.10), però el moment resultant d'aquestes mateixes forces no ho és i depèn de la distància entre cilindres, a (mòdul del moment d'inèrcia primari: $1{,}732\cdot(m\cdot r)_p\cdot\omega^2\cdot a$; (mòdul del moment d'inèrcia primari: $1{,}732\cdot(m\cdot r)_s\cdot\omega^2\cdot a$).

El motor de quatre temps de sis cilindres en línia equival a dos motors de tres cilindres posats un a continuació de l'altre amb els colzes de cigonyal disposats simètricament respecte a un pla perpendicular al punt mig de l'eix del cigonyal. Aquesta disposició simètrica compensa els moments contraris de les dues meitats, per la qual cosa resulta un motor totalment equilibrat (forces i moments, primàries i secundàries) que es tradueix en una gran suavitat de funcionament.

Exemple 11.6: Motor de 4T de vuit cilindres en V

Es temptegen dos motors amb diferents disposicions dels colzes del cigonyal: el primer té el mateix cigonyal que el motor de quatre cilindres amb els colzes en un sol pla ($\theta_1 = 0°$, $\theta_2 = 180°$, $\theta_3 = 180°$ i $\theta_4 = 0°$), mentre que el segon cigonyal té colzes en els quatre quadrants ($\theta_1 = 0°$, $\theta_2 = 90°$, $\theta_3 = 270°$ i $\theta_4 = 180°$). En ambdós casos, cada colze de cigonyal s'uneix a dos cilindres en un mateix pla amb eixos disposats a 90° entre si. Tant un motor com l'altre permeten repartir regularment les vuit curses de treball en un cicle de 4 temps (dues voltes, o 720°), o sigui, cada 90° de gir del cigonyal.

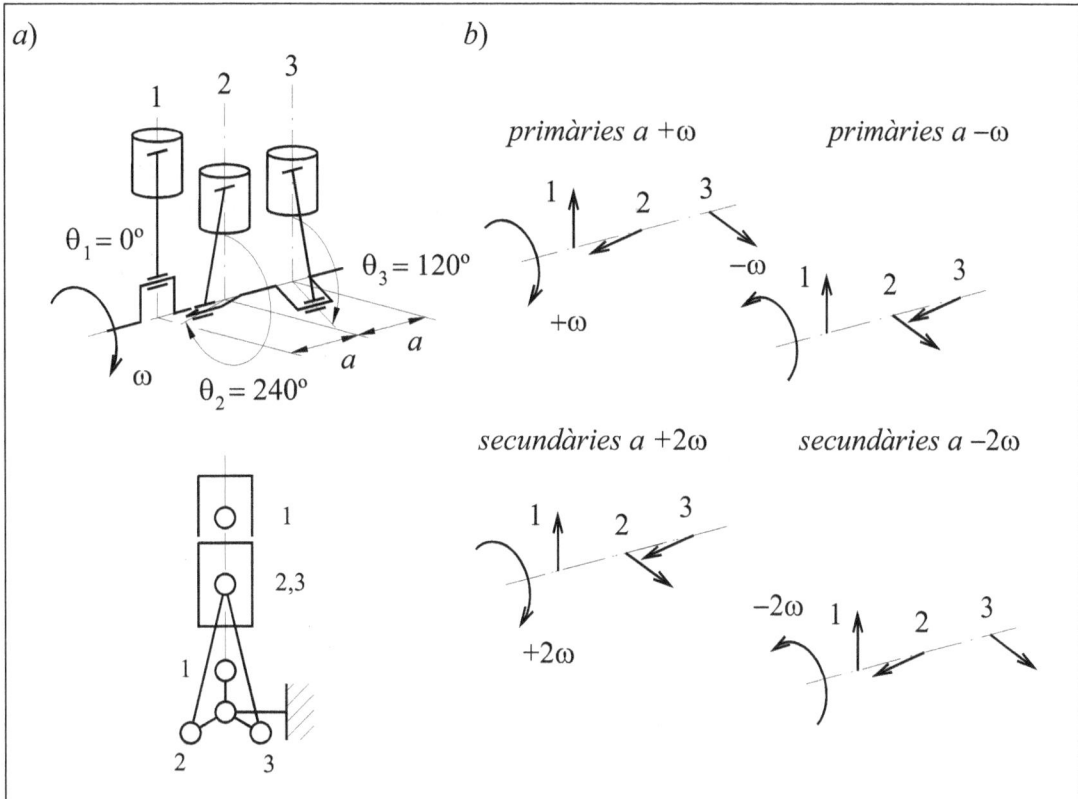

Figura 10.10 Motor de 4T de tres cilindres en línia: *a*) Disposició del motor i els colzes del cigonyal; *b*) Forces en els rotors equivalents.

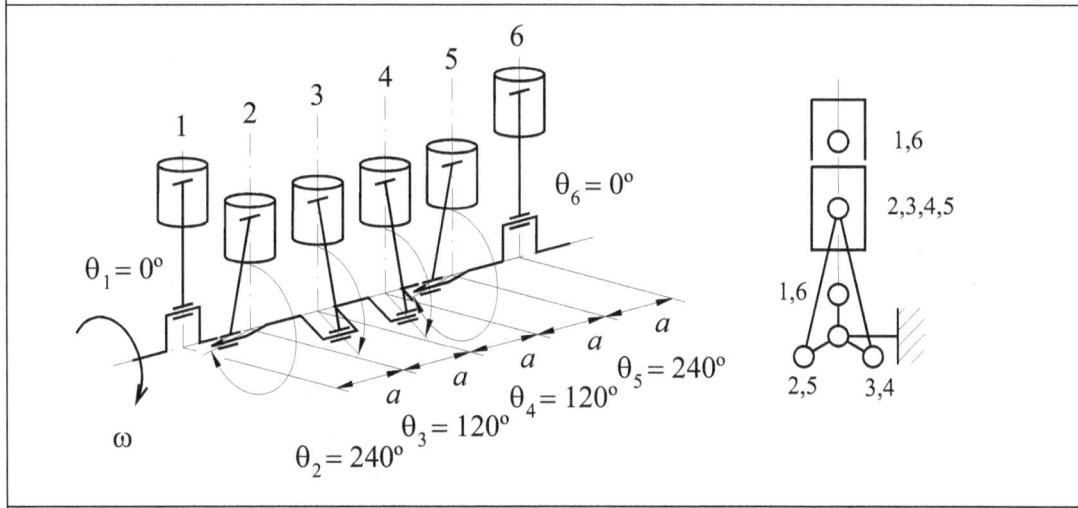

Figura 10.11 Motor de 4T de sis cilindres en línia (colzes disposats simètricament respecte a un pla perpendicular al punt mig del cigonyal).

El primer d'aquests motors de vuit cilindres en V (Figura 10.14) s'assembla molt a un motor de quatre cilindres en línia duplicat en dos plans a 90°. El fet és que s'equilibren totalment les forces d'inèrcia primàries (com en el motor en línia) però no s'aconsegueix compensar totalment les forces d'inèrcia secundàries, que composen els seus efectes a 90°. Aquest resultat difícilment justifica la creació d'un motor molt més complex que el de 4 cilindres, per la qual cosa aquesta solució no s'utilitza.

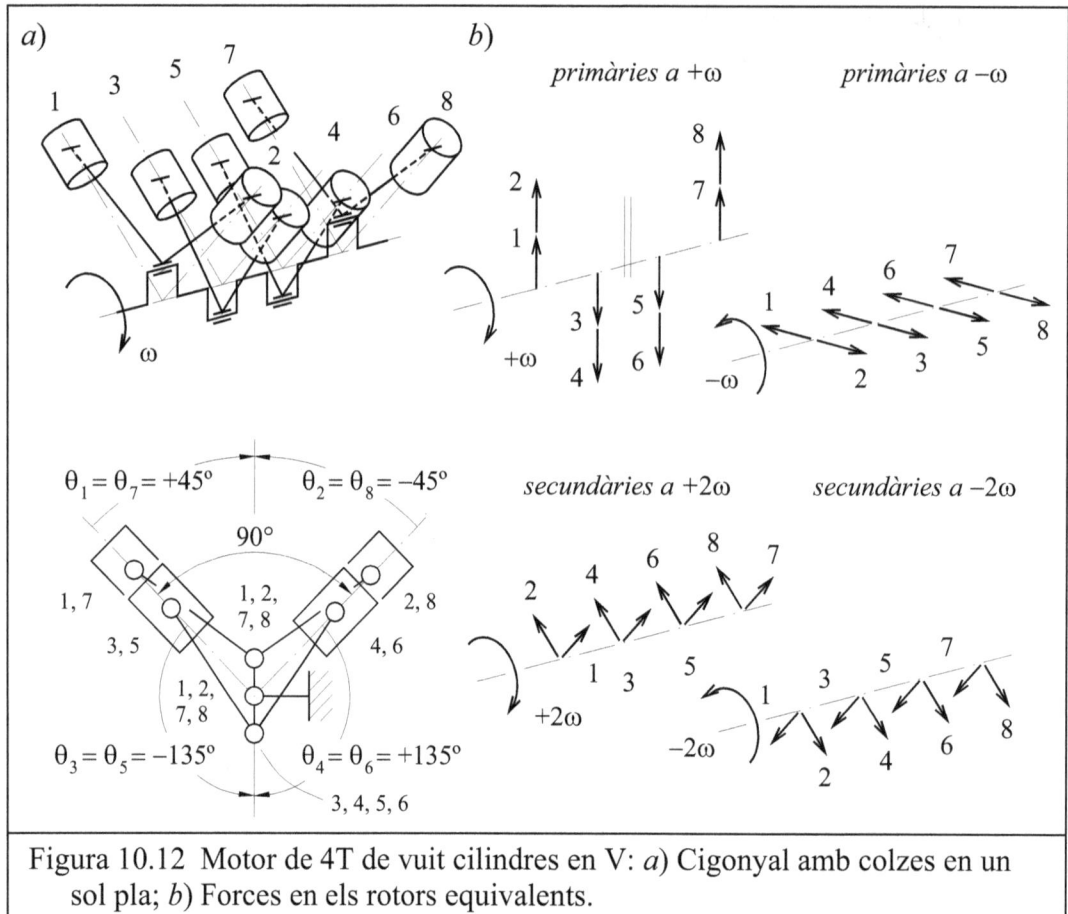

Figura 10.12 Motor de 4T de vuit cilindres en V: *a*) Cigonyal amb colzes en un sol pla; *b*) Forces en els rotors equivalents.

Si els plans dels dos conjunts de quatre cilindres en línia se situessin a 180°, enlloc de 90°, també s'equilibrarien totalment les forces d'inèrcia secundàries. Aquesta disposició, anomenada de cilindres oposats, requereix, però, una gran dimensió en amplada. El segon d'aquests motors de vuit cilindres en V (Figura 10.13b) té la resultant de les forces d'inèrcia primàries a $+\omega$ equilibrada paro no el parell, mentre que estan totalment equilibrades les forces d'inèrcia primàries a $-\omega$, i les forces d'inèrcia secundàries, tant a $+2\omega$ com a $-\omega$. Aquesta solució és millor que l'anterior ja que, amb uns contrapesos adequats sobre el cigonyal, s'aconsegueix un motor totalment equilibrat.

Per repartir uniformement les explosions en el cicle (sentit de gir indicat a la Figura 10.13b), es pot adoptar qualsevol seqüència que, en la primera volta, faci intervenir, en l'ordre indicat, un qualsevol dels cilindres de les següents parelles: (1,4) (5,2) (7,6) (3,8); i, en la segona volta, els cilindres restants, també en l'ordre indicat. Per exemple: 1–5–7–3–4–2–6–8; 1–2–6–3–4–5–7–8; o 4–5–6–8–1–2–7–3.

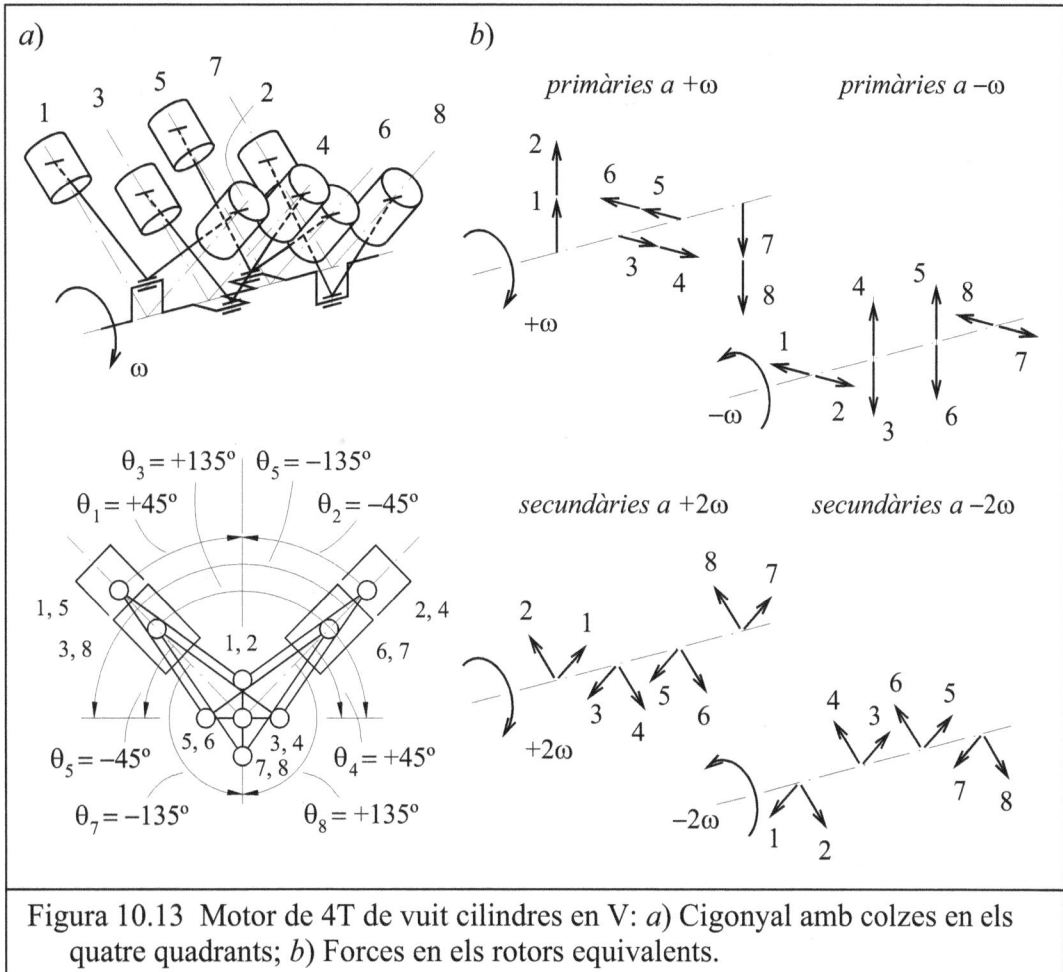

Figura 10.13 Motor de 4T de vuit cilindres en V: *a*) Cigonyal amb colzes en els quatre quadrants; *b*) Forces en els rotors equivalents.

Exemple 11.7: Motor de 4T de cinc cilindres en estrella

Disposició molt compacte utilitzada en motors d'aviació així com també en altres dispositius com ara en bombes o motors hidràulics. Existeix un sol colze de cigonyal on s'articulen les bieles dels cilindres disposats radialment en un pla i espaiats regularment (72° en el cas de 5 cilindres). Per resoldre el problema constructiu que resulta d'articular cinc bieles en un mateix colze de cigonyal, es crea una biela mare damunt de la qual s'articulen les altres bieles.

Els angles del colze del cigonyal amb les respectives referències dels cilindres són: $\theta_1 = 0°$, $\theta_2 = -72°$, $\theta_3 = -144°$, $\theta_4 = 144°$ i $\theta_5 = 72°$. Quan s'aplica el model dels rotors equivalents (en aquest cas tan sols ca considerar un pla) resulta que les úniques forces desequilibrades són les primàries a $+\omega$, fàcilment compensables amb contrapesos sobre el cigonyal. És, per tant, un motor molt ben equilibrat.

Els motors en estrella de 4T tenen un nombre de cilindres imparell a fi de facilitar un repartiment uniforme de les curses de treball en el cicle. En el cas del motor de cinc cilindres la seqüència d'intervenció dels cilindres seria: 1–3–5–2–4. Si el motor fos de 2T, el nombre de cilindres podria ser parell o imparell.

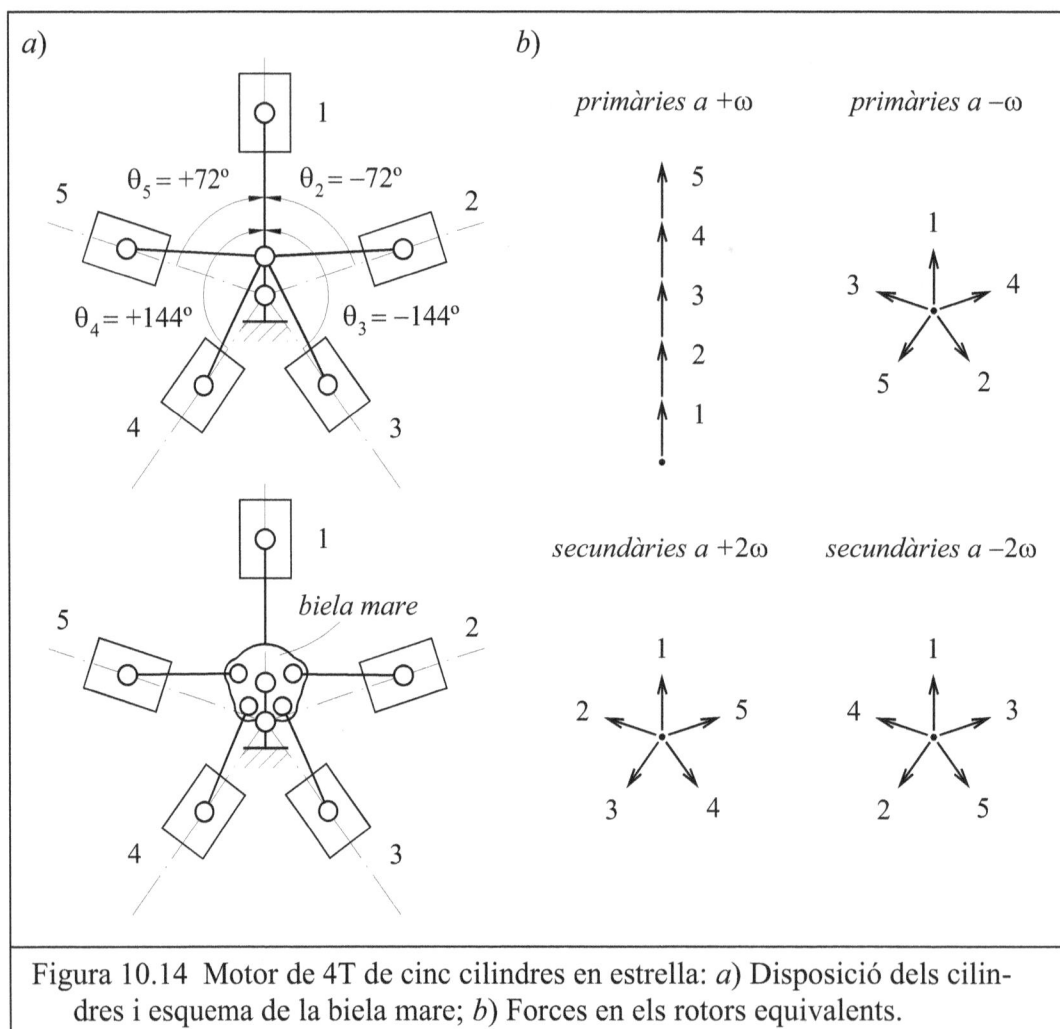

Figura 10.14 Motor de 4T de cinc cilindres en estrella: *a*) Disposició dels cilindres i esquema de la biela mare; *b*) Forces en els rotors equivalents.

11 Dinàmica de sistemes d'un grau de llibertat

11.1 Sistemes d'un grau de llibertat

A la pràctica són freqüents les màquines o sistemes mecànics amb un sol grau de llibertat on tots els moviments són funció d'un sol paràmetre cinemàtic o d'una sola acció. En aquests casos és interessant de reduir els paràmetres mecànics a un eix de la cadena cinemàtica (el concepte d'*eix* es precisa més endavant) de manera que l'estudi del comportament dinàmic del sistema esdevé més simple i intuïtiu.

Poden modelitzar-se com a sistemes d'un grau de llibertat els *mecanismes cinemàtics* on tots els membres són guiats de manera que el moviment d'un d'ells, definit per un sol paràmetre, determina el moviment de la resta (quadrilàters articulats, quadrilàters d'una corredora, mecanismes de lleva, d'engranatges. Limitat a determinades anàlisis (avaluació de la deformació estàtica en un eix de reducció), també poden ser modelitzats com a sistemes d'un grau de llibertat *mecanismes o estructures deformables* (braços de robot, estructures de les grues) sotmeses a una única acció exterior (força, parell o combinació de forces i parells que evolucionen de forma conjunta); si una de les masses del sistema és dominant, també es pot reduir les masses i avaluar la primera freqüència pròpia (vegeu el Problema IIIR-12).

Es denomina *eix lineal* la direcció del moviment d'un punt d'un membre guiat o deformat linealment a la qual s'associen paràmetres dinàmics lineals (masses, forces, rigideses lineals, amortiments lineals) i, *eix angular*, la direcció del moviment d'un membre guiat o deformat angularment a la qual s'associen paràmetres dinàmics angulars (moments d'inèrcia, parells de forces, rigideses angulars, amortiments angulars).

Tot i que el mètode de reducció de paràmetres a un eix és completament general, hi ha dos casos en què proporciona resultats pràctics especialment útils:

a) *Sistemes d'accionament* (d'un grau de llibertat)

Normalment, les relacions de velocitats (o de transmissió) són constants i els paràmetres reduïts esdevenen invariables. A partir de reduir a un *eix* (habitualment, el motor o el receptor) les *masses* dels elements mòbils i les *forces* exteriors actives (independentment, les motores i les receptores), permet estudiar l'engegada i l'aturada de les màquines.

b) *Sistemes vibratoris* (d'un grau de llibertat)

Atès que, normalment, els desplaçaments són petits, l'equació dinàmica admet certes simplificacions. A més de reduir a un eix les *masses* dels membres mòbils i les *forces* exteriors aplicades, es redueixen també les *rigideses* dels elements elàstics i els *amortiments viscosos* dels elements dissipadors.

En tots els càlculs de reducció de paràmetres intervenen les *relacions cinemàtiques* o quocients entre les velocitats, desplaçaments o deformacions dels diferents eixos del sistema i l'eix de reducció. En els mecanismes o estructures deformables modelitzables com a sistemes d'un sol grau de llibertat, també intervenen les *relacions cinemàtiques parcials* definits de forma anàloga però tenint en compte tan sols la deformació d'un element.

Exemples de reducció de paràmetres

A) *Bicicleta* (Figura 11,1a)

El centre de masses de tots els membres d'una bicicleta (quadre, forquilla, rodes, pedals, cadena, junt amb el ciclista) es mouen com un tot amb moviment de translació; a més les rodes giren sobre els respectius eixos amb una velocitat angular relacionada amb la velocitat lineal de la bicicleta, l'eix de pedals gira a una altra velocitat angular respecte al quadre, funció del plat i dels pinyons de la marxa del canvi i la cadena té una velocitat lineal respecte al quadre també funció de la marxa del canvi.

Per altre costat, existeixen diferents forces que tendeixen a impulsar o aturar el vehicle, com ara: a) Les forces que el ciclista exerceix sobre els pedals que donen lloc a un parell motor sobre l'eix de pedals; b) El component del pes en la direcció de la marxa, originat per la inclinació del terra, que pot tenir el sentit del moviment (baixada) o sentit contrari (pujada); c) Les forces aerodinàmiques sobre el conjunt bicicleta–ciclista; d) La resistència al rodolament, que es tradueix en components tangencials sobre les rodes en els punts de contacte amb el terra, contraris al sentit de la marxa.

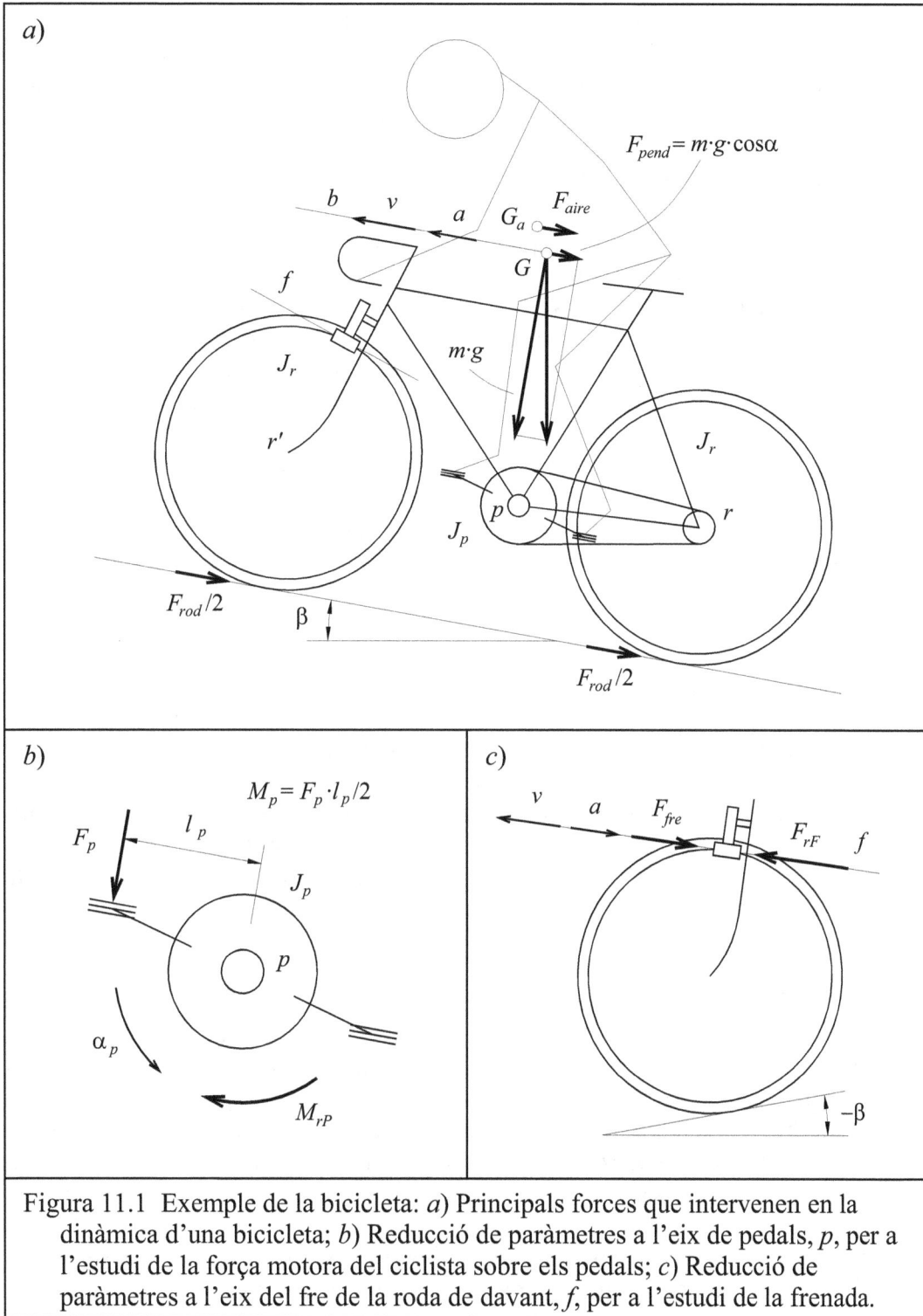

Figura 11.1 Exemple de la bicicleta: a) Principals forces que intervenen en la dinàmica d'una bicicleta; b) Reducció de paràmetres a l'eix de pedals, p, per a l'estudi de la força motora del ciclista sobre els pedals; c) Reducció de paràmetres a l'eix del fre de la roda de davant, f, per a l'estudi de la frenada.

En el procés de disseny i posta a punt de la bicicleta poden sorgir preguntes com ara les següent: *a*) Quina és la força tangencial (mitjana) que ha d'exercir el ciclista sobre els pedals per a vèncer les resistències?; *b*) Quina és la força tangencial que ha d'exercir el fre de la roda anterior per aturar la bicicleta en una distància fixada? Les respostes se simplifiquen notablement si s'aplica el mètode de reducció de paràmetres:

a) Per a respondre la primera pregunta (Figura 11.1b), es redueixen a l'eix de pedals, P, les masses dels membres mòbils en el moment d'inèrcia reduït, J_P, i les forces passives i resistents (inclòs el component tangencial del pes causat pel pendent) en el parell resistent reduït, M_P; El parell de les forces del ciclista sobre els pedals ha de ser suficient per a vèncer el parell resistent reduït i, en cas d'acceleració, el parell d'inèrcia que resulti del moment d'inèrcia reduït.

b) Per a la segona pregunta (Figura 11.1c), suposant negligibles les forces passives, es redueixen les masses mòbils del conjunt bicicleta–ciclista a l'eix de la roda del davant, A. El parell exercit per la força del fre sobre la llanda de ha de ser capaç d'aturar la roda, amb el moment d'inèrcia reduït associat, J_A, girant un angle màxim que es correspongui amb la distància de frenada fixada.

B)   *Suspensió de roda de davant* (Figura 11.2)

Un dels mecanismes de suspensió clàssica de la roda de davant d'un automòbil consisteix en un doble trapezi articulat amb el suport de roda com a biela. Les diferents peces que intervenen en aquest mecanisme tenen moviments diferents i, per tant, col·laboren de diferent manera en les masses no suspeses (masses associades a la roda). Per altre costat, la situació de la molla i de l'amortidor fa que els seus efectes sobre la vibració de la roda quedin transformats per la geometria de la suspensió.

Per estudiar el comportament dinàmic de les masses no suspeses es calculen els paràmetres reduïts dels diferents elements de la suspensió i de la roda respecte a un eix de reducció (per exemple, el centre de la roda amb un desplaçament aproximadament vertical): això és, a més de la *massa reduïda* dels diferents elements mòbils del sistema, es calculen també la *constant de rigidesa reduïda* de la molla i la *constant viscosa reduïda* de l'amortidor tots ells a aquest eix, alhora que es pot considerar la *força exterior* d'excitació a través del contacte roda–terra directament aplicada a aquest eix. Com es veurà més endavant, per a petites amplituds, aquest sistema vibratori es pot estudiar sense errors significatius prenent els paràmetres reduïts descrits anteriorment.

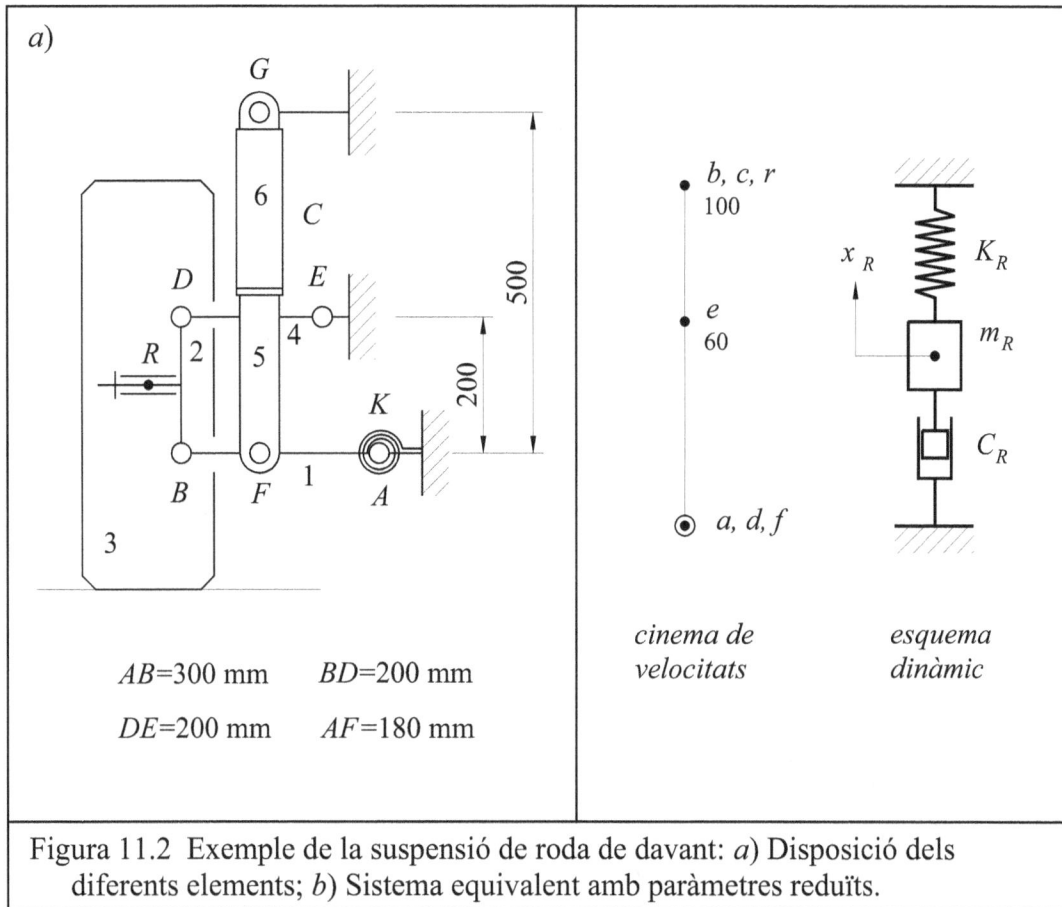

Figura 11.2 Exemple de la suspensió de roda de davant: *a*) Disposició dels diferents elements; *b*) Sistema equivalent amb paràmetres reduïts.

11.2 Paràmetres reduïts i equació dinàmica

L'objectiu de reduir a un eix els diferents paràmetres dinàmics és el de simplificar les equacions dinàmiques i facilitar la comprensió del comportament dinàmic dels sistemes mecànics i de les màquines. Quan es donen determinades condicions (relacions de velocitats constants; moviments a l'entorn d'un punt), bastant freqüents a la pràctica, la reducció de paràmetres dinàmics a un eix ofereix un mètode operatiu i simple d'anàlisi i de càlcul, mentre que, en d'altres condicions, aquest mètode resulta més complex i menys intuïtiu.

En aquesta secció es defineixen conceptualment els diferents paràmetres reduïts d'un sistema a partir de les equacions de l'energia i de la potència, per després establir l'equació dinàmica en funció d'ells. En una secció posterior s'estableixen les expressions per al càlcul d'aquests paràmetres reduïts.

Definicions dels paràmetres reduïts

Massa reduïda i moment d'inèrcia reduït
En un mecanisme cinemàtic d'un grau de llibertat (on les totes les velocitats estan relacionades), la massa reduïda, m_R, (o el moment d'inèrcia reduït, J_S) es defineixen com aquella (o aquell) que, situats a l'eix de reducció lineal, R, (o a l'eix de reducció angular, S) tenen la mateixa energia cinètica, E_c, que el conjunt de masses i moments d'inèrcia reals dels diferents eixos del sistema:

$$\frac{1}{2} \cdot m_R \cdot v_R^2 = E_c \;\Rightarrow\; m_R = \frac{2 \cdot E_c}{v_R^2} \qquad \frac{1}{2} \cdot J_S \cdot \omega_S^2 = E_c \;\Rightarrow\; J_S = \frac{2 \cdot E_c}{\omega_S^2} \qquad (1)$$

Força reduïda i parell reduït
En un sistema d'un grau de llibertat (on les totes les velocitats estan relacionades), la força reduïda, F_R (sempre en la direcció del moviment de l'eix de reducció), (o el parell reduït, M_S) es defineixen com aquells que, aplicats a l'eix de reducció lineal R (o a l'eix de reducció angular S) donen la mateixa potència, P, que el conjunt de forces i parells exteriors aplicats sobre els diferents eixos del sistema:

$$F_R \cdot v_R = P \;\Rightarrow\; F_R = \frac{P}{v_R} \qquad M_R \cdot \omega_R = P \;\Rightarrow\; M_R = \frac{P}{\omega_R} \qquad (2)$$

Rigidesa lineal reduïda i rigidesa angular reduïda
En un sistema d'un grau de llibertat (on les totes les velocitats estan relacionades), la rigidesa (lineal) reduïda, K_R, o la rigidesa angular reduïda, $M_{\theta R}$, es defineixen com aquella rigidesa (lineal o angular) d'una molla que, aplicada a l'eix de reducció, R, acumula la mateixa energia potencial, E_p, que el conjunt d'elements elàstics aplicats sobre els diferents eixos del sistema, tots ells respecte a una posició inicial del sistema:

$$\frac{1}{2} \cdot K_R \cdot x_R^2 = E_p \;\Rightarrow\; K_R = \frac{2 \cdot E_p}{x_R^2} \qquad \frac{1}{2} \cdot K_{\theta S} \cdot \theta_S^2 = E_p \;\Rightarrow\; K_{\theta S} = \frac{2 \cdot E_p}{\theta_S^2} \qquad (3)$$

Amortiment viscós lineal reduït i amortiment viscós angular reduït
En un sistema d'un grau de llibertat (on les totes les velocitats estan relacionades), l'amortiment viscós (lineal) reduït, C_R, o l'amortiment viscós angular reduïda, $C_{\theta R}$, es defineixen com aquell amortiment viscós que, aplicat a l'eix de reducció, R, dissipa la mateixa potència, E_p, que el conjunt de forces viscoses aplicades sobre els diferents eixos del sistema:

$$C_R \cdot v_R^2 = P_d \;\Rightarrow\; C_R = \frac{P_d}{v_R^2} \qquad C_{\theta R} \cdot \omega_R^2 = P_d \;\Rightarrow\; C_{\theta R} = \frac{P_d}{\omega_R^2} \qquad (4)$$

Equació dinàmica del sistema

L'equació dinàmica d'un sistema mecànic o d'una màquina d'un grau de llibertat es pot expressar en funció dels paràmetres reduïts a partir del teorema de l'energia, o sigui l'establiment que la derivada de l'energia total del sistema (energia cinètica més energia potencial) és igual a la potència de les forces exteriors menys la potència dissipada:

$$\frac{d}{dt}(E_c + E_p) = P - P_d \tag{5}$$

Com s'analitzarà en detall més endavant, és convenient d'expressar l'energia del sistema a una posició inicial del mecanisme. Tenint en compte aquest aspecte i, substituint cada un dels termes per des seves expressions en funció dels paràmetres reduïts, s'obté per a un eix de reducció lineal R:

$$\frac{d}{dt}\left(\frac{1}{2} \cdot m_R \cdot v_R^2 + \frac{1}{2} \cdot K_R \cdot (x_R - x_{R0})^2\right) = F_R \cdot v_R - C_R \cdot v_R^2 \tag{6}$$

En el cas general, els paràmetres reduïts no són constants, sinó que varien en funció de la posició del mecanisme. Així, doncs, el desenvolupament de la derivada del primer membre de l'equació dinàmica dóna lloc a:

$$m_R \cdot v_R \cdot \frac{dv_R}{dt} + \frac{1}{2}\frac{dm_R}{dx_R} \cdot \frac{dx_R}{dt} \cdot v_R^2 + K_R \cdot (x_R - x_{R0}) \cdot \frac{dx_R}{dt} +$$

$$+ \frac{1}{2}\frac{dK_R}{dx_R} \cdot \frac{dx_R}{dt} \cdot (x_R - x_{R0})^2 = F_R \cdot v_R - C_R \cdot v_R^2 \tag{7}$$

Un cop ordenats els termes d'aquesta igualtat i, dividits tots ells per $v_R = dx_R/dt$, s'obté l'equació dinàmica del sistema en funció de paràmetres reduïts a un eix lineal. A continuació, també es proporciona l'equació dinàmica anàloga en funció de paràmetres reduïts a un eix angular:

$$F_R = m_R \cdot a_R + C_R \cdot v_R + K_R \cdot (x_R - x_{R0}) + \frac{1}{2}\frac{dm_R}{dx_R} \cdot v_R^2 + \frac{1}{2}\frac{dK_R}{dx_R} \cdot (x_R - x_{R0})^2$$

$$M_R = J_R \cdot a_R + C_{\theta R} \cdot \omega_R + K_{\theta R} \cdot (\theta_R - \theta_{R0}) + \frac{1}{2}\frac{dJ_R}{d\theta_R} \cdot \omega_R^2 + \frac{1}{2}\frac{dK_{\theta R}}{d\theta_R} \cdot (\theta_R - \theta_{R0})^2 \tag{8}$$

Aquestes equacions són molt semblants a la que tindria un sistema amb un sol eix (coincidint amb el de reducció), amb l'afegit dels dos termes darrers. En les seccions següents s'explotaran les seves possibilitats per resoldre problemes d'engegada i aturada de màquines d'un grau de llibertat (Secció 11.4) i l'anàlisi de sistemes vibratoris complexos també d'un grau de llibertat (Secció 11.5).

11.3 Càlcul de paràmetres reduïts

Introducció

Per a l'estudi dinàmic de sistemes mecànics i màquines d'un grau de llibertat és convenient, en funció de la distribució de les masses i dels punts d'aplicació de les forces, la definició d'un determinat nombre d'eixos, $i=j+k$ (j eixos lineals i k eixos angulars), amb moviments relacionats.

En els membres guiats per enllaços simples (prismàtics o de revolució) se sol definir un sol eix coincidint amb el que imposa l'enllaç, mentre que, en els membres guiats de formes més complexes, és freqüent de definir més d'un eix. Uns exemples d'aquest segon cas poden ser: a) En una roda, se sol definir un eix lineal (desplaçament del seu centre) i un eix angular (rotació al voltant del seu centre); b) En una biela, es poden definir diversos eixos lineals coincidint amb el desplaçament de punts amb masses associades o d'aplicació de forces exteriors.

Els efectes de les molles i els amortidors viscosos poden substituir-se per les forces o parells que exerceixen en els eixos corresponents (si enllacen dos membres mòbils, se substitueixen per dues forces o parells) i, per tant, les forces elàstiques o viscoses poden ser reduïdes a un eix lineal, R, o a un eix angular, S, com qualsevol altra força. Tanmateix, quan s'estudien sistemes vibratoris, és útil d'avaluar la rigidesa reduïda, K_R o $K_{\theta S}$, i l'amortiment reduït, C_R o $K_{\theta S}$, com a tals, en l'eix de reducció. Els teoremes de l'energia i de les potencials virtuals són aplicables al càlcul de les rigideses i dels amortiments viscosos reduïts, bé que amb les adaptacions pertinents.

Com ja s'ha comentat en la introducció, es consideren dos tipus de sistemes d'un grau de llibertat que presenten diferències tant en la seva anàlisi com en el càlcul dels paràmetres reduïts: a) Mecanismes cinemàtics d'un grau de llibertat; b) Mecanismes o estructures deformables d'un grau de llibertat. En els primers, la geometria del mecanisme (configuració i posició) determina les relacions cinemàtiques entre els diferents eixos mentre que, en els segons, la geometria del mecanisme o estructura determina les relacions entre les diferents forces (reaccions en els enllaços, forces motores o receptores) i l'acció única que produeix la deformació.

Els paràmetres reduïts s'expressen en funció de les *relacions cinemàtiques*, quocients entre la velocitat virtual (o deformació virtual) d'un eix qualsevol del sistema (j, si és lineal; k, si és angular), i la velocitat virtual (o deformació virtual) de l'eix de reducció, R (si és lineal) o S (si és angular). Segons que es consideri un o altre dels sistemes d'un grau de llibertat anunciats anteriorment (mecanisme cinemàtic, mecanisme o estructura deformable), hi ha diferències en les definicions i en el plantejament de les equacions, per la qual cosa el seu estudi es fa per separat.

Mecanisme cinemàtic d'un grau de llibertat

Relacions cinemàtiques

En aquests sistemes, la velocitat de l'eix de reducció es relaciona unívocament amb les velocitats de cada un dels eixos. La combinació del caràcter lineal o angular de l'eix considerat amb el caràcter lineal o angular de l'eix de reducció, proporciona quatre variants en la definició de relació cinemàtica, on s'indiquen les unitats:

$$i_{JR} = \frac{\delta_J}{\delta_R} = \frac{v_J}{v_R} \quad (-) \qquad i_{KR} = \frac{\theta_K}{\delta_R} = \frac{\omega_K}{v_R} \quad (\text{m}^{-1})$$

$$i_{JS} = \frac{\delta_J}{\theta_S} = \frac{v_J}{\omega_S} \quad (\text{m}) \qquad i_{KS} = \frac{\theta_K}{\theta_S} = \frac{\omega_K}{\omega_S} \quad (-) \tag{9}$$

En els sistemes mecànics amb eixos enllaçats per cadenes cinemàtiques de geometria variable (mecanismes articulats, lleves), les relacions cinemàtiques canvien amb la posició mentre que, en les màquines amb eixos relacionats per la majoria de les transmissions (engranatges, cadenes, corretges, rodes de fricció, cargols de boles, cables), les relacions cinemàtiques solen ser constants (anomenades, en aquest cas, *relacions de transmissió*). Per tant, en el primer cas, els paràmetres reduïts varien amb la posició de l'eix de reducció, *R* o *S*, mentre que, en el segon cas, els paràmetres reduïts són constants.

Les fórmules per a la reducció de paràmetres dinàmics podrien expressar-se de forma més general utilitzant paràmetres generalitzats sense fer distinció entre eixos lineals i eixos angulars (inèrcia generalitzada, enlloc de massa i moment d'inèrcia; desplaçament generalitzat, enlloc de desplaçament lineal i desplaçament angular). Tanmateix, això obligaria a introduir notacions poc habituals en el disseny de màquines que tan sols són útils a efectes explicatius, per la qual cosa s'ha preferit agrupar les fórmules en sumatoris diferenciats per a eixos lineals i per a eixos angulars. Les magnituds de les relacions cinemàtiques fan homogènies aquestes expressions.

Càlcul de masses reduïdes

La definició de la massa reduïda, m_R, o del moment d'inèrcia reduït, J_S, es basen en l'avaluació de l'energia cinètica, E_c, del conjunt de masses i moments d'inèrcia dels diferents eixos del sistema:

$$E_c = \sum_J \frac{1}{2} m_J \cdot v_J^2 + \sum_K \frac{1}{2} J_K \cdot \omega_K^2 \tag{10}$$

Substituint aquesta expressió en la (1) i, introduint-hi les relacions cinemàtiques (i_{JR}, i_{KR}, i_{JS}, i_{KS}), s'obtenen les fórmules per al càlcul dels valors de les masses i moments d'inèrcia reduïts:

$$m_R = \sum_J m_J \cdot \left(\frac{v_J}{v_R}\right)^2 + \sum_K J_K \cdot \left(\frac{\omega_K}{v_R}\right)^2 = \sum_J m_J \cdot i_{JR}^2 + \sum_K J_K \cdot i_{KR}^2$$

$$J_S = \sum_J m_J \cdot \left(\frac{v_J}{\omega_S}\right)^2 + \sum_K J_K \cdot \left(\frac{\omega_K}{\omega_S}\right)^2 = \sum_J m_J \cdot i_{JS}^2 + \sum_K J_K \cdot i_{KS}^2$$

$$(11)$$

Càlcul de forces reduïdes

La definició de la força reduïda, F_R (sempre amb la direcció del moviment de l'eix de reducció), o del parell reduït, M_S, es basen en l'avaluació de la potència, P, que donen el conjunt de forces i parells exteriors aplicats en els diferents eixos del sistema. Quan, en determinats eixos lineals, la direcció de la força no coincideix amb la de la velocitat, v_J, cal introduir el cosinus de l'angle ($\cos\alpha_J$) que projecta una sobre l'altra. Molts dels eixos poden no tenir cap força o parell exterior aplicat, mentre que d'altres eixos en poden tenir més d'una. L'expressió de la potència de les forces i parells exteriors del sistema és, doncs:

$$P = \sum_J F_J \cdot v_J \cdot \cos\alpha_J + \sum_K M_K \cdot \omega_K \qquad (12)$$

Substituint aquesta expressió en la (2) i, introduint-hi les relacions cinemàtiques (i_{JR}, i_{KR}, i_{JS}, i_{KS}), s'obtenen les fórmules per al càlcul de la força reduïda i el parell reduït:

$$F_R = \sum_J F_J \cdot \left(\frac{v_J \cdot \cos\omega_J}{v_R}\right) + \sum_K M_K \cdot \left(\frac{\omega_K}{v_S}\right) = \sum_J F_J \cdot i_{JR} \cdot \cos\alpha_J + \sum_K M_K \cdot i_{KR}$$

$$M_S = \sum_J F_J \cdot \left(\frac{v_J \cdot \cos\omega_J}{\omega_S}\right) + \sum_K M_K \cdot \left(\frac{\omega_K}{\omega_S}\right) = \sum_J F_J \cdot i_{JS} \cdot \cos\alpha_J + \sum_K M_K \cdot i_{KS}$$

$$(13)$$

Com ja s'ha dit, aquestes fórmules també són aplicables per a la reducció de les forces elàstiques o de les forces de dissipació que actuen sobre el sistema.

Càlcul de rigideses reduïdes

La reducció de rigideses de molles i elements elàstics té interès quan s'estudien les vibracions de mecanismes complexos d'un sol grau de llibertat, ja que l'anàlisi de les forces elàstiques es pot realitzar com la de qualsevol força del sistema. Normalment, els elements elàstics i les molles actuen entre la base i un dels eixos però que de vegades també ho fan entre dos eixos.

El comportament dels elements elàstics i les molles ve determinat per la característica elàstica que relaciona les forces o parells que s'apliquen en els seus extrems i la deformació lineal o angular relativa que experimenten. El pendent de la característica elàstica (en general, variable amb la deformació), rep el nom genèric de *rigidesa* i, quan és constant (cas, entre d'altres, de les molles helicoïdals), pren el nom de *constant de rigidesa.*

La definició de la rigidesa (lineal) reduïda, K_R (sempre amb la direcció del moviment de l'eix de reducció), o de la rigidesa angular reduïda, $K_{\theta S}$, es basen en l'avaluació de l'energia potència, E_p, que acumulen el conjunt de forces i parells elàstics i altres forces conservadores que actuen sobre els diferents eixos del sistema.

L'avaluació de l'energia potencial elàstica no és tan simple com la de l'energia cinètica pels següents motius: *a*) En general, no existeix una posició única del sistema en què tots els elements elàstics tinguin energia potencial nul·la, sinó que cada un d'ells té el zero per a una posició diferent; *b*) Tan sols en els eixos en què l'acció dels elements elàstics té efectes de rigidesa constant (exclou elements elàstics de característica elàstica no lineal, o molles que actuen amb angles variables sobre els eixos), l'energia potencia es pot expressar en forma quadràtica dels desplaçaments.

L'expressió general de l'energia potencial elàstica referida a una determinada posició inicial del sistema s'expressa per:

$$E_{p(0)} = E_p - E_{p0} = \sum_j \int_{x_{Jo}}^{x_J} F_{eJ}(x_J, \alpha_J) \cdot d x_J \cdot \cos \alpha_J + \sum_K \int_{\theta_{Ko}}^{\theta_K} M_{eK0}(\theta_K) \cdot d \theta_K \qquad (14)$$

A continuació s'estudien dues situacions que es donen freqüentment a la pràctica.

a) Rigidesa reduïda constant per a qualsevol posició

La rigidesa reduïda d'un sistema és constant per a qualsevol posició si es donen les dues condicions següents:

- La característica elàstica s'expressa com una funció lineal dels desplaçaments dels eixos (malgrat que la molla tingui una rigidesa constant, aquesta condició no es compleix en un eix lineal si la força elàstica actua amb un angle variable);

- Les relacions cinemàtiques entre els eixos no varien amb la posició.

Partint de la primera condició, les forces i parells elàstics es poden expressar com una funció lineal dels desplaçaments dels eixos a partir d'una posició inicial del mecanisme (x_{J0}, per als eixos lineals; θ_{K0}, per als eixos angulars) i d'uns valors inicials (F_{eJ0}, per a un eix lineal; M_{eK0}, per a un eix angular):

$$\begin{aligned} F_{eJ}(x_J) &= F_{eJ0} + K_J \cdot (x_J - x_{J0}) \\ M_{eK}(\theta_K) &= M_{eK0} + K_{\theta K} \cdot (\theta_K - \theta_{K0}) \end{aligned} \qquad (15)$$

Aleshores l'energia potencial del sistema pren la forma:

$$E_{p(0)} = \sum_J \left(F_{eJ0} \cdot (x_0 - x_{J0}) + \frac{1}{2} K_J \cdot (x_J - x_{J0})^2 \right) +$$

$$+ \sum_K \left(M_{eK0} \cdot (\theta_K - \theta_{K0}) + \frac{1}{2} K_{\theta K} \cdot (\theta_K - \theta_{K0})^2 \right) =$$

$$= F_{eR0} \cdot (x_R - x_{R0}) + \frac{1}{2} K_R \cdot (x_R - x_{R0})^2 =$$

$$= M_{eS0} \cdot (\theta_S - \theta_{S0})^2 + \frac{1}{2} K_{\theta S} \cdot (\theta_S - \theta_{S0})^2$$

(16)

En una posició qualsevol del sistema, la força reduïda de les forces elàstiques és igual però de sentit contrari a la força equilibrant. Per tant, si les relacions cinemàtiques són constants, gràcies al teorema de les potències virtuals, es pot establir la següent igualtat per a un desplaçament finit:

$$\sum_J F_{eJ0} \cdot (x_0 - x_{J0}) + \sum_K M_{eK0} \cdot (\theta_K - \theta_{K0}) =$$

$$= F_{eR0} \cdot (x_R - x_{R0}) = M_{eS0} \cdot (\theta_S - \theta_{S0})$$

(17)

Restant els termes respectius de les igualtats (17) de les igualtats (16) queda:

$$E_{p(0)} = \sum_J \frac{1}{2} K_J \cdot (x_J - x_{J0})^2 + \sum_K \frac{1}{2} K_{\theta K} \cdot (\theta_K - \theta_{K0})^2 =$$

$$= \frac{1}{2} K_R \cdot (x_R - x_{R0})^2 = \frac{1}{2} K_{\theta S} \cdot (\theta_S - \theta_{S0})^2$$

(10)

D'on en surten les expressions per al càlcul de les rigideses reduïdes vàlides per a tota posició del sistema, per a les condicions establertes inicialment:

$$K_R = \sum_J K_J \cdot \frac{(x_J - x_{J0})^2}{(x_R - x_{R0})^2} + \sum_K K_{\theta K} \cdot \frac{(\theta_K - \theta_{K0})^2}{(x_R - x_{R0})^2} = \sum_J K_J \cdot i_{JR}^2 + \sum_K K_{\theta K} \cdot i_{KR}^2$$

$$K_{\theta S} = \sum_J K_J \cdot \frac{(x_J - x_{J0})^2}{(\theta_S - \theta_{S0})^2} + \sum_K K_{\theta K} \cdot \frac{(\theta_K - \theta_{K0})^2}{(\theta_S - \theta_{S0})^2} = \sum_J K_J \cdot i_{JS}^2 + \sum_K K_{\theta K} \cdot i_{KS}^2$$

(19)

b) *Rigidesa reduïda per a una posició*

Si no es dóna alguna (o les dues) condicions anteriors, també es poden reduir les rigideses dels elements elàstics i molles del sistema a un eix, però aleshores, aquest valor tan sols és vàlid per a un entorn de la posició inicial i, per tant, útil per a petits moviments (generalment moviments vibratoris) a l'entorn d'aquesta posició.

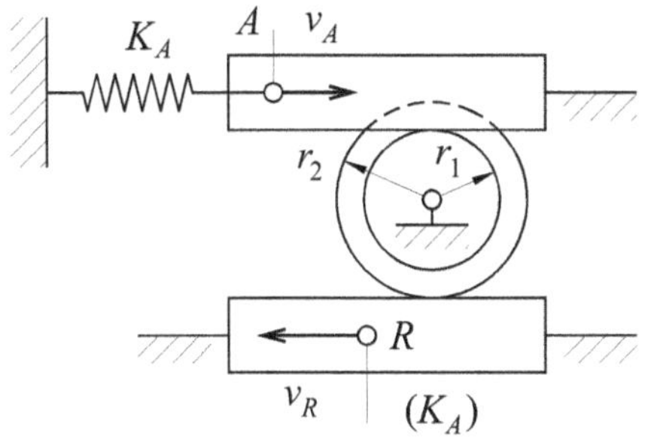

Cas 1

1) K_A constant amb la posició de l'eix A
2) Relació de transmissió constant:
$$i_{AR} = v_A/v_B = r_1/r_2$$

$$K_R = K_A \cdot i_{AR}{}^2 = K_A \cdot (r_1/r_2)^2$$
Vàlid per a tota posició del sistema

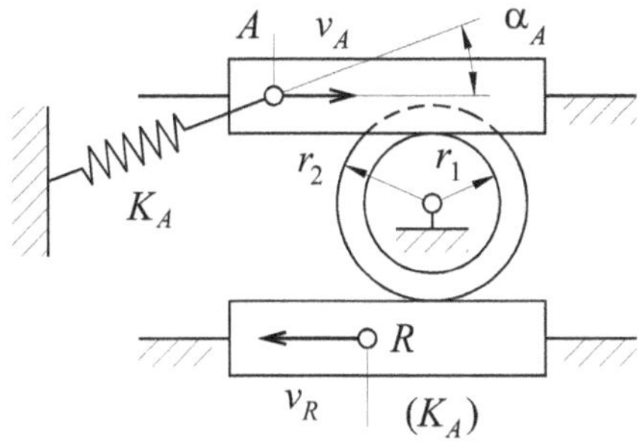

Cas 2

1) K_A variable amb la posició de l'eix A
   (α_A varia amb la posició)
2) Relació de transmissió constant:
$$i_{AR} = v_A/v_B = r_1/r_2$$

$$K_R = K_A \cdot i_{AR}{}^2 \cdot \cos^2\alpha_A = K_A \cdot (r_1/r_2)^2 \cdot \cos^2\alpha_A$$
Vàlid sols per a un entorn d'aquesta posició

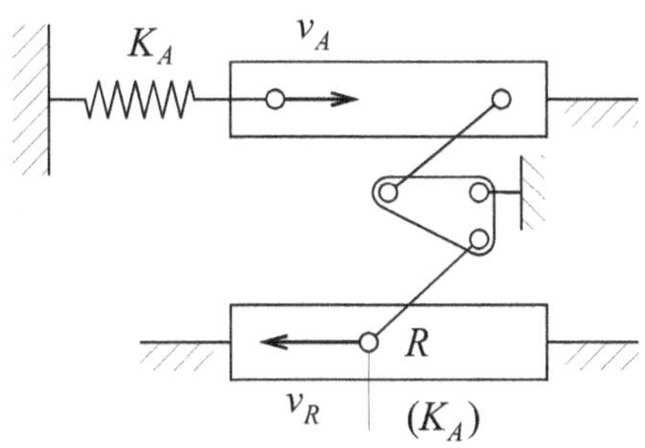

Cas 3

1) K_A constant en la direcció de l'eix A
2) Relació de transmissió variable:
$$i_{AR} = v_A/v_B$$

$$K_R = K_A \cdot i_{AR}{}^2$$
Vàlid sols per a un entorn d'aquesta posició

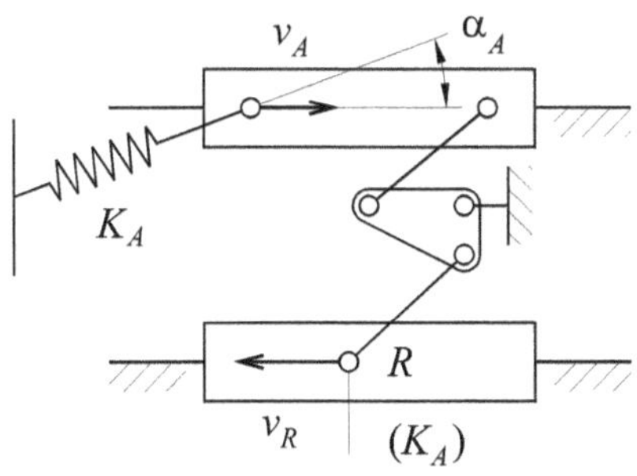

Cas 4

1) K_A variable amb la posició de l'eix A
   (α_A varia amb la posició)
2) Relació de transmissió variable:
$$i_{AR} = v_A/v_B$$

$$K_R = K_A \cdot i_{AR}{}^2 \cdot \cos^2\alpha_A$$
Vàlid sols per a un entorn d'aquesta posició

Figura 11.3 Diferents casos de reducció de rigideses lineals segons siguin o no constants en la direcció de moviment, i segons siguin o no constants les relacions de velocitats.

Es parteix de calcular l'energia potencial en un entorn del punt inicial en què les forces elàstiques es poden expressar de la següent forma (si la característica elàstica no és lineal, la rigidesa es defineix com la derivada de la força respecte al desplaçament):

$$F_{eJ}(x_J,\alpha_J)=F_{eJ}(x_0+dx)=F_{eJ0}+K_J\cdot dx_J\cdot\cos\alpha_J$$
$$M_{eK}(\theta_K)=M_{eK}(\theta_0+d\theta_K)=M_{eK0}+K_{\theta K}\cdot d\theta_K$$

(20)

Introduint aquestes expressions en l'equació general de l'energia potencia elàstica del sistema (14), i integrant entre els límits x_{J0} i $x_{J0}+dx_J$, per als eixos lineals (per a desplaçaments diferencials, els angles α_J es poden considerar constants), i θ_{K0} i $\theta_{K0}+d\theta_K$, per als eixos angulars, i igualant amb l'energia potencial dels elements elàstics reduïts, s'obté:

$$dE_{p(0)}=\sum_J(F_{eJ0}\cdot dx_J\cdot\cos\alpha_J+\frac{1}{2}K_J\cdot dx_J^2\cdot\cos^2\alpha_J)+$$
$$+\sum_K(M_{eK0}\cdot d\theta_K+\frac{1}{2}K_{\theta K}\cdot d\theta_K)=$$

(21)

$$=F_{eR0}\cdot dx_R+\frac{1}{2}K_R\cdot dx_R^2=M_{eS0}\cdot d\theta_S+\frac{1}{2}K_{\theta S}\cdot d\theta_S^2$$

Com en el cas anterior, la força reduïda de les forces elàstiques és igual però de sentit contrari a la força equilibrant i, per mitjà del teorema de les potències virtuals aplicat a un desplaçament diferencial, es pot establir per la següent igualtat:

$$\sum_J F_{eJ0}\cdot dx_J\cdot\cos\alpha_J+\sum_K M_{eK0}\cdot d\theta_K=F_{eR0}\cdot dx_R=M_{eS0}\cdot d\theta_S$$

(22)

Restant els termes de les igualtats (22) dels respectius termes de la (21) queda:

$$dE_{p(0)}=\sum_J\frac{1}{2}K_J\cdot dx_J^2\cdot\cos^2\alpha_J+\sum_K\frac{1}{2}K_{\theta K}\cdot d\theta_K=\frac{1}{2}K_R\cdot dx_R^2=\frac{1}{2}K_{\theta S}\cdot d\theta_S^2$$

(23)

Dividint tots els termes pel diferencial de temps al quadrat, dt^2, i reordenant les velocitats resultants s'obtenen les mateixes expressions finals per al càlcul de les rigideses reduïdes, ara vàlides per a un entorn d'una posició inicial del mecanisme:

$$K_R=\sum_J K_J\cdot\frac{dx_J^2\cdot\cos^2\alpha_J}{dx_R^2}+\sum_K K_{\theta K}\cdot\frac{dx_K^2}{dx_R^2}=\sum_J K_J\cdot i_{JR}^2\cdot\cos^2\alpha_{Jj}+\sum_K K_{\theta K}\cdot i_{KR}^2$$

$$K_{\theta S}=\sum_J K_J\cdot\frac{dx_J^2\cdot\cos^2\alpha_J}{d\theta_S^2}+\sum_K K_{\theta K}\cdot\frac{dx_K^2}{d\theta_S^2}=\sum_J K_J\cdot i_{JS}^2\cdot\cos^2\alpha_J+\sum_K K_{\theta K}\cdot i_{KS}^2$$

(24)

Càlcul d'amortiments viscosos reduïts

Hi ha una gran diversitat de formes de dissipació mecànica, com ara el frec sec o de Coulomb (frec entre superfícies, forces independents de la velocitat), d'histèresi (frec intern d'un material, forces proporcionals a l'amplitud de les deformacions), frec viscós (frec laminar en un fluid, forces proporcionals a la velocitat) o frec d'efecte ventilador (frec turbulent en un fluid, forces proporcional al quadrat de la velocitat). D'entre elles, les forces viscoses són les que faciliten un millor tractament matemàtic (especialment en l'estudi de les vibracions) i, per tant, són les que es consideren de preferència (en sistemes vibratoris, s'estableixen equivalències entre diversos tipus de frec i el frec viscós).

Un element de dissipació viscosa es caracteritza per l'*amortiment viscós*, o quocient entre la força o parell aplicat als seus extrems i la corresponents velocitats relatives (C_J, amortiment viscós lineal en eixos lineals, d'unitat N/(m/s)=N·s/m; $C_{\theta K}$, amortiment viscós angular en eixos angulars, d'unitat (N·m)/(rad/s)=N·m·s/rad), paràmetre que, en general, es considera independent de la posició i de la velocitat. Les forces dissipatives es poden reduir com les altres forces, i quan es tracta de forces viscoses, possibilita reduir els amortiments viscosos a un eix de reducció, R o S.

La definició de l'amortiment viscós lineal reduït, C_R (definit en la direcció del moviment de l'eix de reducció), o de l'amortiment viscós angular reduït, $C_{\theta S}$, es basen en l'avaluació de la potència que dissipen el conjunt de forces i parells viscosos aplicats sobre els diferents eixos del sistema, P_d. Quan, en determinats eixos lineals, la direcció de la força viscosa no coincideix amb la de la velocitat de l'eix, v_J, cal introduir el cosinus de l'angle ($\cos\alpha_J$) que projecta l'una sobre l'altra. Molts dels eixos poden no tenir cap força o parell viscós aplicat, mentre que d'altres eixos en poden tenir més d'un. L'expressió de la potència dissipada en el sistema és:

$$P_d = \sum_J (C_J \cdot v_J \cdot \cos\alpha_J) \cdot v_J \cdot \cos\alpha_J + \sum_K (C_{\theta K} \cdot \omega_K) \cdot \omega_K \qquad (25)$$

Substituint-la en les definicions (4) i, introduint-hi les relacions cinemàtiques (i_{JR}, i_{KR}, i_{JS}, i_{KS}), s'obtenen les fórmules per al càlcul del amortiments viscosos reduïts:

$$C_R = \sum_J C_J \cdot \left(\frac{v_J \cdot \cos\alpha_J}{v_R}\right)^2 + \sum_K C_{\theta K} \cdot \left(\frac{\omega_{kK}}{v_R}\right)^2 = \sum_J C_J \cdot i_{JR}^2 \cdot \cos^2\alpha_J + \underset{k}{K} C_{\theta K} \cdot i_{KR}^2$$

$$C_{\theta S} = \sum_J C_J \cdot \left(\frac{v_J \cdot \cos\alpha_J}{\omega_S}\right)^2 + \sum_K C_{\theta K} \cdot \left(\frac{\omega_{kK}}{\omega_S}\right)^2 = \sum_J C_J \cdot i_{JS}^2 \cdot \cos^2\alpha_J + \sum_K C_{\theta K} \cdot i_{KS}^2 \qquad (116)$$

Aquestes fórmules són vàlides per a qualsevol posició del sistema, però els valors que resulten per als amortiments viscosos reduïts tan sols són constants si les relacions de velocitats també ho són.

Mecanismes o estructures deformables d'un grau de llibertat

En aquests sistemes, l'acció causant de la deformació (normalment situada a l'eix de reducció R o S) es relaciona unívocament amb les diferents reaccions en els enllaços, o forces motores i receptores mentre que, la deformació de l'eix de reducció, és la suma dels efectes en el punt de reducció de cada una de les deformacions dels eixos del sistema. Per a obtenir les deformacions en els diferents eixos cal fer intervenir la rigidesa associada a cada un d'ells.

Si s'analitzen les deformacions estàtiques en casos relativament senzills, aquest sistema proporciona un mètode útil i eficaç en la fase de disseny ja que posa de manifest la influència de la rigidesa de cada un dels elements en la deformació total del punt de reducció. Tanmateix, si el problema és més complex és recomanable una anàlisi per elements finits, malgrat el major temps de modelització que requereix. Si s'analitza el comportament dinàmic d'un sistema (especialment els modes i freqüències pròpies de vibració) aquesta reducció a un sistema d'un grau de llibertat és tan sols aplicable si una de les masses del sistema té un efecte preponderant sobre de les altres (vegeu l'exemple 11.3; malgrat que la formulació general sembla complexa, a la pràctica sol simplificar-se molt).

Relacions cinemàtiques parcials

En l'estudi de la deformació de l'eix de reducció en aquests sistemes cal, primer lloc, determinar els modes elementals en què es pot deformar el mecanisme o estructura (o sigui, tenint en compte la influència de la deformació d'un sol element elàstic). Les relacions cinemàtiques parcials (el primer subíndex s'indica en minúscula) es defineixen com el quocient entre la deformació d'un eix (j, si és lineal, k, si és angular) i la seva influència en la deformació de l'eix de reducció R o S:

$$i_{jR} = \frac{\delta_j}{\delta_{R(j)}} \quad (-) \qquad i_{kR} = \frac{\theta_{kj}}{\delta_{R(k)}} = \quad (\mathrm{m^{-1}})$$

$$i_{jS} = \frac{\delta_j}{\theta_{S(k)}} \quad (\mathrm{m}) \qquad i_{kS} = \frac{\theta_k}{\theta_{S(k)}} \quad (-) \tag{27}$$

La deformació total que experimenta l'eix de reducció (R o S) és la suma dels efectes de les deformacions parcials de cada un dels eixos amb rigidesa associada no nul·la:

$$\delta_R = \sum_{j=1}^{n} \delta_j \cdot i_{jR} + \sum_{k=1}^{m} \theta_k \cdot i_{kR} \qquad \theta_S = \sum_{j=1}^{n} \delta_j \cdot i_{jS} + \sum_{k=1}^{m} \theta_k \cdot i_{kS} \tag{28}$$

De forma anàloga, la deformació total que experimenta un dels eixos qualsevol del sistema és la suma dels efectes de les deformacions parcials de cada un dels eixos amb rigidesa associada no nul·la (inclòs ell mateix, si és el cas).

En base a unes relacions cinemàtiques parcials entre eixos qualssevol definides de forma anàloga a les relacions cinemàtiques parcials amb l'eix de reducció, les expressions de les deformacions totals dels diferents eixos del sistema són:

$$\delta_J = \sum_{j=1}^{n} \delta_j \cdot i_{jJ} + \sum_{k=1}^{m} \theta_k \cdot i_{kK} \qquad \theta_K = \sum_{j=1}^{n} \delta_j \cdot i_{jK} + \sum_{k=1}^{m} \theta_k \cdot i_{kK} \qquad (29)$$

Relació entre forces

En els mecanismes o estructures deformables amb un grau de llibertat, existeix una relació unívoca entre la força que causa la deformació i cada una de les reaccions o altres forces del sistema.

Aquestes relacions s'expressen en funció de la força, F_R (quan l'eix de reducció és lineal), o del parell, M_S (quan l'eix de reducció és angular), mitjançant les relacions cinemàtiques parcials:

$$\begin{aligned} F_J &= F_R / i_{jr} & M_K &= F_R / i_{kR} \\ F_J &= M_S / i_{js} & M_K &= M_S / i_{ks} \end{aligned} \qquad (30)$$

Càlcul de rigideses reduïdes

Per avaluar la rigidesa reduïda en el punt de reducció, cal determinar les diferents deformacions relatives a què dóna lloc l'acció exterior, generalment situada en el mateix punt de reducció, R o S.

Cal, doncs, procedir de la següent forma: *a*) En primer lloc, cal traduir l'acció deformadora (força o parell) situada en el punt de reducció a cada un dels eixos amb rigidesa no nul·la per mitjà de les relacions cinemàtiques parcials; *b*) En segon lloc, per mitjà de les diferents rigideses, cal determinar la deformació en cada un dels eixos;   *c*) En tercer lloc, també per mitjà de les relacions cinemàtiques parcials cal traduir les deformacions dels diferents eixos en deformació parcial en l'eix de reducció; *d*) Finalment, cal sumar totes les deformacions parcials per obtenir la deformació total de l'eix de reducció. L'expressió matemàtica de les operacions descrites és:

$$\delta_R = \sum_j \delta_j \cdot \frac{1}{i_{jR}} + \sum_k \theta_k \cdot \frac{1}{i_{kR}} = \sum_j \frac{F_R / i_{jR}}{K_j} \cdot \frac{1}{i_{jR}} + \sum_k \frac{F_R / i_{kR}}{K_{\theta k}} \cdot \frac{1}{i_{kR}}$$

$$\theta_S = \sum_j \delta_j \cdot \frac{1}{i_{jS}} + \sum_k \theta_k \cdot \frac{1}{i_{kS}} = \sum_j \frac{M_S / i_{jS}}{K_j} \cdot \frac{1}{i_{jS}} + \sum_k \frac{M_S / i_{kS}}{K_{\theta k}} \cdot \frac{1}{i_{kS}} \qquad (31)$$

Atès que la rigidesa del punt de reducció és el quocient entre la força (o moment) aplicada i la deformació lineal (o angular) total ($K_R = F_R / \delta_R$; $K_{\theta S} = M_S / \theta_S$) les expressions anteriors es transformen en:

$$\frac{1}{K_R} = \frac{\delta_R}{F_R} = \sum_j \frac{1}{K_j \cdot i_{jr}^2} + \sum_k \frac{1}{K_{\theta k} \cdot i_{kr}^2}$$

$$\frac{1}{K_{\theta S}} = \frac{\theta_S}{M_S} = \sum_j \frac{1}{K_j \cdot i_{js}^2} + \sum_k \frac{1}{K_{\theta k} \cdot i_{ks}^2}$$

(32)

O sigui que si els efectes de les deformacions en els diferents eixos del sistema se sumen en el punt de reducció, la inversa de la rigidesa reduïda és la suma de les inverses dels efectes de les diferents rigideses dels eixos en el punt de reducció.

En el cas que sobre un eix actuïn dos elements de rigidesa no nul·la en paral·lel (o sigui que se sumen els efectes de força), aleshores cal sumar prèviament les rigideses en aquests eixos.

Càlcul de masses reduïdes

L'avaluació de la massa reduïda, m_R, o del moment d'inèrcia reduït, J_S, es basen en l'Equació (1) i s'expressen en funció de les relacions cinemàtiques a partir de les deformacions totals (Equacions 28 i 29) que, dividides per un diferencial de temps, es transformen en velocitats:

$$m_R = \frac{2 \cdot E_c}{v_R^2} = \sum_J m_J \cdot \left(\frac{v_J}{v_R}\right)^2 + \sum_K J_K \cdot \left(\frac{\omega_K}{v_R}\right)^2 = \sum_J m_J \cdot i_{JR}^2 + \sum_K J_K \cdot i_{KR}^2$$

$$J_S = \frac{2 \cdot E_c}{\omega_S^2} = \sum_J m_J \cdot \left(\frac{v_J}{\omega_S}\right)^2 + \sum_K J_K \cdot \left(\frac{\omega_K}{\omega_S}\right)^2 = \sum_J m_J \cdot i_{JS}^2 + \sum_K J_K \cdot i_{KS}^2$$

(33)

Càlcul d'amortiments viscosos reduïts

Anàlogament, l'avaluació de l'amortiment viscós reduït, C_R (en un eix de reducció lineal), o $C_{\theta S}$ (en un eix de reducció angular), es basen en l'Equació (4) i també s'expressen en funció de les relacions cinemàtiques definides a partir de les deformacions totals (Equacions 28 i 29) que, també dividides per un diferencial de temps, es transformen en velocitats:

$$C_R = \frac{P_d}{v_R^2} = \sum_J C_J \cdot \left(\frac{v_J}{v_R}\right)^2 + \sum_K C_{\theta K} \cdot \left(\frac{\omega_K}{v_R}\right)^2 = \sum_J C_J \cdot i_{JR}^2 + \sum_K C_{\theta K} \cdot i_{KR}^2$$

$$C_{\theta S} = \frac{P_d}{\omega_S^2} = \sum_J C_J \cdot \left(\frac{v_J}{\omega_S}\right)^2 + \sum_K C_{\theta K} \cdot \left(\frac{\omega_K}{\omega_S}\right)^2 = \sum_J C_J \cdot i_{JS}^2 + \sum_K C_{\theta K} \cdot i_{KS}^2$$

(34)

11.4 Aplicació a l'engegada i aturada de màquines

Simplificació de l'equació dinàmica

Moltes de les màquines contenen un bon nombre d'eixos (majoritàriament angulars, però també lineals) que es mouen amb moviments relacionats a través de transmissions de relacions de velocitats constants. Entre les més habituals hi ha: engranatges d'eixos paral·lels, d'eixos concurrents o d'eixos encreuats; cadenes; corretges planes i trapezials; corretges dentades; transmissions per cable de moviment lineal (fre de bicicleta) o de moviment angular (comptaquilòmetres no digitals); paral·lelograms articulats; transmissions de pinyó cremallera; transmissions de cargol femella i de cargol de boles; transmissions de rodes de fricció, de roda terra i roda carril. Si les relacions de velocitats són constants, també ho és la massa reduïda i, per tant, el terme de l'equació dinàmica (8) on intervé la derivada de la massa reduïda respecte a la posició de l'eix de reducció és nul.

Els eixos de les màquines solen realitzar desplaçaments grans (moviments angulars amb desplaçaments de múltiples voltes, també anomenats *moviments de rotació*; moviments lineals relativament llargs o prolongats en el temps). Per tant, aquests sistemes no acostumen a incloure elements elàstics, i els efectes dels elements de dissipació (frecs secs, resistències al rodolament o resistències de tipus ventilador, més freqüentment que no pas les resistències viscoses) es tracten com a forces.

En l'estudi dels accionaments de les màquines se sol reduir independentment les forces motores (F_{mR} força motora reduïda; M_{mR}, parell motor reduït) i les forces receptores (F_{rR}, força receptora reduïda; M_{rR}, parell receptor reduït). En promig, les forces motores tenen el mateix sentit que la velocitat del punt de reducció mentre que, les forces receptores, tenen el sentit contrari.

En conseqüència, l'equació dinàmica que descriu el comportament de les màquines en l'engegada i aturada (per a un eix lineal de reducció i, per a un eix angular de reducció, respectivament) té la següent forma:

$$F_{mR} - F_{rR} = m_R \cdot a_R$$
$$M_{mS} - M_{rS} = J_S \cdot \alpha_S \qquad (35)$$

Aquestes equacions permeten calcular l'acceleració de l'eix de reducció conegudes les forces motores i receptores reduïdes i les masses reduïdes:

$$a_R = \frac{F_{mR} - F_{rR}}{m_R} \qquad \alpha_S = \frac{M_{mS} - M_{rS}}{J_S} \qquad (36)$$

Si es forces o parells exteriors són constants (o aproximadament constants) es poden utilitzar les equacions del moviment uniformement accelerat en l'eix de reducció per estudiar el comportament dinàmic del sistema:

$$a_R = \frac{F_{mR} - F_{rR}}{m_R} \qquad v_R = v_{R0} + a_R \cdot t \qquad x_R = x_{R0} + v_{R0} \cdot t + \frac{1}{2} a_R \cdot t^2$$

$$\alpha_S = \frac{M_{mS} - M_{rS}}{J_S} \qquad \omega_S = \omega_{S0} + \alpha_S \cdot t \qquad \theta_S = \theta_{S0} + \omega_{S0} \cdot t + \frac{1}{2} \alpha_S \cdot t^2 \qquad (12)$$

Combinant les anteriors equacions, es poden resoldre problemes que sovint es plantegen en les màquines, com ara el temps d'engegada (des del repòs, o des d'una determinada velocitat inicial) fins a una altra velocitat (generalment la de règim) de l'eix de reducció (v_R, si l'eix és lineal; ω_S, si és angular):

$$t = \frac{v_R - v_{R0}}{a_R} = \frac{v_R - v_{R0}}{F_{mR} - F_{rR}} \cdot m_R$$

$$t = \frac{\omega_S - \omega_{S0}}{\alpha_S} = \frac{\omega_S - \omega_{S0}}{M_{mS} - M_{rS}} \cdot J_S \qquad (38)$$

O bé, el desplaçament de l'eix de reducció durant l'aturada d'una màquina des d'una determinada velocitat (v_R, si l'eix és lineal; ω_S, si és angular) en funció de les forces de frenada sobre l'eix de reducció (F_{rR}, si l'eix és lineal; M_{rS}, si és angular):

$$x_R - x_{R0} = \frac{1}{2} \cdot \frac{v_{R0}^2}{F_{rR}} \cdot m_R \qquad \theta_S - \theta_{S0} = \frac{1}{2} \cdot \frac{\omega_{S0}^2}{M_{rS}} \cdot J_S \qquad (39)$$

Un cop conegut el moviment de l'eix de reducció, és fàcil de trobar el moviment de la resta d'eixos a través de les relacions de velocitats:

$$v_j = v_R \cdot i_{jR} = \omega_S \cdot i_{jS} \qquad \omega_k = v_R \cdot i_{kR} = \omega_S \cdot i_{kS} \qquad (40)$$

Límits d'aquesta simplificació

Si determinades parts d'una màquina estan enllaçades per mecanismes amb relacions de velocitats no constants, com ara el mecanisme de pistó–biela–manovella o els mecanismes de lleva, però la variació de l'energia cinètica de les respectives masses és petita en relació a l'energia cinètica total del sistema, es pot prendre una massa reduïda (o moment d'inèrcia reduït) que correspongui al valor promig de l'energia cinètica.

Un cas interessant on es posa de manifest aquets límit és en l'estudi dinàmica d'una motocicleta amb motor alternatiu monocilíndric. Quan el motor arrossega la motocicleta, les variacions d'energia cinètica del pistó i de la biela són insignificants en relació a l'energia global del sistema mentre que, quan el motor gira sol, la variació d'energia cinètica del pistó i de la biela són significatius respecte a la del motor en conjunt; d'aquí la necessitat d'un volant d'inèrcia. Problema IIIR-11).

Exemple 11.1: Acceleració i frenada d'una bicicleta

Enunciat

Es tracta d'estudiar el comportament d'una bicicleta en l'engegada i en la frenada per mitjà de la reducció dels paràmetres del sistema a l'eix de pedals (eix p, de revolució), en el primer cas, i a l'eix del moviment de la llanda de la roda respecte a les pastilles de fre (eix f, de translació), en el segon cas (Figura 11.1).

En concret, es demana:

a) Acceleració que adquireix una bicicleta que circula per un pla inclinat de $\beta=3°$ i amb un vent en contra de 36 km/h, quan el ciclista exerceix un parell mitjà constant sobre els pedals de 35 N·m, i la marxa del canvi correspon al plat i al pinyó del mig;

b) Força que ha d'exercir la mordassa del fre sobre la llanda de la roda del davant per desaccelerar la bicicleta fins a l'aturada en una distància de 20 metres i en una baixada de $\beta=-3°$.

Els paràmetres del sistema són:

Cinemàtica:	Plats de l'eix de pedals:	z_p	=	30, 38 i 46 dents
	Pinyons de la roda:	z_r	=	14, 17, 20, 24 i 28 dents
	Pas de la cadena:	p_d	=	12,7 mm
	Diàmetre de la roda:	d_r	=	650,0 mm
	Diàmetre del fre:	d_f	=	580,0 mm
Masses:	Massa total de la bicicleta:	m_b	=	12,5 kg
	Massa del ciclista:	m_c	=	75,0 kg
	Massa de la cadena:	m_d	=	0,3 kg
	Moment d'inèrcia d'una roda:	J_r	=	0,2 kg·m^2
	Moment d'inèrcia eix de pedals:	J_p	=	0,012 kg·m^2
Forces:	Parell mitjà sobre els pedals:	M_p	=	35,0 N·m
	Resistència de l'aire (36 km/h):	F_a	=	25,0 N
	Resist. rodolament d'una roda:	F_r	=	10,0 N
	Coeficient fricció mordasses	μ	=	0,35 (−)

Resposta

a) Acceleració de la bicicleta

En aquest primer cas s'elegeix l'eix de pedals, *p*, com a eix de reducció. Després cal determinar els eixos amb masses associades i establir les relacions de velocitats entre aquests eixos i l'eix de pedals, relacions totes elles constants. En base a aquests paràmetres es calculen el moment d'inèrcia reduït i el parell resistent reduït a l'eix de pedals que, finalment, permeten aplicar l'equació dinàmica del sistema.

1. Determinació d'eixos i relacions de velocitats

A més de l'eix de reducció (coincident amb l'eix dels pedals, *p*) es consideren tres eixos més amb masses i/o forces associades: *Eix lineal d*, desplaçament de la cadena respecte la bicicleta (la velocitat relativa és el producte de la velocitat angular del plat mitjà pel seu diàmetre); *Eix de rotació r*, de la roda posterior (en ser els diàmetres de les dues rodes iguals, es poden acumular els efectes d'inèrcia de totes dues en aquest eix); *Eix lineal b*, del moviment de la bicicleta més ciclista. Les relacions cinemàtiques són:

$$i_{DP} = \frac{v_{D/P}}{\omega_P} = \frac{\omega_P \cdot (z/2) \cdot (p_d/\pi)}{\omega_p} = \frac{38}{2} \cdot \frac{0,0127}{3,141592} = 0,077 \text{ m}$$

$$i_{RP} = \frac{\omega_R}{\omega_P} = \frac{17}{38} = 0,447$$

$$i_{BP} = \frac{v_B}{\omega_R} \cdot \frac{\omega_{Rr}}{\omega_P} = \frac{v_B}{v_B/(d_r/2)} \cdot \frac{z_p}{z_r} = 0,325 \cdot \frac{17}{38} = 0,145 \text{ m}^{-1}$$

2. Moment d'inèrcia reduït a l'eix de pedals, J_P

El moment d'inèrcia reduït a l'eix de pedals, J_P, del conjunt de masses associades als eixos de la bicicleta més ciclista s'expressa per:

$$J_P = J_p + m_d \cdot i_{DP}^2 + 2 \cdot J_r \cdot i_{RP}^2 + (m_b + m_c) \cdot i_{BP}^2$$

L'aplicació numèrica mostra que cada un dels termes contribueix de forma diferent al resultat final:

Moment d'inèrcia de l'eix de pedals:	J_p	= 0,012	kg·m^2	0,6 %
Massa de la cadena	$m_d \cdot i_{DP}^2$	= 0,002	Kg·m^2	0,1 %
Moment d'inèrcia de les rodes:	$2 \cdot J_r \cdot i_{RP}^2$	= 0,080	Kg·m^2	4,1 %
Massa de la bicicleta:	$m_b \cdot i_{BP}^2$	= 0,263	Kg·m^2	13,6 %
Massa del ciclista:	$m_c \cdot i_{CP}^2$	= 1,577	Kg·m^2	81,6 %
Total bicicleta + ciclista	J_P	= 1,934	kg·m^2	100,0 %

3. *Parell resistent reduït a l'eix de pedals, M_{rP}*

Les forces passives que contribueixen al parell resistent reduït són:

1) La resistència de l'aire, F_{aire}, que actua sobre l'eix bicicleta–ciclista, b

3) La resistència al pendent, resultat de la projecció del pes en la direcció del moviment de la bicicleta, $F_{pend} = m \cdot g \cdot \sin\alpha = 87,5(\text{N}) \cdot 9,81(\text{m/s}^2) \cdot \sin(-3°) = 44,92$ N, que actua sobre l'eix bicicleta–ciclista, b.

2) La resistència al rodolament, F_{rod}, tangencial al contacte roda–terra, que es transforma en un parell de rodolament, $M_{rod} = 2 \cdot 10(\text{N}) \cdot 0,325(\text{m}) = 6,5$ N·m (se sumen els efectes de les dues rodes), el qual actua a l'eix de la roda, r.

El parell resistent reduït a l'eix de pedals, M_{rP}, del conjunt de forces i parells resistents aplicats sobre el sistema s'expressa per mitjà de:

$$M_{rP} = (F_{aire} + F_{pend}) \cdot i_{BP} + M_{rod} \cdot i_{RP}$$

L'aplicació numèrica mostra que cada un dels termes contribueix de forma diferent al resultat final:

Resistència a l'aire (bicicleta–ciclista)	$F_{aire} \cdot i_{BP} =$	3,635	N·m	27,8 %
Resistència al pendent	$F_{pend} \cdot i_{BP} =$	6,531	N·m	50,0 %
Resistència al rodolament (dues rodes)	$M_{rod} \cdot i_{RP} =$	2,905	N·m	22,2 %
Total bicicleta + ciclista	M_{rP} =	13,071	N·m	100,0 %

4. *Acceleració de la bicicleta*

Aplicant l'equació dinàmica del sistema amb paràmetres reduïts, i traduint-la a l'acceleració del vehicle sobre l'eix b, resulta:

$$\alpha_p = \frac{M_{mR} - M_{rR}}{J_{pR}} = \frac{35 - 13,071}{1,934} = 11,339 \text{ rad/s}^2$$

$$a = \alpha_p \cdot i_{BP} = 11,339 \cdot 0,145 = 1,644 \text{ m/s}^2$$

b) *Frenada de la bicicleta*

Es tracta d'estudiar la força que han d'exercir les mordasses del fre sobre la llanda de la roda del davant per desaccelerar la bicicleta des de 36 km/h fins a l'aturada en una baixada de 8° i amb una distància de 15 m.

En aquest segon cas s'elegeix l'eix lineal, F (moviment relatiu de la llanda respecte les mordasses del fre de la roda del davant), com a eix de reducció. Atès que durant la frenada el moviment dels pedals i de la cadena queda deslligat del moviment del vehicle (gràcies al pinyó lliure), tan sols són d'interès des dues relacions de velocitats següents:

$$i_{RF} = \frac{\omega_R}{v_F} = \frac{\omega_R}{\omega_R \cdot (d_f/2)} = 3{,}448 \text{ m}^{-1}$$

$$i_{BF} = \frac{v_B}{\omega_R} \cdot \frac{\omega_R}{v_F} = \frac{\omega_R \cdot (d_r/2)}{\omega_R} \cdot \frac{\omega_R}{\omega_R \cdot (d_f/2)} = \frac{d_r}{d_f} = 1{,}121 \text{ rad/rad}$$

Massa reduïda al fre, m_{rF}

Es prenen en consideració els moments d'inèrcia de les dues rodes i les masses de la bicicleta i del ciclista, però no els efectes d'inèrcia de la cadena ni de l'eix de pedals (els seus moviments no estan connectats a la roda durant la frenada):

$$m_{rF} = 2 \cdot J_r \cdot i_{RF}^2 + (m_b + m_c) \cdot i_{BF}^2 = 4{,}756 + 15{,}699 + 94{,}196 = 114{,}651 \text{ kg}$$

Parell resistent reduït a l'eix de la roda, M_{rF}

Els sentits positius de les forces corresponen al sentit d'avanç, i se suposa que l'efecte promig de la resistència a l'aire és aproximadament F_{am} =25 N. El valor de la força resistent reduïda a l'eix del fre, M_{rF}, és:

$$F_{rF} = -F_{aire} \cdot i_{BF} + m \cdot g \cdot \sin\beta \cdot i_{BF} - 2 \cdot (F_r \cdot d_r/2) \cdot i_{RF} =$$
$$= -18 \cdot 1{,}121 + 87{,}5 \cdot 9{,}81 \cdot \sin3° \cdot 1{,}121 - 2 \cdot (10 \cdot 0{,}65/2) \cdot 3{,}448 =$$
$$= -20{,}17 + 50{,}35 - 22{,}41 = 7{,}76 \text{ N}$$

Força del fre, F_f

Per calcular la desacceleració de la llanda respecte a les mordasses de fre, es parteix de suposar que el vehicle s'atura amb un moviment uniformement desaccelerat:

$$v = 0 = v_0 + a \cdot t \qquad t = -v_0/a \qquad e = v_0 \cdot t + a \cdot t^2/2$$
$$a = -v_0^2/(2 \cdot e) = -10^2/(2 \cdot 20) = -2{,}5 \text{ m/s}^2 \qquad a_f = a \cdot i_{BF} = -2{,}50 \cdot 1{,}121 = -2{,}80 \text{ m/s}^2$$

Aplicant aquests valors a l'equació dinàmica en l'eix de reducció f i, tenint en compte la força resistent reduïda, F_{rR}, que col·labora a la frenada, s'obté:

$$F_f = -F_{rF} + m_F \cdot a_f = -7{,}76 + 114{,}651 \cdot (-2{,}80) = -328{,}78 \text{ N}$$

Atès que actuen dues sabates que contribueixen a la força de la frenada, la força normal de les sabates del fre contra la llanda ha de ser de:

$$F_{fN} = \frac{F_f}{2 \cdot \mu} = \frac{328{,}78}{2 \cdot 0.35} = 469{,}7 \text{ N}$$

11.5 Aplicació als moviments vibratoris

Simplificació de l'equació del sistema

Paràmetres reduïts constants

Si els paràmetres reduïts del sistema són constants, les derivades de la massa reduïda i de la rigidesa reduïda respecte a la posició del mecanisme són nul·les, l'equació dinàmica en l'eix de reducció adquireix la forma simplificada següent (segons que el moviment de l'eix de reducció sigui lineal o angular), vàlida per a qualsevol posició:

$$F_R = m_R \cdot a_R + C_R \cdot v_R + K_R \cdot (x_R - x_{R0})$$
$$M_S = J_S \cdot \alpha_S + C_{\theta S} \cdot \omega_S + K_{\theta S} \cdot (\theta_S - \theta_{S0})$$

(41)

L'equació té la mateixa forma que la d'un sistema vibratori d'una massa puntual però ara amb els paràmetres reduïts d'un mecanisme més complex d'un grau de llibertat.

Paràmetres reduïts variables

Molts dels sistemes vibratoris d'un grau de llibertat amb paràmetres reduïts no constants realitzen moviments harmònics d'amplitud petita a l'entorn d'una determinada posició d'equilibri. En aquesta circumstància, la velocitat màxima i l'acceleració màxima són proporcionals a l'amplitud màxima, essent les constants de proporcionalitat la freqüència angular d'oscil·lació, o el seu quadrat, respectivament). Alhora els paràmetres reduïts (massa, amortiment viscós i rigidesa) són pràcticament constants en aquest petit interval de la variable.

Malgrat que les derivades de la massa reduïda i de la rigidesa reduïda respecte a la coordenada de l'eix de reducció poden adquirir valors importants, els dos termes darrers de l'equació dinàmica (8), on hi figuren, són proporcionals al quadrat de les velocitats i al quadrat dels desplaçaments del punt de reducció, respectivament, i, per tant, esdevenen menyspreables davant dels restants termes que són proporcionals a l'acceleració, la velocitat o el desplaçament.

Aquestes consideracions permeten la linealització de l'equació de les vibracions harmòniques de petita amplitud d'un mecanisme d'un grau de llibertat que s'expressa amb la mateixa forma simplificada en funció dels paràmetres de l'eix de reducció, ara vàlida tan sols en un entorn de la posició d'equilibri:

Reducció de masses d'elements elàstics

En funció de la distribució de masses i de la deformada, els elements elàstics tenen una energia cinètica associada al seu moviment. En el cas general (especialment quan les freqüències són elevades) aquest moviment pot ser molt complex ja que intervenen els modes propis de vibració de la molla (ones que recorren les molles helicoïdals, harmònics d'ordre superior en làmines elàstiques) però, en la majoria d'aplicacions a les màquines (amb freqüències de vibració baixes respecte a les freqüències pròpies dels elements elàstics), es pot admetre que la deformació dinàmica coincideix sensiblement amb la deformació estàtica.

Partint d'aquesta hipòtesi, en aquells elements elàstics que actuen entre un extrem fix i un altre mòbil, es pot definir una *massa equivalent*, m_E, o un *moment d'inèrcia equivalent*, J_E, (segons que es tracti d'una molla de deformació lineal o angular) que, aplicada al seu extrem mòbil, tinguin la mateixa energia cinètica que el conjunt de la molla. A continuació s'estudien aquestes masses o moments d'inèrcia reduïts per a diverses de les molles d'aplicació més freqüent: *a*) Les molles helicoïdals i les barres de torsió; *b*) Les làmines en voladís a flexió. El mateix mètode és aplicable a qualsevol altre cas.

Molla de deformació proporcional

Es considera que la massa està uniformement distribuïda al llarg de la molla i que les deformacions són proporcionals a la seva longitud (molles helicoïdals, barres de torsió). Suposant una velocitat, v, en el seu extrem mòbil, l'energia cinètica s'obté per integració al llarg de l'element. La massa equivalent, m_E, o moment d'inèrcia equivalent, J_E, són el resultat de dividir aquesta energia cinètica per la velocitat de l'extrem (de fet, l'eix de reducció):

$$E_c = \int_o^l \frac{1}{2} \cdot \left(\frac{m}{l} \cdot dx \right) \cdot \left(\frac{x}{l} \cdot v \right)^2 = \frac{1}{2} \cdot \frac{m}{3} \cdot v^2 \qquad m_E = \frac{E_c}{v^2} = \frac{m}{3}$$

$$E_c = \int_o^l \frac{1}{2} \cdot \left(\frac{J}{l} \cdot dx \right) \cdot \left(\frac{x}{l} \cdot \omega \right)^2 = \frac{1}{2} \cdot \frac{J}{3} \cdot \omega^2 \qquad J_E = \frac{E_c}{\omega^2} = \frac{J}{3}$$

(42)

Molla de làmina en voladís

Es considera que la massa està uniformement distribuïda al llarg de la molla però, les deformacions (laterals en aquest cas) s'expressen per mitjà de les següent fórmula ben coneguda de resistència de materials (les velocitats poden considerar-se proporcionals a les deformades):

$$y = \left(\frac{3}{2} \cdot \left(\frac{x}{l} \right)^2 - \frac{1}{2} \cdot \left(\frac{x}{l} \right)^3 \right) \cdot \delta \qquad v(x) = \left(\frac{3}{2} \cdot \left(\frac{x}{l} \right)^2 - \frac{1}{2} \cdot \left(\frac{x}{l} \right)^3 \right) \cdot v$$

(43)

Calculant l'energia cinètica per mitjà d'integració i, dividint pel quadrat de la velocitat de l'extrem, s'obté la massa equivalent:

$$E_c = \int_o^l \frac{1}{2} \cdot \left(\frac{m}{l} \cdot dx \right) \cdot \left(\frac{3}{2} \cdot \left(\frac{x}{l} \right)^2 - \frac{1}{2} \cdot \left(\frac{x}{l} \right)^3 \cdot v \right)^2 = \frac{1}{2} \cdot \frac{33 \ m}{140} \cdot v^2$$

$$m_E = \frac{E_c}{v^2} = \frac{33 \cdot m}{140} = 0{,}2357 \ m$$

(44)

Exemple 11.2: Dinàmica d'una suspensió

Enunciat

Es parteix d'un esquema simplificat de la geometria i els elements de la suspensió de roda del davant d'un automòbil (vegeu Figura 11.2a), formada per un quadrilàter articulat A_0ABB_0, amb els punt A_0 i B_0 com a fixos. La roda va articulada sobre la biela AB, la molla és una barra de torsió i actua sobre l'eix A_0, mentre que l'amortidor actua sobre el trapezi inferior per mitjà d'una articulació a D.

Les dimensions són donades a la Figura 11.2a, mentre que els valors de la resta de paràmetres són donades a continuació:

$J_{1A} = 0{,}12$ kg·m^2 $\qquad$ $m_2 = 4{,}5$ kg $\qquad$ $m_3 = 8$ kg
$J_{4E} = 0{,}04$ kg·m^2 $\qquad$ $m_5 = 1{,}5$ kg $\qquad$ $m_6 = 2$ kg
$K_\theta = 1080$ N·m/rad $\qquad$ $C = 10000$ N·s/m

Es demana d'avaluar els paràmetres reduïts del sistema en el punt R, segons l'esquema de la Figura 11.2b.

Resposta

1. *Avaluació de paràmetres reduïts*

Per a petits moviments a l'entorn de la posició d'equilibri (com és el cas d'aquesta suspensió), l'equació dinàmica se simplifica (o linealitza) en base als paràmetres reduïts del sistema (punt de reducció R, al centre de la roda) i pren la forma següent:

$$m_R \cdot a_R + C_R \cdot v_R + K_R \cdot (x_R - x_{R0}) = 0$$

El càlcul dels paràmetres reduïts (m_R, C_R i K_R) es basa en les relacions de transmissió entre els diversos eixos amb paràmetres del sistema associats (masses, amortiments i rigideses) i l'eix de reducció. En concret: *eix A*, de moviment angular, associat al moment d'inèrcia J_{1A}, i a la rigidesa angular K_θ; *eix F*, de moviment lineal, associat a la massa m_5 (en aquesta posició no gira), i a l'amortiment lineal C (l'altre extrem és fix); *eix E*, de moviment angular, associat al moment d'inèrcia J_{4E}; *eixos B i D*, de moviment lineal (coincidents amb l'eix de reducció R) associats a les masses m_2, i m_3:

$$i_{AR} = \frac{\omega_1}{v_R} = \frac{v_B / AB}{v_R} = \frac{v_R / AB}{v_R} = \frac{1}{AB} = \frac{1}{0,3} = 3{,}333 \text{ m}^{-1}$$

$$i_{ER} = \frac{\omega_4}{v_R} = \frac{v_D / ED}{v_R} = \frac{v_R / ED}{v_R} = \frac{1}{ED} = \frac{1}{0,2} = 5{,}000 \text{ m}^{-1}$$

$$i_{FR} = \frac{v_F}{v_R} = \frac{v_F}{v_B} \cdot \frac{v_B}{v_R} = \frac{v_F}{v_B} = \frac{0{,}180}{0{,}300} = 0{,}600$$

El resultat del càlcul dels paràmetres reduïts és, doncs:

$$
\begin{aligned}
m_R &= (m_2 + m_3) + J_{1A} \cdot i_{AR}^2 + J_{4E} \cdot i_{ER}^2 + m_5 \cdot i_{FR}^2 = \\
&= (4{,}5 + 8) + 0{,}180 \cdot 3{,}333^2 + 0{,}036 \cdot 5{,}000^2 + 1{,}50 \cdot 0{,}600^2 = \\
&= 12{,}500 + 2{,}000 + 0{,}900 + 0{,}540 = 15{,}940 \text{ kg}
\end{aligned}
$$

$$C_R = C \cdot i_{FR}^2 = 10000 \cdot 0{,}6^2 = 3600 \quad \text{N·m·s/rad}$$

$$K_R = K_\theta \cdot i_{AR}^2 = 1080 \cdot 3{,}333^2 = 12000 \quad \text{N/m}$$

A continuació s'analitzen dos comportaments diferents de la suspensió d'un automòbil que té una massa de $m_v = 1200$ kg i en què les suspensions de les quatre rodes són iguals i responen als paràmetres reduïts calculats anteriorment:

2. Oscil·lació del vehicle sobre un terreny amb ondulació llarga

Un aspecte interessant de la suspensió d'un vehicle és analitzar la seva capacitat per limitar l'amplitud d'oscil·lació del vehicle quan passa per damunt d'un terreny amb una ondulació de gran llargada. Aquest fenomen es dóna quan un vehicle passa sobre un viaducte llarg sostingut per pilars equidistants, on en el centre de cada tram el pis sol ser una mica més baix a causa de la fletxa no del tot compensada.

En aquest cas ¼ de la massa del vehicle és suportada per la suspensió d'una roda i, per simplificar, es considera que el pneumàtic és del tot rígid (rigidesa infinita), amb la qual cosa el moviment de la roda, x_R, coincideix amb el moviment del terra, y. L'equació del moviment del vehicle, x_v, és:

$$(m_v / 4) \cdot a_v + C_R \cdot (v_v - v_t) + K_R \cdot (x_v - x_t) = 0$$

El moviment forçat del terra, x_t, de freqüència ω i amplitud X_t, equival a una força exterior de:

$$x_t = X_t \cdot \cos \omega t$$
$$f = -C_R \cdot \omega \cdot X_t \cdot \sin \omega t + K_R \cdot X_t \cdot \cos \omega t$$

Temptejant una solució del moviment del vehicle del tipus:

$$x_v = X_v \cdot \cos(\omega t + \varphi)$$
$$v_v = -\omega \cdot X_v \cdot \sin(\omega t + \varphi)$$
$$a_v = -\omega^2 \cdot X_v \cdot \cos(\omega t + \varphi)$$

I aplicant aquestes expressions a l'equació del moviment del vehicle, prèvia definició de la freqüència pròpia, ω_{0v}, de l'amortiment crític, c_{0v}, de la freqüència relativa, ρ_v, i de l'amortiment relatiu, ξ_v, s'obté la transmissibilitat, Tr, o relació entre les amplituds dels moviments del vehicle i del terra:

$$\omega_{0v} = \sqrt{\frac{K_R}{m_v/4}} = \sqrt{\frac{12000}{1200/4}} = 6,325 \text{ rad/s} = 1,007 \text{ Hz} \qquad \rho = \frac{\omega}{\omega_{0v}}$$

$$C_{0v} = \sqrt{4 \cdot K_R \cdot \frac{m_v}{4}} = \sqrt{4 \cdot 12000 \cdot \frac{1200}{4}} = 3795 \text{ N·s/m} \qquad \xi = \frac{C_R}{C_{0v}} = \frac{3600}{3795} = 0,948$$

$$Tr = \frac{X_v}{X_t} = \sqrt{\frac{1+(2 \cdot \xi \cdot \rho)^2}{(1-\rho^2)^2 + (2 \cdot \xi \cdot \rho)^2}} = \sqrt{\frac{1+(2 \cdot 0,948 \cdot \rho)^2}{(1-\rho^2)^2 + (2 \cdot 0,948 \cdot \rho)^2}}$$

La freqüència pròpia (o freqüència d'oscil·lació del vehicle quan no actuen els amortidors) que s'ha obtingut, $\omega_{0R} = 1,007$ Hz, és habitual en vehicles comercials ja que es relaciona amb oscil·lacions pròpies de les persones (com ara el pas). La freqüència relativa és variable i depèn de la geometria de l'ondulació del terra i de la velocitat de pas del vehicle.

L'amortiment reduït de la suspensió, $C_R = 3600$ N·s/m, és proper a l'amortiment crític (valor a partir del qual un sistema vibratori lliure, separat de la seva posició d'equilibri, hi retorna asimptòticament sense fer oscil·lacions), $C_{0v} = 3795$ N·s/m (amortiment relatiu $\xi_v = 0,948$) , condició que és habitual en les suspensions d'automòbil.

La Figura 11.4a mostra que, amb els amortidors en bon estat ($\xi_v = 0,948$), la trans-missibilitat màxima és de $Tr = 1,169$ (el vehicle es mou un 16,9% més que el terra), per a una determinada velocitat ($\rho_v = 0,72$; freqüència: $0,72 \cdot 1,007 = 0,725$ Hz). Però, amb els amortidors deteriorats ($\xi_v = 0,250$; $C_{vdet} = \xi_v \cdot C_{0v} = 0,250 \cdot 3795 = 949$ N·s/m), la transmissibilitat màxima creix molt ($Tr = 2,283$; el vehicle es mou més del doble que el terra), a una velocitat més elevada ($\rho_v = 0,95$; freqüència: $0,95 \cdot 1,006 = 0,96$ Hz), i els viatgers perceben unes oscil·lacions molestes que en ocasions poden arribar a fer separar les rodes del terra.

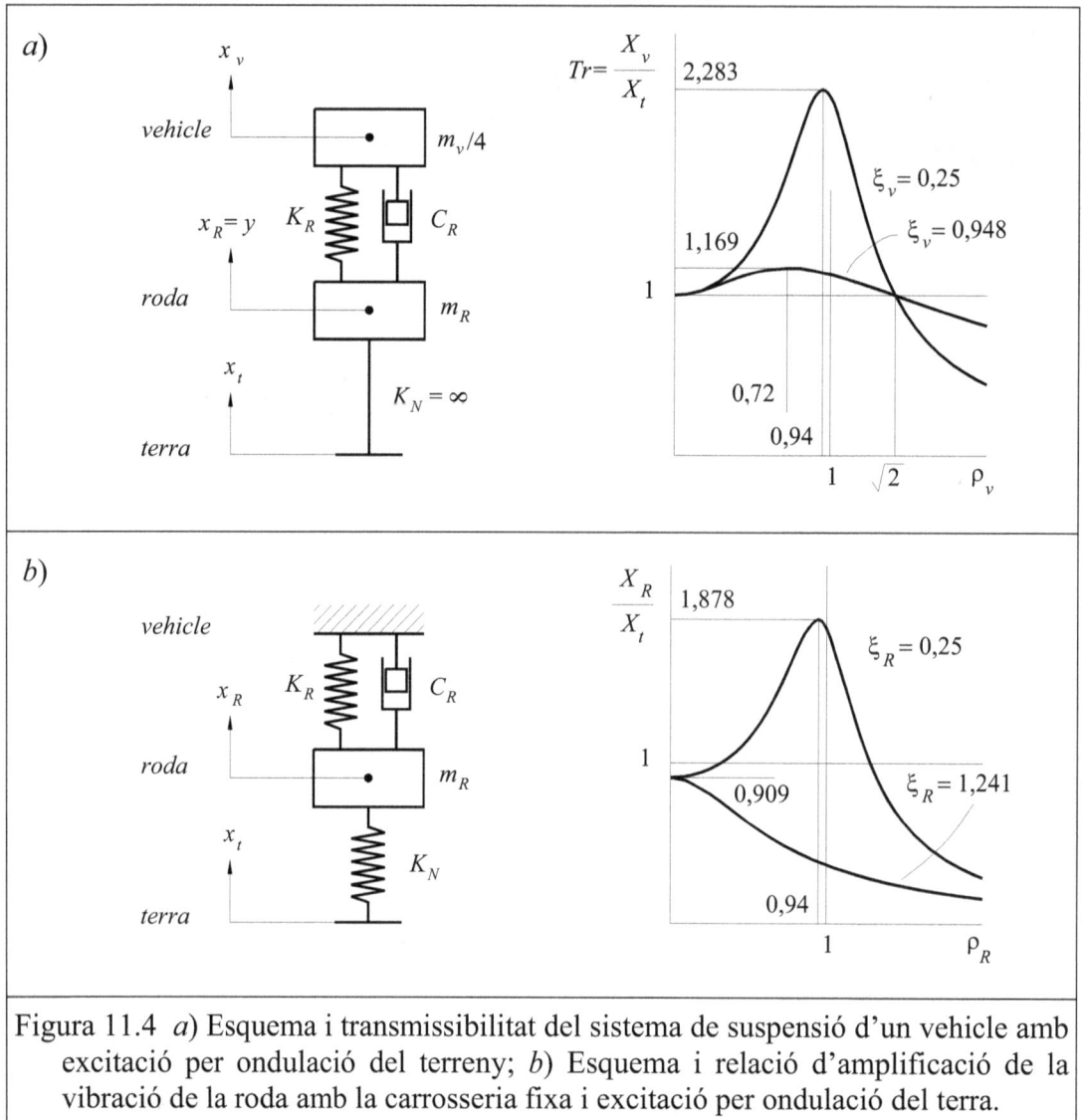

Figura 11.4 *a*) Esquema i transmissibilitat del sistema de suspensió d'un vehicle amb excitació per ondulació del terreny; *b*) Esquema i relació d'amplificació de la vibració de la roda amb la carrosseria fixa i excitació per ondulació del terra.

3. *Vibració de la roda sobre un terreny amb ondulació curta*

Un altre fenomen que es dóna quan el vehicle passa sobre un terreny amb una ondulació curta que indueix una vibració de freqüència elevada a la roda sense que el vehicle pràcticament es mogui (si que en rep la sotragada de la vibració).

Per simplificar l'estudi d'aquest cas se suposa que la carrosseria del vehicle no es mou verticalment i que l'ondulació del terra es transmet a la roda a través del pneumàtic equivalent a una molla de gran rigidesa (K_N =120000 N/m). L'equació del moviment de la roda és:

$$m_R \cdot a_R + C_R \cdot v_R + K_R \cdot x_R + K_N \cdot (x_R - x_t) = 0$$
$$m_R \cdot a_R + C_R \cdot v_R + (K_R + K_N) \cdot x_R = K_N \cdot x_t = f$$

El moviment forçat del terra, x_t, de freqüència ω i amplitud X_t, equival a una força exterior de:

$$x_t = X_t \cdot \cos \omega t$$
$$f = K_N \cdot X_t \cdot \cos \omega t = 0$$

Temptejant una solució del moviment del vehicle del tipus:

$$x_R = X_R \cdot \cos(\omega t + \varphi)$$
$$v_R = -\omega \cdot X_R \cdot \sin(\omega t + \varphi)$$
$$a_R = -\omega^2 \cdot X_R \cdot \cos(\omega t + \varphi)$$

I aplicant aquestes expressions a l'equació del moviment del vehicle, prèvia definició de la freqüència pròpia, ω_{0R}, de l'amortiment crític, c_{0R}, de la freqüència relativa, ρ_R, i de l'amortiment relatiu, ξ_R, s'obté la relació d'amplificació, X_R/X_t (relació entre les amplituds dels moviments de la roda i del terra):

$$\omega_{0R} = \sqrt{\frac{K_N + K_R}{m_R}} = \sqrt{\frac{120000 + 12000}{15,940}} = 91,000 \text{ rad/s} = 14,483 \text{ Hz} \qquad \rho_R = \frac{\omega}{\omega_0}$$

$$C_{0R} = \sqrt{4 \cdot (K_m + K_R) \cdot m_R} = \sqrt{4 \cdot 132000 \cdot 15,940} = 2901 \text{ N·s/m} \qquad \xi_R = \frac{C_R}{C_{0R}} = 1,241$$

$$Tr = \frac{X_v}{X_t} = \frac{K_N}{K_N + K_R} \cdot \frac{1}{\sqrt{(1 - \rho_R^2)^2 + (2 \cdot \xi_R \cdot \rho_R)^2}} = 0,909 \cdot \frac{1}{\sqrt{(1 - \rho_R^2)^2 + (2 \cdot 1,241 \cdot \rho_R)^2}}$$

La freqüència pròpia del moviment de la roda és elevada, $\omega_{0R} = 14,483$ Hz, i l'amortiment reduït de la suspensió, $C_R = 3600$ N·s/m, és superior a l'amortiment crític del sistema, $C_{0R} = 2901$ N·s/m (amortiment relatiu $\xi_R = 1,241$).

La Figura 11.4b mostra que, amb els amortidors en bon estat ($\xi_R = 1,241$), la relació d'amplituds màxima és $X_R/X_t = 0,909$ (la roda es mou menys que el terra), però, amb els amortidors deteriorats ($\xi_R = 0,250$; $C_{Rdet} = \xi_R \cdot C_{0R} = 0,250 \cdot 2901 = 725$ N·s/m), la relació d'amplituds màxima creix fins a $X_R/X_t = 1,878$ (la roda amplifica en un 87,8% el moviment del terra), per a una velocitat de pas que correspon a $\rho_R = 0,95$ (freqüència: $14,483 \cdot 1,007 = 14,584$ Hz). Els viatgers perceben una forta vibració com si rebotés la roda entre el terra i la carrosseria la qual, en determinades ocasions, pot fer perdre l'adherència entre la roda i el terra.

Exemple 11.3: Vibracions en dues alternatives de muntacàrregues

Enunciat

La Figura 11.5 mostra dues alternatives de muntacàrregues, una de construcció més senzilla amb el cable directament enrotllat en el tambor 2 (Figura 11.5*a*) i, una altra, de solució constructiva més complexa amb un contrapès (Figura 11.5*b*), malgrat que té consums energètics més baixos.

Considerant la flexibilitat dels següents elements que intervenen en la cadena cinemàtica: *a*) Rigidesa angular del tambor 2; *b*) Rigidesa lineal del cable, funció de la longitud *XY* de cada tram; *c*) Rigidesa lineal en sentit vertical del suport *C* de l'extrem de la biga on es recolza la politja de reenviament 3; es demana:

1. Quines de les dues disposicions mostrades a la Figura 11.5 poden ser modelitzades com a sistemes d'un grau de llibertat
2. En cas que una o les dues ho siguin, calculeu la freqüència pròpia d'oscil·lació.

Dades: *Dimensions*: $BC = 300$ mm, $BD = 720$ mm, $NO = 600$ mm, $PQ = 4000$ mm; $LM = 5000$ mm; $d_2 = d_3 = 320$ mm; *Masses i moments d'inèrcia*: $m_1 = 350$ kg, $J_{A2} = 0{,}220$ kg·m^2, $J_{B3} = 0{,}110$ kg·m^2, $m_4 = 4{,}3$ kg, $J_{C4} = 0{,}055$ kg·m^2, $m_5 = 300$ kg (no es considera la massa del cable); *Rigideses*: $K_{\theta A} = 0{,}08 \cdot 10^6$ N·m/rad, $K_{XY} = 6 \cdot 10^6 / XY$ N/m (XY en m); $K_D = 10^6$ N/m.

Resposta

1. *Possible modelització com a sistemes d'un grau de llibertat*

    Muntacàrregues sense contrapès
    Com es veurà més endavant, la importància dels moments d'inèrcia del tambor 2 i de la politja 3 és petita davant de la massa del muntacàrregues 4; per tant, la disposició sense el contrapès pot ser modelitzada com un sistema d'un grau de llibertat fet que facilita el càlcul de la primera freqüència pròpia d'oscil·lació (les altres són molt més elevades). En la part inferior de la Figura 11.5*a* hi ha una modelització d'aquest sistema.

    Muntacàrregues amb contrapès
    En aquesta segona disposició, les masses de la cabina del muntacàrregues i del seu contrapès tenen una incidència equiparable, per la qual cosa cal establir un model de més d'un grau de llibertat (com a mínim dos graus de llibertat si no es consideren la influència dels moments d'inèrcia i masses del tambor 2, del suport 4 i de la politja de reenviament 5; en la part inferior de la Figura 11.5*b* hi ha la modelització seguint aquest darrer criteri).

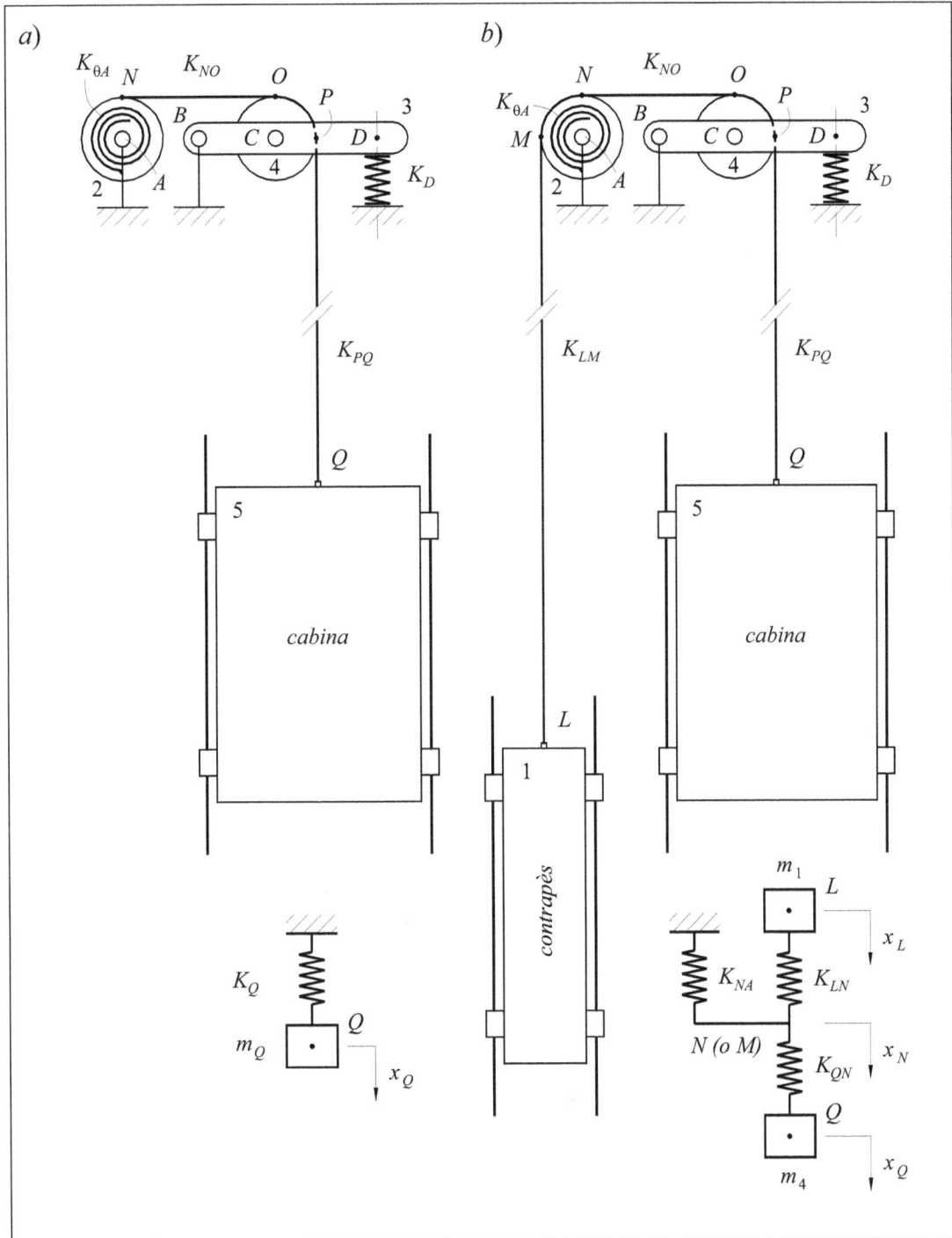

Figura 11.5 Sistema de muntacàrregues: *a*) Sense contrapès; *b*) Amb contrapès. En la part inferior de les figures hi ha els corresponents esquemes dinàmics.

2. *Càlcul de la freqüència pròpia del muntacàrregues sense contrapès*

Càlcul de la rigidesa reduïda

Hi ha 4 eixos amb elements de rigidesa finita associada que actuen en sèrie, ja que els seus efectes de deformació en el punt de reducció Q se sumen, i que són: l'eix angular A, amb la rigidesa angular associada, $K_{\theta A}$; l'eix lineal O, amb la rigidesa lineal associada, K_{ON}; l'eix lineal D, amb la rigidesa lineal K_D; i, l'eix lineal Q, amb la rigidesa lineal associada K_{QP}.

Les relacions cinemàtiques parcials entre els eixos associats a aquestes rigideses finites i l'eix de reducció són:

$$i_{aQ} = \frac{\theta_a}{\delta_{Q(a)}} = \frac{\theta_a}{\delta_n} \cdot \frac{\delta_n}{\delta_q} = \frac{\theta_a}{\theta_a \cdot (d_2/2)} \cdot \frac{\delta_n}{\delta_q} = \frac{1}{(0,320/2)} \cdot 1 = 6,250 \ \text{(rad/m)}$$

$$i_{oQ} = \frac{\delta_{on}}{\delta_{Q(o)}} = 1 \ (-)$$

$$i_{dQ} = \frac{\delta_d}{\delta_{Q(d)}} = \frac{\delta_d}{\delta_c} \cdot \frac{\delta_c}{\delta_p} \cdot \frac{\delta_p}{\delta_q} = \frac{BD}{BC} \cdot 1 \cdot 1 = \frac{720}{300} = 2,4 \ (-)$$

$$i_{qQ} = \frac{\delta_{qp}}{\delta_{Q(q)}} = 1 \ (-)$$

La deformació que experimenta el punt de reducció és la suma de les influències de cada una de les deformacions anteriors:

$$\delta_Q = \sum_i \delta_{Q(i)} = \sum_i \frac{m_4 \cdot g}{K_i \cdot i_{iq}^2} = m_4 \cdot g \cdot \sum_i \frac{1}{K_i \cdot i_{iq}^2}$$

Atès que la rigidesa total és $K_Q = m_4 \cdot g / \delta_Q$, l'anterior equació es transforma en:

$$\frac{1}{K_Q} = \frac{1}{K_{\theta A} \cdot i_{aq}^2} + \frac{1}{K_{ON} \cdot i_{oq}^2} + \frac{1}{K_D \cdot i_{dq}^2} + \frac{1}{K_{PQ} \cdot i_{qq}^2} =$$

$$= \frac{1}{(0,08 \cdot 10^6) \cdot 6,250^2} + \frac{1}{(6 \cdot 10^6 / 0,6) \cdot 1^2} + \frac{1}{(10^6) \cdot 2,4^2} + \frac{1}{(6 \cdot 10^6 / 4) \cdot 1^2} =$$

$$= \frac{1}{3,125 \cdot 10^6} + \frac{1}{10 \cdot 10^6} + \frac{1}{5,76 \cdot 10^6} + \frac{1}{1,5 \cdot 10^6} = \frac{1}{0,793 \cdot 10^6} \ \text{(N/m)}$$

Per tant, la rigidesa reduïda al punt Q és $K_Q = 0,793 \cdot 10^6$ N/m i el seu valor és influït de forma preponderant per la deformació del cable en el tram PQ.

Càlcul de la massa reduïda

En el sistema hi ha una massa preponderant, que és la de la cabina del muntacàr-regues, m_5, la qual influeix de forma determinant en la primera freqüència d'oscil·lació. Tanmateix, hi ha quatre altres masses o moments d'inèrcia que es mouen durant la vibració i que, per tant, contribueixen a augmentar la massa associada a l'eix de reducció. Aquestes són: moment d'inèrcia del tambor 2 (eix angular A), moment d'inèrcia del suport 3 (eix angular B), massa (eix lineal C) i moment d'inèrcia (eix angular C) de la politja de reenviament 3.

En el càlcul de les diferents masses del sistema reduïdes a Q intervenen les relacions cinemàtiques (no parcials, sinó totals) entre cada un dels eixos citats anteriorment i l'eix de reducció. La deformació angular de l'eix A només és influïda per la rigidesa angular d'aquest mateix eix, $K_{\theta A}$; La deformació angular de l'eix B i la deformació lineal de l'eix C només depenen de la rigidesa lineal K_D; La deformació angular de l'eix C depèn de la rigidesa angular de l'eix A, $K_{\theta A}$, i de la rigidesa lineal del tram de cable NO, K_{NO}; Finalment, la deformació lineal de l'eix de reducció depèn de les quatre rigideses del sistema:

$$\theta_A = \frac{(m\cdot g)/i_{aQ}}{K_{\theta A}} = \frac{(300\cdot 9{,}81)/6{,}25}{0{,}08\cdot 10^6} = 0{,}005886 \ (\text{rad})$$

$$\theta_B = \frac{(m\cdot g)/i_{dQ}}{K_D}\cdot \frac{1}{BD} = \frac{(300\cdot 9{,}81)/6{,}25}{10^6}\cdot \frac{1}{0{,}720} = 0{,}001703 \ (\text{rad})$$

$$\delta_C = \frac{(m\cdot g)/i_{dQ}}{K_D}\cdot \frac{BC}{BD} = \frac{(300\cdot 9{,}81)/6{,}25}{10^6}\cdot \frac{0{,}300}{0{,}720} = 0{,}000511 \ (\text{m})$$

$$\theta_C = \theta_A + \frac{(m\cdot g)/i_{oQ}}{K_{NO}}\cdot \frac{2}{d_4} = 0{,}005886 + \frac{(300\cdot 9{,}81)/1}{(6\cdot 10^6/0{,}6)}\cdot \frac{2}{0{,}320} = 0{,}007725 \ (\text{rad})$$

$$\delta_Q = \delta_C + \theta_C\cdot \frac{d_4}{2} + \frac{(m\cdot g)/i_{qQ}}{K_{PQ}} =$$

$$= 0{,}000511 + 0{,}005886\cdot \frac{0{,}320}{2} + \frac{(300\cdot 9{,}81)/1}{(6\cdot 10^6/4)} = 0{,}003415 \ (\text{m})$$

A partir de les anteriors deformacions es poden obtenir les relacions cinemàtiques següents:

$$i_{AQ} = \frac{\theta_A}{\delta_Q} = \frac{0{,}001962}{0{,}002774} = 1{,}724 \ (\text{rad/m})$$

$$i_{BQ} = \frac{\theta_B}{\delta_Q} = \frac{0{,}000681}{0{,}002774} = 0{,}499 \ (\text{rad/m})$$

$$i_{C(l)Q} = \frac{\delta_C}{\delta_Q} = \frac{0,000204}{0,002774} = 0,150 \quad (-)$$

$$i_{C(a)Q} = \frac{\theta_C}{\delta_Q} = \frac{0,003801}{0,002774} = 2,262 \quad (rad/m)$$

A partir de les quals es pot calcular la massa reduïda al punt Q:

$$m_Q = J_{A2} \cdot i_{AQ}^2 + J_{B3} \cdot i_{BQ}^2 + m_4 \cdot i_{C(l)Q}^2 + J_{C4} \cdot i_{C(a)Q}^2 + m_5 =$$
$$= 0,220 \cdot 1,724^2 + 0,110 \cdot 0,499^2 + 4,3 \cdot 0,150^2 + 0,055 \cdot 2,262^2 + 300,000 =$$
$$= 0,654 + 0,027 + 0,097 + 0,281 + 300,00 = 301,059 \ kg$$

Com es pot comprovar, pràcticament l'única massa que influeix en el sistema és la de la cabina (en altres casos, com ara en estructures de robots, la influència de les restants masses pot ser més important, tot i que no determinant).

Càlcul de la freqüència pròpia d'oscil·lació

Després de calcular la rigidesa reduïda i la massa reduïda a l'eix Q, el càlcul de la freqüència pròpia d'oscil·lació de l'ascensor és el següent:

$$\omega_0 = \sqrt{\frac{K_Q}{m_Q}} = \sqrt{\frac{0,793 \cdot 10^6}{301,059}} = 51,323 \ rad/s = 8,168 \ Hz$$

El resultat del càlcul varia segons la posició de l'ascensor, ja que la rigidesa del cable varia amb la llargada de la part desplegada.

Observacions

En general, en el procés de reducció de paràmetres, cal tenir en compte les diferents rigideses del sistema, ja que les seves influències en el punt de reducció solen ser del mateix ordre.

Per contra, en la reducció de masses, sols és vàlida quan l'efecte d'una de elles és preponderant, la influència en el punt de reducció de la resta de masses i moments d'inèrcia sol ser molt petita, alhora que la seva avaluació és molt més laboriosa. Per tant, un càlcul de la freqüència pròpia amb la massa preponderant pot donar un primer valor aproximat, sabent que el resultat real sempre és inferior.

12. Volants d'inèrcia i màquines cícliques

12.1 Efectes dels volants d'inèrcia

La inèrcia, indissolublement lligada a la massa dels membres de les màquines, no pot ser inferior a certs valors. Tanmateix, en determinades aplicacions, calen masses addicionals al sistema, ja sigui en forma de volant d'inèrcia en un eix de moviment angular (el més freqüent) o d'una massa d'inèrcia en un moviment lineal (més rarament) per a millorar-ne determinats efectes.

Alguns dels efectes de la inèrcia són desitjats (acumulació d'energia, regularització del moviment, filtre de sotragades) i requereixen càlculs per a l'avaluació dels moments d'inèrcia (o masses d'inèrcia) necessaris mentre que, altres efectes (dels quals no es pot prescindir) representen inconvenients (alentiment de moviments, pèrdua d'energia en engegades i aturades) i també cal avaluar-los per limitar-ne les seves conseqüències.

En moltes aplicacions cal establir un compromís entre els efectes beneficiosos i els efectes perjudicials d'unes mateixes masses (per exemple, entre el volant necessari per regular el moviment d'un sistema i la limitació de la inèrcia en les engegades i aturades) i, per tant, l'avaluació i la distribució de les masses esdevenen elements essencials del dis-seny. En altres aplicacions, cal establir un compromís entre la inèrcia i el pes dels elements que la originen (per exemple, en volants d'inèrcia d'acumulació d'energia).

A continuació, s'analitzen de forma aïllada cada un dels principals efectes dels volants d'inèrcia en el moviment angular (o de les masses d'inèrcia en el moviment lineal) per, més endavant, fer una valoració ponderada de conjunt.

Efectes principals dels volants d'inèrcia:

a) *Mantenir un nivell mitjà elevat d'energia en el sistema*

En sistemes mecànics i màquines on es donen variacions importants d'energia durant el seu funcionament, és important l'existència d'una reserva d'energia com ara l'energia cinètica dels volants d'inèrcia. L'energia cinètica d'un sistema mecànic amb moviment angular depèn del moment d'inèrcia i del conjunt (i en especial del volant d'inèrcia) i la velocitat angular. Cal assenyalar que la influència del segon factor és quadràtica mentre que la del primer és lineal.

Exemple: a) En una premsa de volant (Problema resolt 10), el tall de la xapa absorbeix una gran quantitat d'energia en una petita fracció del cicle de la màquina; el volant d'inèrcia proporciona una reserva important d'energia que evita que la màquina s'aturi (o es clavi) a mig realitzar el tall; b) El *yo-yo* puja després de baixar gràcies a l'energia que ha acumulat el propi *yo-yo* que és un volant d'inèrcia.

b) *Disminuir el grau d'irregularitat del moviment del sistema*

Moltes màquines cícliques requereixen funcionar amb un moviment suficientment regular, on la limitació de les variacions de velocitat s'estableixen a través del *grau d'irregularitat*, quocient entre la diferència de velocitats màxima i mínima i la seva semisuma ($\delta = 2 \cdot (\omega_{màx} - \omega_{min}) / (\omega_{màx} + \omega_{min})$). En aquests casos, l'addició d'un volant d'inèrcia disminueix la variació de velocitats al llarg d'un cicle de la màquina.

Els objectius de disminuir el grau d'irregularitat d'un sistema i de mantenir un nivell elevat d'energia van associats però, de fet, el primer sol ser més restrictiu que el segon (per exemple, un grau d'irregularitat inusualment elevat, com ara $\delta = 0,2$, assegura una energia mínima del 67% de la màxima en un sistema de moment d'inèrcia constant). Moltes aplicacions, sense requerir una energia mínima, tenen importants exigències en la limitació del grau d'irregularitat.

Exemples: a) Per mantenir la tensió elèctrica el més constant possible convé que el sistema motor–generador d'un grup electrogen tingui unes fluctuacions de velocitat molt baixes; b) Els motors elèctrics asíncrons funcionen correctament en un règim de velocitats relativament estret i, per tant, convé que els sistemes que accionen no sobrepassin aquests límits (en els exemples que es presenten en aquest Capítol s'ha suposat que el parell dels motors elèctrics és constant, fet relativament cert mentre el grau de irregularitat és molt petit); c) Durant la marxa d'un vehicle, la seva massa fa l'efecte d'un gran volant d'inèrcia del sistema mentre que, quan el motor està desconnectat del vehicle, tan resta sols el volant de la transmissió (Problema resolt 10); c) Alguns aparells de mesura o d'observació requereixen una velocitat extraordinàriament uniforme que pot obtenir-se per mitjà d'un volant d'inèrcia.

c) *Limitar les forces màximes transmeses per determinats membres de les màquines*

Les màquines i sistemes mecànics amb fortes irregularitats de les forces motores o receptores solen sotmetre determinats membres de transmissió (engranatges, eixos estriats, coixinets, rodaments) a sol·licitacions màximes molt elevades. La interposició d'un volant d'inèrcia (o d'una massa d'inèrcia) entre la font d'irregularitats (motor o receptor) i un dels membres citats produeix una regularització de les forces transmeses que esdevenen més uniformes (efecte de *filtre de sotragades*) amb sol·licitacions màximes menors.

Exemples: *a*) El volant d'inèrcia situat just després del motor d'explosió d'un automòbil (font d'irregularitats) protegeix els engranatges del canvi de les puntes de parell de les explosions; *b*) La col·locació d'una contramassa darrera de la fusta per clavar un clau (Exemple 12.5), busca l'efecte contrari, o sigui la transmissió de la força màxima entre el clau i la fusta.

d) *Disminuir les acceleracions i les desacceleracions*

Els volants d'inèrcia (i les masses d'inèrcia), en col·laboració amb la massa general del sistema, té com un dels efectes més destacats el disminuir les acceleracions i les desacceleracions dels sistemes on intervenen.

Aquest aspecte és especialment sensible en les operacions d'engegada i d'aturada de les màquines. En moltes aplicacions, aquest és un aspecte negatiu que allarga els temps de les maniobres i obliga als motors a funcionar en règims transitoris no òptims però, en altres aplicacions, pot esdevenir una manera senzilla d'aconseguir una limitació de les acceleracions.

Exemples: *a*) La robòtica té una especial cura d'evitar elements que augmentin la inèrcia del sistema (motors i reductors de baixa inèrcia; frens optimitzats), ja que es busquen les màximes acceleracions i desacceleracions per a moure ràpidament la pinça o l'eina entre dues posicions donades; *b*) En determinats muntacàrregues, pot ser convenient de situar un petit volant d'inèrcia a l'eix motor per evitar accelera-cions massa brusques; *c*) En determinats mecanismes cal trobar un compromís entre el grau d'equilibrament que s'aconsegueix amb masses addicionals equilibradores i l'augment de la inèrcia que provoquen.

e) *Modificar les freqüències de ressonància de les vibracions torsionals i les velocitats crítiques*

L'augment del moment d'inèrcia associat als diferents eixos de les màquines, pot donar lloc a una disminució de les freqüències pròpies de les vibracions torsionals i presentar determinades limitacions d'utilització quan les rigideses torsionals de certs membres són relativament baixes.

Indirectament, l'augment de les masses associades a volants d'inèrcia disminueixen els valors de les velocitats crítiques (vegeu Secció 9.3) que també poden repercutir en importants limitacions en el rang de velocitats d'utilització de les màquines.

Exemples: *a*) L'excitació de les explosions d'un motor de combustió interna, combinat amb les diferents masses associades als diferents plans del cigonyal (part corresponent de biela, contrapesos) i les elevades velocitats de funcionament poden originar vibracions torsionals en un motor no concebut correctament; *b*) El moment d'inèrcia d'una mola de rectificadora uniformitza el moviment però alhora la seva massa repercuteix en una disminució de la primera velocitat crítica, limitació que cal resoldre per mitjà de rigiditzar suficientment l'arbre.

f) Efectes giroscòpics

Aquests efectes van associats als canvis de direcció del moment cinètic d'arbres amb un moments d'inèrcia significatius (Secció 9.2). En algunes aplicacions, els efectes giroscòpics tenen efectes útils (navegació inercial, estabilitzadors de balanceig per a bucs) mentre que, en altres aplicacions, poden introduir efectes inercials i reaccions no desitjades (volants damunt de vehicles).

Exemples: *a*) Aparells per a la navegació inercial on un petit rotor amb un volant d'inèrcia que gira a elevada velocitat muntat sobre una suspensió Cardan assenyala constantment una mateixa direcció que és usada com a referència de l'aparell; *b*) La inclinació en els vehicles de dues rodes col·labora, a través dels efectes giroscòpics sobre les rodes, a traçar les corbes; *c*) Després de llançar un *discòbol* a l'aire, la seva recuperació és molt més simple pel fet que manté paral·lela la direcció del seu eix, de manera anàloga als rotors dels aparells inercials.

En l'estudi i dissenys de volants i masses d'inèrcia de les màquines i sistemes mecànics hi ha dos factors d'enorme importància que cal no oblidar en cap moment: 1) La relació entre les masses, moment d'inèrcia i les formes geomètriques que les materialitzen, així com els pesos associats; 2) La situació de les masses i moments d'inèrcia en les cadenes cinemàtiques de les màquines.

Masses, moments d'inèrcia; formes geomètriques i volums; pesos

Sovint molts projectes de màquines troben dificultats importants en el moment de materialitzar les formes, dimensions i materials de les masses i moments d'inèrcia.

En general, hi ha una bona percepció entre masses i pesos associats, per un costat, i les formes geomètriques i volums dels cossos, per l'altra; però, hi ha una percepció molt menys clara de la relació entre les formes geomètriques i els volums i els moments d'inèrcia associats.

Un moment d'inèrcia de 1 kg·m^2 és un valor relativament gran i s'associa a un volum de material bastant més gran que la massa de 1 kg. Per exemple, una massa d'acer (densitat 7800 kg/m^3) cilíndrica d'igual diàmetre que altura (d=h=54,6519 mm) té un moment d'inèrcia respecte a l'eix del cilindre de 0,001493 kg·m^2.

Situació de les masses i moments d'inèrcia en la cadena cinemàtica de la màquina

La situació dels volants i masses d'inèrcia en la cadena cinemàtica té una gran importància en dos aspectes fonamentals del disseny d'una màquina: *a*) La velocitat de l'eix sobre el qual se situen en determina la dimensió; *b*) Els volants i masses d'inèrcia fan de filtre de sotragades o d'irregularitats de parells i forces entre els membres de la cadena cinemàtica que separen i, per tant, en determinen les sol·licitacions màximes a què estan sotmesos.

12.2 Màquines cícliques i grau d'irregularitat

Una de les aplicacions més freqüents dels volants d'inèrcia és la limitació del *grau d'irregularitat* de les *màquines cícliques* durant el *règim permanent*. En les planes que venen a continuació es precisen diversos conceptes relacionats amb aquest tema, alhora que s'estudien dos casos límits simples per, més endavant en la Secció 12.3, estudiar el càlcul exacte del volant d'inèrcia en relació al grau d'irregularitat.

Conceptes i definicions

Màquines cícliques i eix principal

Una màquina és cíclica quan repeteix periòdicament una seqüència de moviments i forces en un temps relativament breu anomenat *cicle*. De vegades tan sols una part de la màquina és cíclica. Per exemple, en un automòbil el motor és una màquina cíclica (cada dues voltes, en el motor de 4 temps), mentre que el conjunt de l'automòbil no ho és (cada nou trajecte en principi és diferent).

En una màquina cíclica es defineix com a *eix principal* (se sol denominar amb el subíndex P) aquell eix real o virtual que realitza un una volta per a cada cicle. En un motor de 2 temps, l'eix principal és directament l'eix del motor, mentre que en un motor de 4 temps, l'eix principal és un eix que gira a velocitat meitat de l'eix del motor (per exemple, l'arbre de lleves, que porta el control del moviment de les vàlvules relacionat amb el cicle). Quan l'eix principal és un eix material, és freqüent de reduir-hi els paràmetres de la màquina o sistema mecànic, tot i que l'anàlisi sobre paràmetres reduïts a qualsevol altre eix condueix als mateixos resultats.

Parell motor, receptor (o força motora, receptora) reduïts

S'anomenen *parells motors* (o *forces motores*) aquells parells (o forces) exteriors que tenen el mateix sentit que el moviment del membre de la màquina sobre el qual actuen (per tant, realitzen un treball o una potència positiva) mentre que, s'anomenen *parells receptors* (o *forces receptores*) aquells parells (o forces) exteriors que tenen sentit contrari al del moviment del membre sobre el qual actuen (i, per tant, realitzen un treball o una potència negativa).

En les màquines cícliques, els parells (o les forces) exteriors evolucionen amb la posició angular de l'eix principal de manera que es pot donar el cas que un mateix parell o força té el mateix sentit que el moviment per a certes posicions de l'eix principal P mentre que, per a altres posicions, té el sentit contrari.

S'anomena *motor* aquella part d'una màquina o sistema mecànic que proporciona una energia total positiva al llarg d'un cicle complet, malgrat que el parell motor (o la força motora) reduïts a l'eix principals P puguin tenir valors negatius en determinades parts del cicle. De forma anàloga, s'anomena *receptor* aquella part d'una màquina o sistema mecànic que proporciona una energia total negativa al llarg d'un cicle complet, malgrat que el parell receptor (o la força receptora) reduïts a l'eix principal P puguin tenir valors positius en determinades parts del cicle.

Per analitzar el funcionament d'una màquina cíclica convé d'estudiar per separat l'evolució de les forces motores i de les forces receptores al llarg d'un cicle.

Variacions cícliques de l'energia

En general l'evolució del parell motor (o la força motora) al llarg del cicle és diferent a l'evolució del parell receptor (o la força receptora), de manera que l'energia del sistema augmenta quan el primer és més gran que el segon o disminueix quan el segon que és més gran que el primer.

Les variacions de l'energia al llarg del cicle, es transformen en variacions de la velocitat del sistema (tenint en compte, en el cas més general, les variacions del moment d'inèrcia, o de la massa d'inèrcia, reduïdes a l'eix principal P). La variació màxima d'energia durant un cicle (ΔE_A, diferència entre l'energia màxima i l'energia mínima) es relaciona amb el grau d'irregularitat.

Règim permanent i règim transitori

Com s'ha vist, la velocitat de l'eix principal d'inèrcia d'una màquina o sistema mecànic va variant constantment a causa de les variacions d'energia del sistema i de les variacions del moment d'inèrcia (o de la massa d'inèrcia) reduïts dels seus membres.

Quan en una màquina l'energia total proporcionada pel motor al llarg d'un cicle és igual a l'energia total absorbida pel receptor en aquest mateix temps, després de cada cicle, la màquina es troba en el mateix punt en què havia començat i la velocitat mitjana no varia. Aleshores es diu que funciona en *règim permanent*.

Quan l'energia proporcionada pel motor al llarg d'un cicle és superior a l'energia absorbida pel receptor, la màquina es troba en un *règim transitori d'acceleració* en què cada nou cicle comença a una velocitat superior que l'anterior, mentre que quan l'energia proporcionada pel motor és inferior a l'absorbida pel receptor, la màquina es troba en un *règim transitori de desacceleració*.

Grau d'irregularitat

Com ja s'ha definit anteriorment, el grau d'irregularitat d'un sistema, δ, es defineix com el quocient entre les velocitats màxima i mínima al llarg d'un cicle i la seva semisuma (si el grau d'irregularitat és molt gran, el valor de la velocitat semisuma s'aproxima molt al valor de la velocitat mitjana durant el cicle):

$$\delta = \frac{\omega_{P\text{màx}} - \omega_{P\text{mín}}}{\omega_{Pm}} = 2 \cdot \frac{\omega_{P\text{màx}} - \omega_{P\text{mín}}}{\omega_{P\text{màx}} + \omega_{P\text{mín}}} \qquad \omega_{Pm} = \frac{\omega_{P\text{màx}} + \omega_{P\text{mín}}}{2} \qquad (1)$$

Cal assenyalar que, per a una mateixa variació d'energia del sistema al llarg del cicle, el grau d'irregularitat disminueix en augmentar la velocitat promig, ω_m.

La bibliografia tècnica sobre càlcul de volants proporciona unes recomanacions sobre el grau d'irregularitat a què és convenient que funcionin determinants tipus de màquines.

Taula 12.1

Tipus de màquines	δ
Bombes	$0{,}050 \div 0{,}200$
Maquinària agrícola, d'obres públiques	$0{,}050 \div 0{,}100$
Màquines–eina	$0{,}020 \div 0{,}050$
Maquinària tèxtil (filadores i telers)	$0{,}020 \div 0{,}050$
motors marins	$0{,}010 \div 0{,}050$
Motors de combustió interna, compressors	$0{,}006 \div 0{,}012$
Generadors elèctrics de corrent continu	$0{,}005 \div 0{,}010$
Generadors elèctrics de corrent altern	$0{,}003 \div 0{,}005$

Paràmetres que intervenen en el càlcul dels volants d'inèrcia

A continuació es descriuen els principals paràmetres que intervenen en l'estudi i càlcul dels volants d'inèrcia (o masses d'inèrcia) de les màquines cícliques durant el règim permanent (s'han definit paràmetre relacionats amb el moviment angular ja que l'eix principal, P, es defineix com a angular):

θ_P = Posició angular de l'eix principal P

ω_P = Velocitat angular de l'eix principal P, funció de θ_P

$\omega_{P\text{màx}}$, $\omega_{P\text{mín}}$ = Velocitats màxima i mínima de angular de l'eix principal P

ω_{Pm} = $(\omega_{P\text{màx}} + \omega_{P\text{mín}})/2$ = Velocitat semisuma de l'eix principal P (aproximadament igual a la velocitat mitjana)

J_{mP} = Moment d'inèrcia motor reduït a l'eix principal P, funció de θ_P

J_{rP} = Moment d'inèrcia receptor reduïts a l'eix principal P, funció de θ_P

J_P = Moment d'inèrcia propi (motor + receptor), reduït a l'eix principal P, funció de θ_P

M_{mP} = Parell motor reduït a l'eix principal P, funció de θ_P

M_{rP} = Parell receptor reduït a l'eix principal P, funció de θ_P

M_{mP} = Parell motor propi (motor + reductor), reduït a l'eix principal P, funció de θ_P

J_{vP} = Moment d'inèrcia del volant reduït a l'eix principal P

J_{PT} = $J_P + J_{vP}$ = Moment d'inèrcia total (motor, receptor i volant d'inèrcia) reduït a l'eix principal P, funció de θ_P

J_{vV} = $J_{vP} \cdot i_{PV}^2$ = Moment d'inèrcia del volant reduït a l'eix del volant V

i_{PV} = ω_P / ω_V = Relació de velocitats entre l'eix principal, P, i l'eix del volant, V

Casos simples de càlcul del volant d'inèrcia

a) *Sistema sense variació d'energia al llarg del cicle, amb moment d'inèrcia reduït no constant*

Si el *parell motor reduït* i *parell receptor reduït* a l'eix principal, P, d'una màquina cíclica són o bé nuls, o bé constants per a tota posició de l'eix principal i iguals entre ells, aleshores el sistema no experimenta variacions d'energia durant el cicle. Però, en el cas més general, el moment d'inèrcia propi de la màquina pot tenir un valor variable entre dos valors extrems (tots dos positius).

Atès que, sense variacions d'energia aportades per forces exteriors, el valor de l'energia cinètica del sistema és constant, en aquest cas la velocitat de l'eix principal P (i, amb ell, tota la cadena cinemàtica) experimenta una oscil·lació necessària per a compensar les variacions del moment d'inèrcia reduït.

A partir d'igualar l'energia cinètica del sistema en les posicions de l'eix principal P en què el de moment d'inèrcia és mínim, $J_{Pmín}$ (i, la velocitat angular màxima) i l'energia cinètica en les posicions en què el moment d'inèrcia és màxim, $J_{Pmàx}$ (i la velocitat angular mínima), s'obté la relació següent:

$$E_c = \frac{1}{2} \cdot J_{màx} \cdot \omega_{mín}^2 = \frac{1}{2} \cdot J_{mín} \cdot \omega_{màx}^2 \qquad\qquad \frac{\omega_{màx}}{\omega_{mín}} = \sqrt{\frac{J_{màx}}{J_{mín}}} \qquad\qquad (2)$$

El problema consisteix en avaluar el moment d'inèrcia d'un volant addicional, J_{vP}, que, situat a l'arbre principal, P, limiti el *grau d'irregularitat* del moviment en un valor prefixat δ. Tenint present la definició del grau d'irregularitat (Equació 1) i que els moments d'inèrcia màxims i mínims del conjunt són $J_{màx}=J_{Pmàx}+J_{vP}$ i $J_{min}=J_{Pmín}+J_{vP}$, s'obté la següent expressió per al moment d'inèrcia del volant a l'eix principal P:

$$J_{vP} = \frac{(2-\delta)^2}{8\cdot\delta}\cdot J_{Pmàx} - \frac{(2+\delta)^2}{8\cdot\delta}\cdot J_{Pmín} \tag{3}$$

Si es desitja col·locar el volant d'inèrcia en un altre arbre que el principal (arbre V), el seu moment d'inèrcia vindrà afectat pel quadrat de la relació de transmissió entre aquests dos arbres, i_{PV}, segons l'expressió

$$J_{vV} = \frac{J_{vP}}{i_{VP}^2} \tag{4}$$

És interessant de constatar que, en un sistema sense variació d'energia durant el cicle, el grau d'irregularitat no depèn de la velocitat a què funciona la màquina sinó tan sols dels seus valors dels moments d'inèrcia reduïts màxim i mínim de i del moment d'inèrcia del volant.

Exemple 12.1: Volant per a mecanisme amb moment d'inèrcia variable

Enunciat

La Figura 12.1 mostra un mecanisme amb una excèntrica i dues corredores que dona lloc a un desplaçament horitzontal de vaivé sinusoïdal de la corredora 3. Es demana que s'avaluï el moment d'inèrcia d'un volant d'inèrcia addicional situat sobre l'eix 1 per tal que el grau d'irregularitat no sobrepassi el valor de $\delta=0,01$.

Les dades del problema són: *Membre 1*: $m_1=2$ kg i $J_{G1}=0,0012$ kg·m^2; *Membre 2*: $m_2=5$ kg i $J_{G2}=0,0030$ kg·m^2; *Membre 3*: $m_3=10$ kg i $J_{G3}=0,0080$ kg·m^2. L'excentricitat de l'excèntrica és de $e=20$ mm i els centre d'inèrcia es troben en els centres geomètrics de les peces.

Resolució

El moviment dels diferents membres del mecanisme són els següents:
Membre 1: Té un moment d'inèrcia respecte al seu centre d'inèrcia alhora que el seu centre d'inèrcia descriu circumferències de radi e al voltant de l'eix principal P.
Membre 2: Aquesta corredora no gira, però el seu centre d'inèrcia descriu circumferències de radi e al voltant de l'eix principal O.
Membre 3: Aquesta corredora tampoc gira i el seu centre d'inèrcia es desplaça horitzontalment segons el següent moviment sinusoïdal: $x=e\cdot\sin\theta_P$ i : $v=-\omega_P\cdot e\cdot\cos\theta_P$
Els moviments de tots els membres estan directament lligats al desplaçament angular, θ_P, i a la velocitat angular, ω_P, de l'eix principal i, per tant, les relacions de velocitats

per al càlcul dels paràmetres reduïts són 1. Els moments d'inèrcia reduïts màxim ($\theta_P = 0$ i π) i mínim ($\theta_P = \pi/2$ i $3\pi/2$), són, doncs:

$$J_{Pm\grave{a}x} = J_1 + m_1 \cdot e^2 + m_2 \cdot e^2 + m_3 \cdot e^2 \cdot \cos^2 0° =$$
$$= 0{,}0012 + 2 \cdot 0{,}02^2 + 5 \cdot 0{,}02^2 + 10 \cdot 0{,}02^2 \cdot 1^2 = 0{,}008 \ \text{kg·m}^2$$

$$J_{Pm\acute{i}n} = J_1 + m_1 \cdot e^2 + m_2 \cdot e^2 + m_3 \cdot e^2 \cdot \cos^2 90° =$$
$$= 0{,}0012 + 2 \cdot 0{,}02^2 + 5 \cdot 0{,}02^2 + 10 \cdot 0{,}02^2 \cdot 0^2 = 0{,}004 \ \text{kg·m}^2$$

A partir d'aquests valors màxim i mínim dels moments d'inèrcia i del grau d'irregularitat es pot avaluar el moment del volant d'inèrcia:

$$J_{vP} = \frac{(2-\delta)^2}{8 \cdot \delta} \cdot J_{Pm\grave{a}x} - \frac{(2-\delta)^2}{8 \cdot \delta} \cdot J_{Pm\grave{a}x} =$$
$$= \frac{(2-0{,}02)^2}{8 \cdot 0{,}02} \cdot 0{,}008 - \frac{(2-0{,}02)^2}{8 \cdot 0{,}02} \cdot 0{,}004 = 0{,}09401 \ \text{kg·m}^2$$

Es pot comprovar que amb aquest volant addicional, el grau d'irregularitat és l'establert en l'enunciat del problema.

b) *Sistema amb variacions d'energia al llarg del cicle, amb moment d'inèrcia reduït constant*

El *parell motor reduït* i *parell receptor reduït* a l'eix principal, P, varien amb la posició angular de manera que, en el cas general, el ritme en què el motor proporciona energia difereix del que el receptor l'absorbeix, i apareixen unes variacions d'energia del sistema, ΔE, al llarg del cicle (vegeu la Figura 12.1) que es tradueixen en unes variacions de velocitat. El moment d'inèrcia reduït a l'eix principal P és constant.

Les variacions d'energia del sistema es manifesten en forma de variacions d'energia cinètica segons l'expressió següent:

$$\Delta E_A = \Delta E_c = \frac{1}{2} \cdot J_P \cdot (\omega_{Pm\grave{a}x}^2 - \omega_{Pm\acute{i}n}^2) =$$
$$= J_P \cdot (\omega_{m\grave{a}x} - \omega_{m\acute{i}n}) \cdot \frac{\omega_{Pm\grave{a}x} + \omega_{Pm\acute{i}n}}{2} = J_P \cdot \omega_{Pm}^2 \cdot \delta \tag{5}$$

Aquesta expressió permet relacionar el moment d'inèrcia total del sistema amb la limitació del *grau d'irregularitat* de la màquina. Tenint en compte el moment d'inèrcia

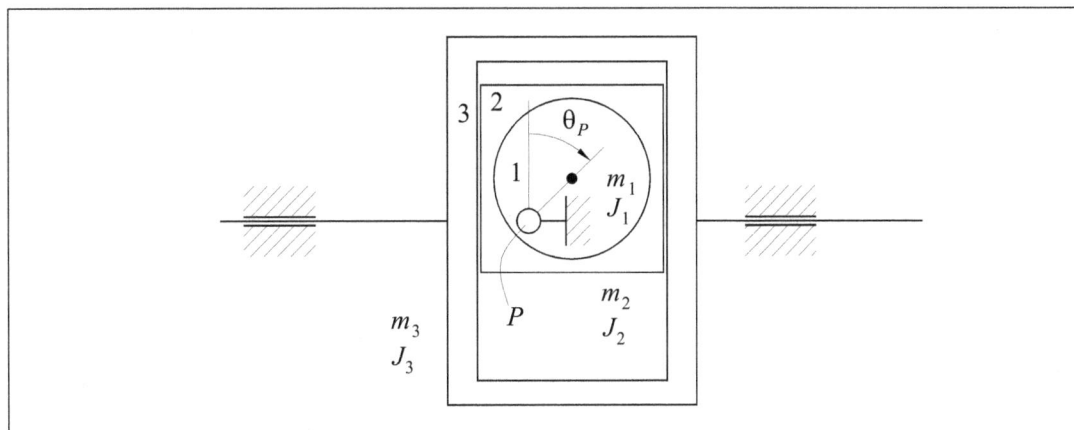

Figura 12.1 Mecanisme amb excèntrica i dues corredores amb moment d'inèrcia reduït variable (Exemple 12.1).

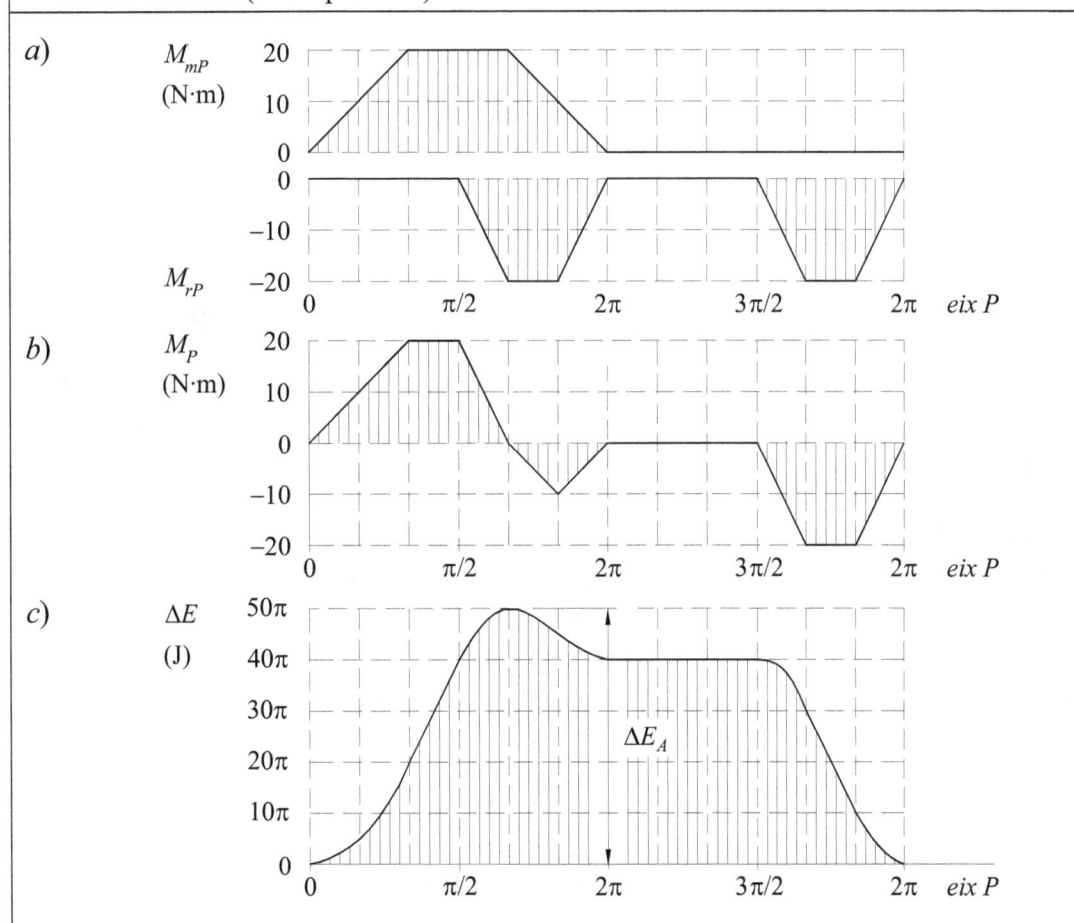

Figura 12.2 *a*) Parell motor i parell receptor reduïts a l'eix principal P; *b*) Parell propi reduït a l'eix principal P; *c*) Variacions d'energia al llarg del cicle.

constant reduït a l'eix principal P que ja té la màquina, l'expressió del moment d'inèrcia del volant és:

$$J_P = \frac{\Delta E_A}{\omega_P^2 \cdot \delta} \qquad J_{vP} = J_P - J_{P0} = \frac{\Delta E_A}{\omega_P^2 \cdot \delta} - J_{P0} \qquad\qquad (6)$$

Exemple 12.2: *Màquina per a assajar frens*

Enunciat

Es dissenya un sistema per a assajar frens d'automòbil consistent en un suport amb un tambor de fre accionat per un motor elèctric (es considera de parell constant) i unes sabates que actuen intermitentment a intervals de 0,5 segons durant un temps de 0,1 segons. La velocitat del tambor és de 880 min^{-1} i el parell de frenada de 480 N·m; la transmissió entre motor i tambor es realitza per mitjà d'una corretja trapezial de relació de transmissió i_{MT} =1,6 i rendiment η = 0,96; els moments d'inèrcia del tambor i del rotor del motor són, respectivament: J_{tam} = 0,45 kg·m^2 i J_{mot} = 0,075 kg·m^2.

Es demana: *a*) Potència del motor necessària; *b*) Volant d'inèrcia addicional a l'arbre del tambor per assegurar un grau d'irregularitat de δ = 0,04.

Resposta

El funcionament d'aquest sistema és cíclic ja que la seqüència de moviments i forces es reprodueix cada 0,5 segons. Tanmateix, el cicle no coincideix amb cap dels dos eixos materials del sistema (tambor de fre: ω_T =880·π/30=92,15 rad/s; i motor: ω_M= ω_T · i_{MT} = 92,15·1,6 = 147,45 rad/s) sinó amb un eix virtual (no real) molt més lent que es mouria a la velocitat d'una volta cada mig segon: ω_V =2·π/0,5 =12,57 rad/s.

a) El parell del motor a l'eix del tambor, T (M_{mT}), és 1/5 del parell de frenada, M_{rT} = 480 N·M, ja que actua (i equilibra l'energia del sistema) durant un temps 5 vegades més gran: M_{mT} = 0,2·M_{mT} = 96 N·m. La potència del motor és: P_m = M_{mM} · ω_M = M_{mT} · ω_T / η = 96·92,15/0,96 = 9215,3 W (M_{mM}=62,5 N·M a 1408 min^{-1}).

b) La variació màxima d'energia durant el cicle es calcula sabent que el motor alimenta el sistema durant 4/5 del cicle de 0,5 segons (t_1=0,4 segons) sense absorció d'energia receptora. Això és: ΔE_A = M_{mT} · (ω_T · t_1) = 96·92,15·0,4 = 3538,7 J. El moment d'inèrcia reduït a l'eix del tambor és: J_T = J_{tam} + J_{mot} · i_{MT}^2 = 0,45 + 0,075·1,6^2 = 0,642 kg·m^2. I, el moment d'inèrcia del volant suplementari sobre l'eix del tambor és: J_{vT} = ΔE_A / (δ · ω_T^2) − J_T = 3538,7/(0,04·92,15^2) −0,642 = 9,776 kg·m^2 (Si s'hagués calculat sobre la base de paràmetres reduïts a l'eix principal virtual, P, el resultat hauria estat el mateix).

12.3 Càlcul del volant per regularitzar el moviment

Càlcul exacte del volant

En apartats anteriors s'ha realitzat el càlcul del volant necessari per limitar el grau d'irregularitat d'una màquina o sistema a partir de determinades simplificacions, com ara la no existència de variació d'energia durant el cicle o el valor constant de la massa o moment d'inèrcia reduït del sistema.

En una màquina cíclica, tant l'energia del sistema com el moment d'inèrcia reduït del sistema depenen de la posició de l'eix principal de la màquina. Per tant, depenent aquestes dues magnituds del mateix paràmetre, és possible d'establir una representació de la variació d'energia en ordenades i la variació del moment d'inèrcia en abscisses. Atès que la màquina és cíclica, aquesta corba és tancada.

En el cas més general, quan es produeixen simultàniament variacions de l'energia del moment d'inèrcia reduït les velocitats màxima i mínima del sistema es donen quan el quocient entre l'energia cinètica i el moment d'inèrcia reduït total (inclòs el volant) són respectivament màxim i mínim, segons mostren les fórmules següents:

$$\tan\theta_{\text{màx}} = \frac{\omega_{\text{màx}}}{2} = \left(\frac{E_c}{J_P + J_V}\right)_{\text{màx}} \qquad \tan\theta_{\text{mín}} = \frac{\omega_{\text{mín}}}{2} = \left(\frac{E_c}{J_P + J_V}\right)_{\text{mín}} \qquad (7)$$

Si l'origen del sistema de coordenades se situa per a valors nuls de l'energia i el moment d'inèrcia reduït total, les rectes que passen per l'origen i tenen pendents iguals a les dues tangents trobades, són tangents a la corba E_c–J_{PT}; per tant, no són les corresponen a les velocitats angulars màxima i mínima. Com es pot observar, no corresponen als punts superior i inferior de la corba E_c–J_{PT}.

Aquest sistema permet, en principi, l'obtenció gràfica del valor del volant d'inèrcia que requereix el sistema. En efecte, dibuixada la corba ΔE_c–J_P, es tracen dues rectes tangents, una per la part superior de pendent $\tan\theta_{\text{màx}}$ i, l'altra, per la part inferior i de pendent $\tan\theta_{\text{mín}}$ que es tallen en un punt que és l'origen de coordenades de l'energia del sistema (valor nul) i del moment d'inèrcia del sistema (valor nul).

La distància en abscisses entre l'origen de coordenades inicial de la corba ΔE_c–J_P i el nou origen obtingut és el valor del moment d'inèrcia del volant que cal afegir a l'eix principal.

Aquesta solució, malgrat que és conceptualment factible, a la pràctica és molt difícil d'aplicar ja que els dos angles de les rectes tangents són molt pròxims i petits imprecisions en les inclinacions comporta errors molt importants en l'avaluació del volant d'inèrcia.

Hi ha tanmateix una solució alternativa partint de la mateixa construcció gràfica. En efecte, les dues rectes tangents determinen sobre l'eix de coordenades el segment de longitud B (té unitats d'energia) per al qual es pot establir les següents relacions:

$$B = J_V \cdot \tan\theta_{màx} - J_V \cdot \tan\theta_{mín} = J_V \cdot \left(\frac{\omega_{màx}^2}{2} - \frac{\omega_{mín}^2}{2} \right) =$$
$$= J_V \cdot \frac{(\omega_{màx} + \omega_{mín})}{2} \cdot (\omega_{màx} - \omega_{mín}) = J_V \cdot \omega_m \cdot (\delta \cdot \omega_m) \tag{8}$$

De la relació entre B i la darrera expressió es pot establir:

Aquesta darrera expressió mostra que hi ha una relació molt senzilla del moment d'inèrcia del volant, J_V, i els valors de B, del grau d'irregularitat, δ, de la velocitat mitjana, ω_m:

$$J_V = \frac{B}{\delta \cdot \omega_m^2} \tag{9}$$

Com es pot comprovar en la Figura 12.2, els dos casos simples analitzats en la Secció 12.2 anterior resulten ser dos casos particulars d'aquest plantejament més general. Tot i que aquests casos tenen una solució de forma algèbrica molt simple, és interessant de correlacionar-los amb el plantejament general.

En el cas d'energia constant del sistema, E_0, i moment d'inèrcia variable, els angles màxim i mínim en el gràfic ΔE–J_P, són:

$$\tan\beta_{màx} = \frac{\omega_{màx}^2}{2} = \frac{E_0}{J_{vP} + J_{mín}} \qquad \tan\beta_{mín} = \frac{\omega_{mín}^2}{2} = \frac{E_0}{J_{vP} + J_{màx}} \tag{9}$$

I, En el cas de moment d'inèrcia constant del sistema, J_P, i energia variable del sistema, els angles màxim i mínim en el gràfic ΔE–J_P, són:

$$\tan\beta_{màx} = \frac{\omega_{màx}^2}{2} = \frac{E_{màx}}{J_{vP} + J_P} \qquad \tan\beta_{mín} = \frac{\omega_{mín}^2}{2} = \frac{E_{mín}}{J_{vP} + J_P} \tag{10}$$

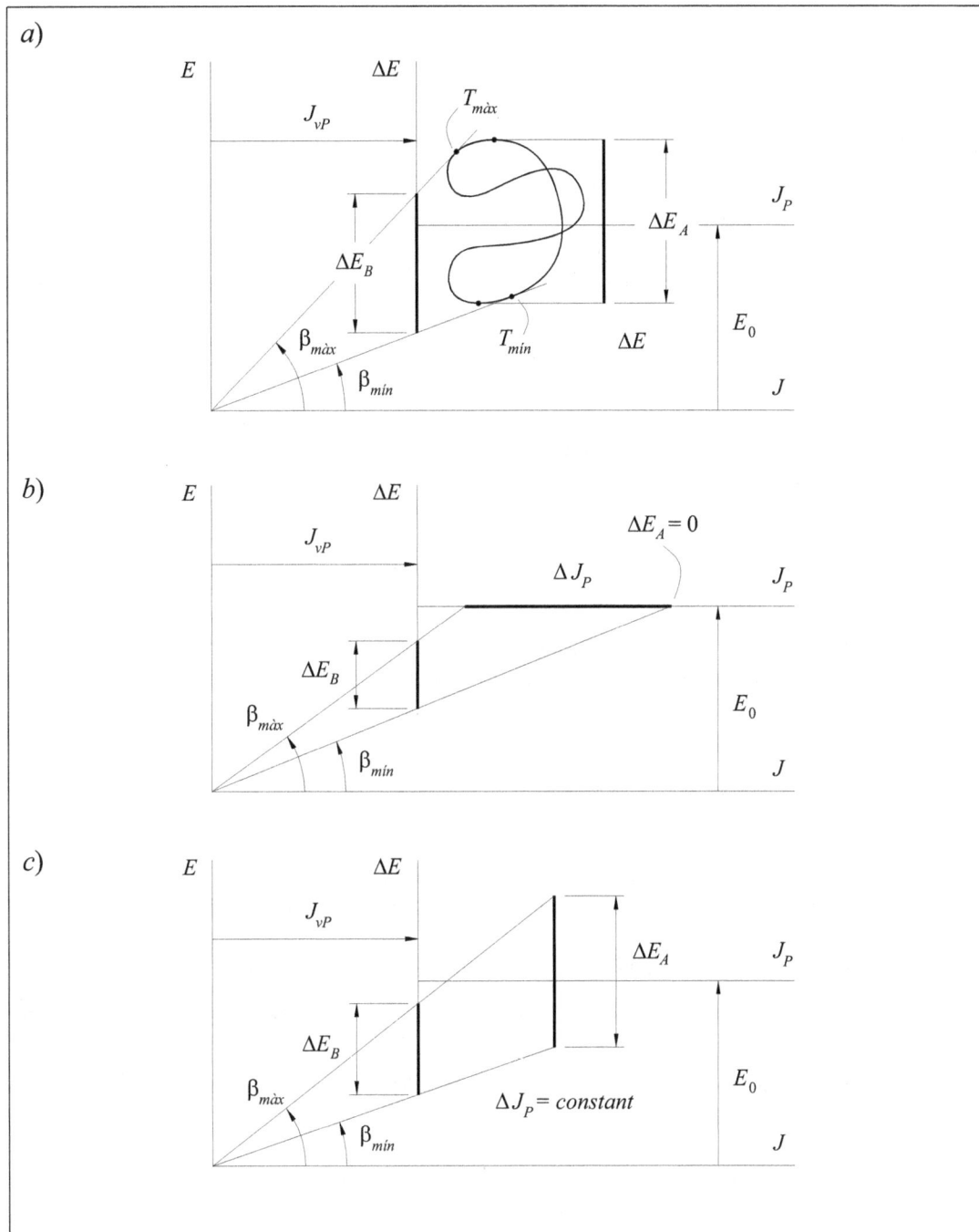

Figura 12.3 Estudi exacte del volant d'inèrcia per a la regularització del moviment d'una màquina: *a*) Gràfic de les variacions d'energia envers les variacions de moment d'inèrcia; *b*) Cas particular d'un sistema amb energia constant; *c*) Cas particular d'un sistema amb moment d'inèrcia constant.

Exemple 12.3: Volant d'una bomba per a l'extracció de petroli brut

Enunciat

La Figura 12.4 mostra l'esquema d'una bomba coneguda amb el nom de *cap de cavall*, utilitzada per a l'extracció de petroli brut quan la pressió del líquid no és suficient per fer-lo pujar fins a la superfície. Es compon d'un pistó (no representat) que es mou dintre del tub 1 mogut verticalment per un cable 2 fixat a la part circular del balancí 3 (que recorda un cap de cavall) articulat a B el qual, al seu torn, és mogut pel mecanisme de manovella 4 i biela 5. Es demana el volant que cal afegir sobre l'eix A per a no sobrepassar un grau d'irregularitat de $\delta=0,05$.

Els principals paràmetres del sistema són: *Balancí*: massa equilibrada (centre d'inèrcia a D); moment d'inèrcia a D: $J_{balD}=9500$ kg·m^2; radi d'acció del cable $DF=4$ m; *Biela*: la massa es reparteix en dues parts incloses en el balancí i en la manovella; *Manovella*: es disposa una massa equilibradora, $m_{man}=300$ kg a un radi de $r_{man}=1$ m. *Pistó d'extracció*: tan sols treballa durant la cursa de pujada i la força se suposa constant de valor $F_{pis}=4925$ N. *Motoreductor*: L'arbre A, que dóna una volta cada 4 segons, és accionat per un motoreductor de relació de transmissió de $i_{MA}=95$; el motor, amb un rotor de moment d'inèrcia $J_{mot}=0,0084$ kg·m^2, proporciona la potència i el parell (considerats constants) necessaris per a mantenir la màquina en règim estacionari. Altres dimensions i mesures del sistema es donen a la Figura.

Resposta

Paràmetres dinàmics significatius
En l'estudi d'aquesta màquina intervenen diverses forces motores i receptores, així com diverses inèrcies que cal tenir presents en el càlcul d'avaluació del volant:

a) *Forces motores*: a1) Parell del motor elèctric d'accionament.

b) *Forces receptores*: b1) Força del cilindre extractor del petroli brut; b2) Pes de la massa equilibradora excèntrica solidària a l'eix A el moviment de la qual, si bé ofereix un balanç energètic nul, produeix tanmateix variacions d'energia al llarg del cicle.

c) Inèrcies: c1) Moment d'inèrcia del balancí respecte al punt D (la massa d'aquest membre no intervé ja que està equilibrat sobre l'eix D); c2) Moment d'inèrcia del rotor del motor elèctric que (no es consideren les inèrcies dels eixos intermediaris del reductor ja que, en general, la seva influència és petita comparada amb la del motor); c3) Inicialment, l'eix A es considera sense inèrcia. El moment d'inèrcia de la massa equilibradora de 300 kg a una distància de 1 metre formarà part del moment d'inèrcia del volant, cas que estigui situat sobre l'eix A.

a)

$J_{balD} = 9500 \ kg \cdot m^2$

4,000

D

C

F

(3)

3,000

1,000

(5)

(2)

B

A

$m_{con} = 300 \ kg$

(4)

$F_{pis} = 4925 \ N$

0,750

(1)

2450

2500

3,000

b)

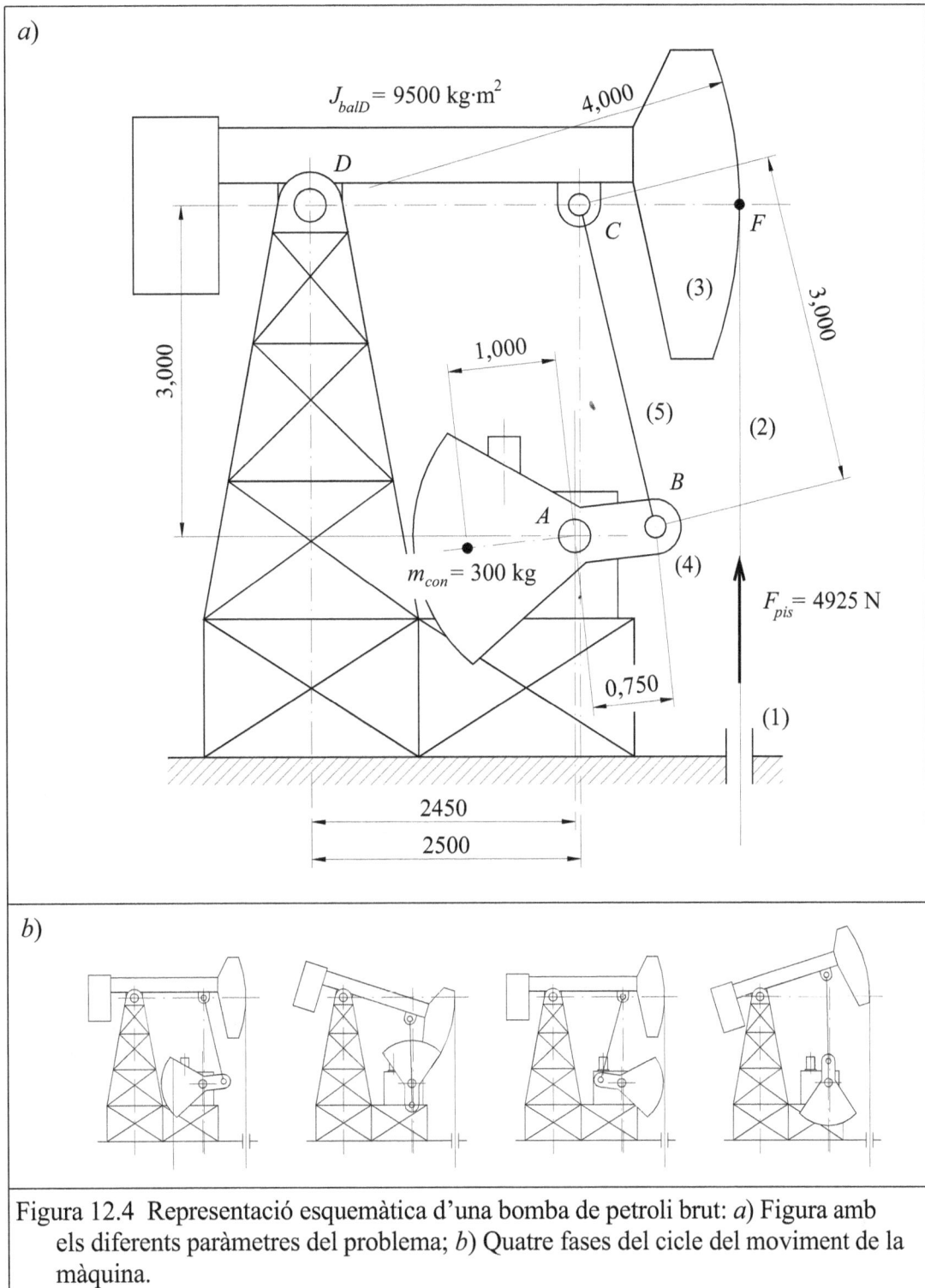

Figura 12.4 Representació esquemàtica d'una bomba de petroli brut: a) Figura amb els diferents paràmetres del problema; b) Quatre fases del cicle del moviment de la màquina.

Eix principal i relacions de velocitats

L'eix A és l'eix principal de la bomba ja que la màquina realitza un cicle per a cada volta. En aquest sistema d'un sol grau de llibertat es poden distingir dues cadenes cinemàtiques: 1) La que va del motor d'accionament fins a l'eix principal A, on la relació de transmissió ve donada pel propi enunciat: $i_{MA}=\omega_M/\omega_A=95$; 2) La que va des de l'arbre principal A fins a l'accionament del pistó de la bomba pròpiament dita; en aquesta cadena ens interessa, com a mínim, les relacions de velocitats contínuament variables entre el moviment del pistó i l'eix principal, $i_{pA}=v_p/\omega_A$,i entre l'eix del balancí i l'eix principal, $i_{DA}=\omega_D/\omega_A$.

Cinemàtica del quadrilàter articulat

La cinemàtica del quadrilàter articulat $ABCD$, pel que fa a les relacions de velocitats, es pot obtenir a través de les fórmules proporcionades pel algun dels mètodes algèbrics de resolució de mecanismes articulats (Shigley 1995, pàgines 58-63 i 100-102), i amb l'ajut d'un full de càlcul:

$$\theta_3 = 2\cdot\text{atan}\left(\frac{-AB\cdot\sin\theta_2+CD\cdot\sin\gamma}{BC+DA-AB\cdot\cos\theta_2-CD\cdot\cos\gamma}\right)$$

$$\theta_4 = 2\cdot\text{atan}\left(\frac{AB\cdot\sin\theta_2-BC\cdot\sin\gamma}{CD-DA+AB\cdot\cos\theta_2-BC\cdot\cos\gamma}\right)$$

Essent

$$\gamma = \text{acos}\left(\frac{BC^2+CD^2-DA^2-AB^2+2\cdot DA\cdot AB\cdot\cos\theta_2}{2\cdot BC\cdot DA}\right)$$

I, a partir d'aquests valors, es calcula la relació de velocitats que interessa:

$$i_{AD}=\frac{\omega_D}{\omega_A}=\frac{AB\cdot\sin(\theta_2-\theta_3)}{CD\cdot\sin(\theta_4-\theta_3)}$$

Resultats de l'anàlisi cinemàtica

La taula 11.2 mostra l'esquema del quadrilàter $ABCD$ amb les referències dels diferents angles entre els quals destaquen dos angles derivats, φ_A (moviment del manubri) i φ_D (moviment del balancí), que són els que tenen una significació més directa per al moviment de la màquina.

A partir de l'arc recorregut pel balancí (2,5607−1,9512=0,6095 rad) i del radi d'acció del cable (4 metres), s'estableix la longitud de la cursa de treball del pistó de la bomba (2,438 metres) que, multiplicada per la força receptora del cilindre (4925 N), dóna el treball (12007 J) que ha de proporcionar el motor sobre l'eix principal A en un cicle de 4 segons, o sigui una potència mitjana de 3002 W a l'eix principal A.

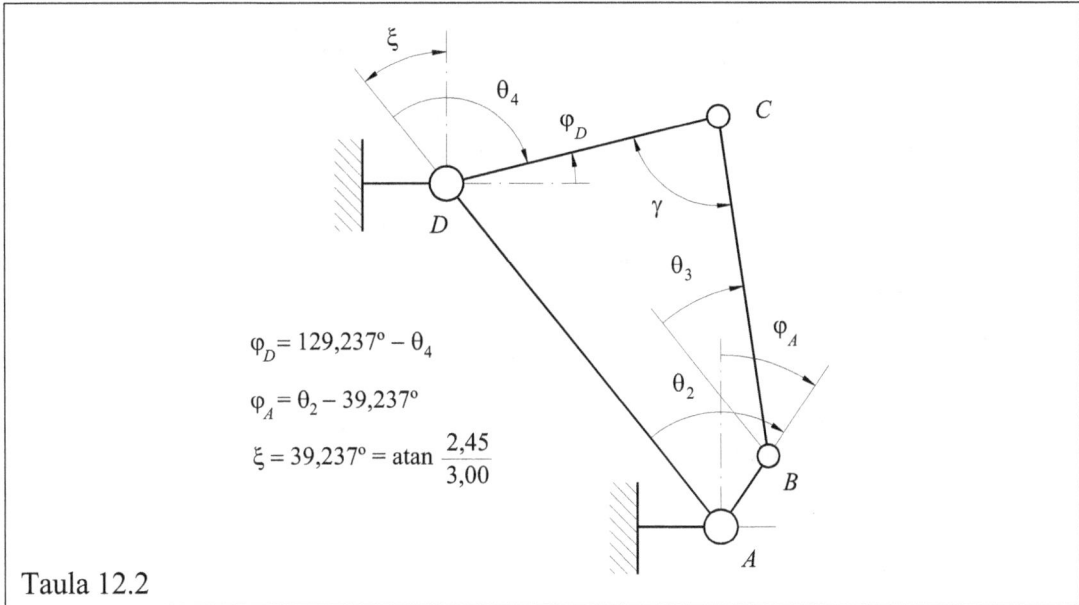

$$\varphi_D = 129{,}237° - \theta_4$$

$$\varphi_A = \theta_2 - 39{,}237°$$

$$\xi = 39{,}237° = \text{atan}\ \frac{2{,}45}{3{,}00}$$

Taula 12.2

φ_A	φ_D	i_{AD}	J_{totP}	M_{motP}	M_{recP}	ΔE_c
(°)	(°)	(–)	kg·m^2	N·m	N·m	J
0,00	17,44	0,068	76,2	1911	0	67
18,00	16,26	0,121	215,5	1911	−909	507
36,00	13,22	0,212	502,4	1911	−1730	675
54,00	8,81	0,273	782,5	1911	−2381	613
72,00	3,58	0,303	946,6	1911	−2799	386
90,00	−1,91	0,303	945,6	1911	−2943	75
108,00	−7,13	0,274	787,6	1911	−2799	−232
126,00	−11,61	0,220	535,1	1911	−2381	−444
144,00	−14,94	0,149	285,5	1911	−1730	−484
162,00	−16,91	0,070	122,4	1911	−909	−287
180,00	−17,48	−0,007	76,2	1911	−136	180
198,00	−16,70	−0,078	133,4	1911	−625	650
216,00	−14,71	−0,143	269,1	1911	−1080	976
234,00	−11,60	−0,202	463,8	1911	−1600	1149
252,00	−7,47	−0,255	695,2	1911	−2231	1139
270,00	−2,48	−0,297	912,3	1911	−2902	920
288,00	3,07	−0,314	1015,1	1911	−3396	514
306,00	8,61	−0,293	892,5	1911	−3395	31
324,00	13,34	−0,224	554,0	1911	−2690	−331
342,00	16,45	−0,116	204,9	1911	−1387	−360
360,00	17,44	0,068	76,2	1911	0	66

El parell mitjà (suposat constant) que ha d'exercir el motor sobre l'eix principal A és, doncs, de $M_{mot} = P_A/\omega_A = 3002/1,571 = 1911$ N·m

A partir de les relacions de velocitats, les inèrcies i les forces han estat reduïdes a l'eix principal seguint el mètode establert en el Capítol 3. El càlcul de les variacions de l'energia del sistema, es basat en sumar successivament el resultat de multiplicar en cada iteració el parell total (motor + receptor) sobre l'eix principal A, per l'increment d'angle en radiants (cal dir que iteracions amb angles petits donen resultats molt més aproximats que amb angles grans).

El quadre de valors de la taula ha estat obtingut amb un full de càlcul per a cada 2°, tot i que es mostren els resultats per a cada 18°. A més de l'evolució al llarg del cicle dels dos angles indicats (φ_A i φ_D), la taula mostra l'evolució de la relació de velocitats entre els eixos A i D, i_{AD}, del moment d'inèrcia total reduït a l'eix A, J_{totA}, del parell motor i del parell receptor reduïts a l'eix A, M_{motA} i M_{recA}, i dels increments d'energia, ΔE.

Determinació de l'increment màxim d'energia

La Figura 12.5 proporciona els elements per al càlcul del volant.

El primer gràfic (Figura 12.5a) mostra l'evolució del parell motor i del parell receptor (canviat de signe) reduïts a l'eix A (M_{motA} i $-M_{recA}$); la seva diferència (valors subratllats; l'origen s'assenyala a mà dreta del gràfic) correspon a l'evolució del parell total sobre l'eix A ($M_{totA} = M_{motA} - M_{recA}$). El segon gràfic (Figura 12.5b) mostra l'evolució dels increments d'energia al llarg d'un cicle (ΔE) i correspon a la integració del gràfic anterior. El tercer gràfic (Figura 12.4c) mostra l'evolució del moment d'inèrcia reduït a l'eix A (J_{totA}).

El quart gràfic (Figura 12.5d) estableix la relació entre l'increment d'energia i el moment d'inèrcia reduït, que dibuixa una corba tancada amb una doble volta. S'observa que la diferència màxima d'increments d'energia durant el cicle (base per a un càlcul aproximat del moment d'inèrcia total del sistema) és de $\Delta E_A = 1670$ J. Tanmateix, quan es dibuixen les dues rectes tangents amb els angles $\beta_{màx}$ i $\beta_{mín}$, la diferència d'increments d'energia sobre l'eix de les ordenades (base per al càlcul exacte del volant) és de $\Delta E_B = 1720$ J, que ja dóna idea que el volant serà més gran que el calculat pel mètode aproximat.

Per a determinar els angles de les rectes tangents, es parteix de la velocitat mitjana $\omega_m = 1,571$ rad/s i del grau d'irregularitat, $\delta = 0,05$, que donen una velocitat màxima i mínima de: $\omega_{màx} = 1,610$ rad/s i $\omega_{mín} = 1,532$ rad/s. Les tangents dels angles $\beta_{màx}$ i $\beta_{mín}$ són iguals al quadrat de les velocitats anteriors dividit per 2, però atès que aquests angles es representen en un gràfic en què l'escala vertical (en J) és la meitat que l'escala horitzontal (en kg·m²), les tangents s'hauran de multiplicar per un factor d'escala de 0,5. Els resultats són $\beta_{màx} = 32,946°$ i $\beta_{mín} = 30,387°$.

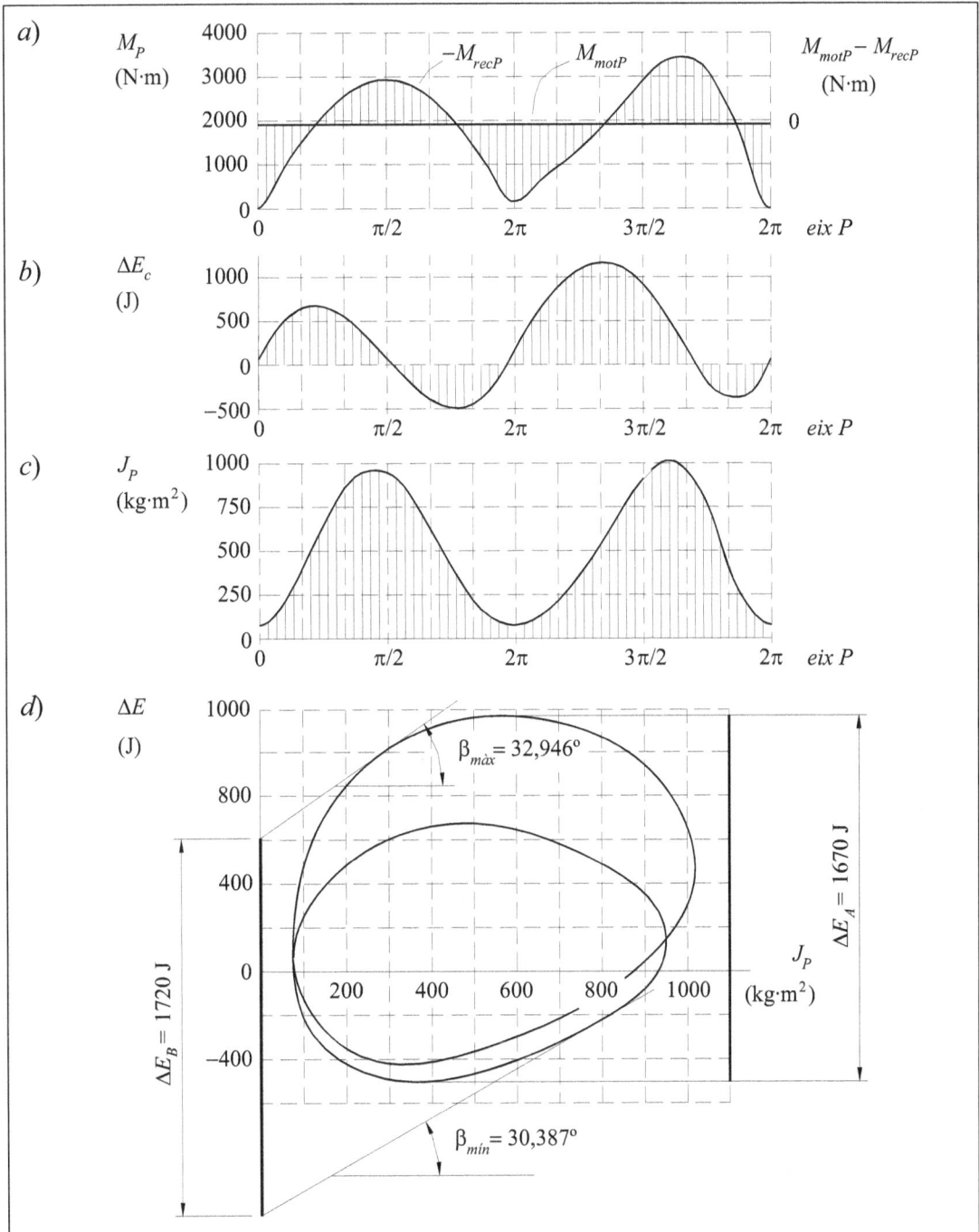

Figura 12.5 Càlcul del volant de l'exemple 12.2: *a*) Diagrama de moments motors, receptors i totals reduïts a l'eix *P*; *b*) Diagrama de variacions d'energia; *c*) Diagrama de moments d'inèrcia reduïts a l'eix *P*; *d*) Diagrama de variacions d'energia en funció del moment d'inèrcia per al càlcul del volant.

Càlcul del volant

A partir del valor de la diferència màxima de l'increment d'energia sobre l'eix de les ordenades, ΔE_B, el càlcul del moment d'inèrcia del volant sobre l'eix de reducció, A, és directa:

$$J_{vA} = \frac{\Delta E_B}{\omega_m^2 \cdot \delta} = \frac{1720}{1{,}571^2 \cdot 0{,}05} = 13942 \ \text{kg·m}^2$$

Si el moment d'inèrcia del volant es calcula a partir del mètode aproximat, es parteix de la diferència màxima de l'increment d'energia ΔE_A i del moment d'inèrcia mitjà del sistema, $J_{Am} = (J_{Amín} + J_{Amàx})/2 = (76{,}2 + 1015{,}1)/2 = 545{,}7 \ \text{kg·m}^2$:

$$J_A = J_{vA} + J_{totA} = \frac{\Delta E_A}{\omega_m^2 \cdot \delta} = \frac{1670}{1{,}571^2 \cdot 0{,}05} = 13536{,}5 \ \text{kg·m}^2 \qquad J_{vA} = 12990{,}8 \ \text{kg·m}^2$$

Com es comprova, aquest valor és sensiblement inferior a l'anterior.

Situació i dimensió del volant

La massa equilibradora i la pròpia construcció de la manovella representen un moment d'inèrcia sobre l'eix A d'uns 450 kg·m^2, per la qual cosa caldrà un volant suplementari de l'ordre de 13500 kg·m^2. La solució més simple consisteix en situar-lo a l'eix principal A però, com es comprovarà a continuació, aquest moment d'inèrcia és molt gran i requereix un volant descomunal. Una altra solució consisteix en col·locar el volant en l'eix motor, ja que aleshores el seu valor queda reduït a: $J_{vM} = J_{vA}/i_{AM}^2 = 13500/95^2 = 1{,}496 \ \text{kg·m}^2$ (unes 9000 vegades inferior).

Suposant que els volants tenen forma d'un disc massís d'acer (densitat $\gamma = 7800 \ \text{kg/m}^3$) de diàmetre exterior, d, i amplada, b, les dimensions i pesos que resulten són les següents:

Volant a l'eix A ($J_{vA} = 13500 \ \text{kg·m}^2$)
Amplada: $b = 500$ mm; $d = 2437$ mm; $pes = 18188$ kg
(probablement es partiria en dos volants de 250 mm de gruix i la meitat de pes cada un

Volant a l'eix M ($J_{vM} = 1{,}496 \ \text{kg·m}^2$)
Amplada: $b = 50$ mm; $d = 445$ mm; $pes = 60{,}5$ kg
(se situaria solidari amb el mateix arbre del motor)

Com es pot comprovar, no tenen res a veure un volant i l'altre. El primer és de grans dimensions i pes mentre que el segon és un volant relativament reduït. Tot fa pensar, doncs, que el més sensat és situar el volant a l'eix del motor, però això té com a contrapartida una sol·licitació més elevada dels engranatges del reductor, com es veurà en l'exemple 12.4.

12.4 Anàlisi del volant com a filtre de sotragades

Una altra funció dels volants d'inèrcia (o de les masses d'inèrcia, en el moviment lineal) és la modificació dels parells (o forces) que transmeten determinats punts d'una cadena cinemàtica segons la situació del volant. Un dels efectes més interessants és la disminució de les irregularitats dels parells exteriors (motor, receptor o tots dos) sobre determinats components delicats (engranatges, arbres estriats, transmissions Cardan): així, doncs, quan un volant d'inèrcia s'interposa entre un parell exterior irregular i un determinat membre, l'acceleració i desacceleració de la massa del volant absorbeix part de la irregularitat del parell que ja no es transmet al membre protegit (efecte de *filtre*).

L'estudi que es realitza a continuació parteix de la suposició que els membres i els enllaços del sistema són rígids (no es produeixen deformacions), hipòtesi simplificadora que és acceptable la majoria de màquines. Tanmateix, el concepte de rigidesa és relatiu: en efecte, els membres d'una màquina que tenen un comportament rígid a una determinada velocitat, poden veure's afectats per importants deformacions a velocitats més elevades a causa de la proximitat a diversos fenòmens de ressonància, especialment de vibracions torsionals.

Plantejament del sistema

Es parteix de l'esquema de la Figura 12.6 on es mostra l'element a protegir en la situació P_0 de l'eix de reducció P, amb el parell motor i el moment d'inèrcia motor reduïts al mateix eix P (M_{mP} i J_{mP}), en un costat de P_0, i el parell receptor i el moment d'inèrcia receptor reduïts també a l'eix P (M_{rP} i J_{rP}), en l'altre costat.

En el cas més general, es pot considerar un volant de moment d'inèrcia J_{vPm} situat en el punt P_m entre el membre a protegir (punt P_0) i el motor i, un altre volant de moment d'inèrcia, J_{vPr}, situat en el punt P_r entre el membre a protegir (punt P_0) i el receptor. El primer volant protegirà el punt P_0 de les irregularitats del parell motor mentre que, el segon volant el protegirà de les irregularitats del parell receptor.

Considerant rígids els membres i enllaços del sistema i constants els moments d'inèrcia reduïts, l'acceleració de l'eix de reducció és la següent (el signe positiu per als parells coincideix amb el de la velocitat angular; el parell motor mitjà és positiu i el parell receptor mitjà és negatiu):

$$\alpha_P = \frac{M_{mP} + M_{rP}}{J_P} \qquad\qquad J_P = J_{mP} + J_{rP} + J_{vPm} + J_{vPr} \tag{11}$$

Si se situa un volant d'inèrcia a cada costat de l'element a protegir (moments d'inèrcia J_{vPm} i J_{vPr}), el parell que transmet el membre situat a P_0 té la següent expressió:

$$M_P = M_{mP} - \alpha_P \cdot (J_{mP} + J_{vPm}) = \alpha_P \cdot (J_{rP} + J_{vPr}) - M_{rP} =$$

$$= \frac{J_{rP} + J_{vPr}}{J_P} \cdot M_{mR} - \frac{J_{mP} + J_{vPm}}{J_P} \cdot M_{rR} \tag{12}$$

L'Equació 11 posa de manifest que el parell M_P transmès en el punt P_0 és una mitjana ponderada entre el parell motor i el parell receptor (normalment de signe negatiu, amb efectes de suma en l'Equació 11), essent els factors de ponderació la fracció de moments d'inèrcia receptors i motors, respectivament. Un volant d'inèrcia situat en el costat motor filtra les irregularitats del parell motor (augmenta el factor de ponderació del parell receptor i disminueix el del parell motor) mentre que, situat en el costat receptor filtra les irregularitats del parell receptor (augmenta el factor de ponderació del parell motor i disminueix el del parell receptor).

Exemple 12.4: Clavar un clau sobre una base no fixa

Enunciat

Es vol estudiar el comportament d'un sistema de martell i clau que treballa sobre una base no fixa. Es proposa d'estudiar els efectes de la col·locació d'una contramassa al darrera de la fusta o al davant de la fusta.

Resolució

De forma simplificada se suposa que l'acció del martell sobre el clau es tradueix en una força motora, F_m. En el sistema directe hi intervenen tan sols dues masses (la del clau no es té en compte): la massa del martell (element motor), $m_m = 0{,}070$ kg, i la massa de la fusta (element receptor), $m_m = 0{,}210$ kg. L'acceleració que pren el sistema i la força, F_P, que es transmet entre el clau i la fusta, són:

$$\alpha_P = \frac{F_m}{m_m + m_r} \qquad F_P = F_m - m_m \cdot \alpha = \frac{m_r}{m_m + m_r} \cdot F_m = 0{,}25 \cdot F_m$$

Normalment es col·loca una contramassa (fa de volant), $m_m = 0{,}410$ kg, darrera de la fusta, ja que augmenta molt la força que es transmet entre el clau i la fusta:

$$\alpha_P = \frac{F_m}{m_m + m_r + m_v} \qquad F_P = F_m - m_m \cdot \alpha = \frac{m_r + m_v}{m_m + m_r + m_v} \cdot F_m = 0{,}70 \cdot F_m$$

Si la contramassa es col·loca entre el martell i el clau, l'efecte és contraproduent.

$$\alpha_P = \frac{F_m}{m_m + m_r + m_v} \qquad F_P = F_m - m_m \cdot \alpha = \frac{m_r}{m_m + m_r + m_v} \cdot F_m = 0{,}10 \cdot F_m$$

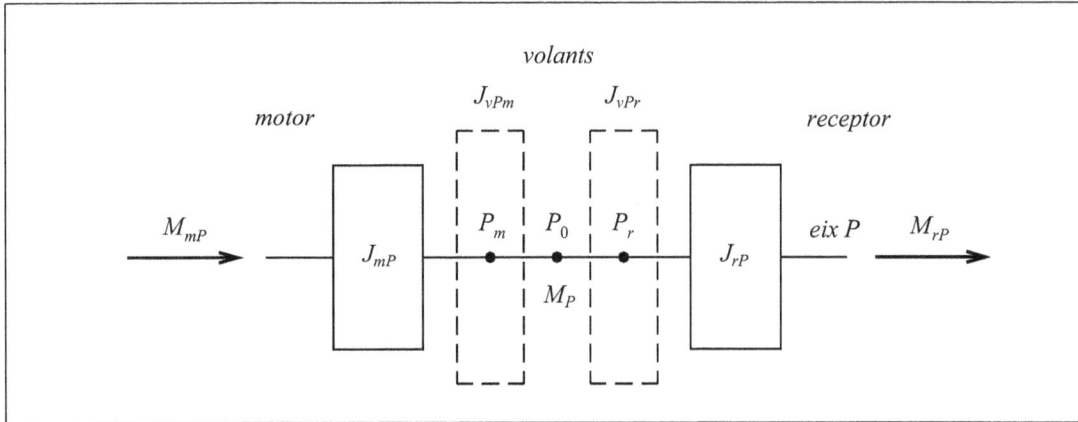

Figura 12.6 Esquema del sistema reduït a l'eix P amb la indicació de la situació dels volants d'inèrcia respecte a un punt que es vol protegir, P_0.

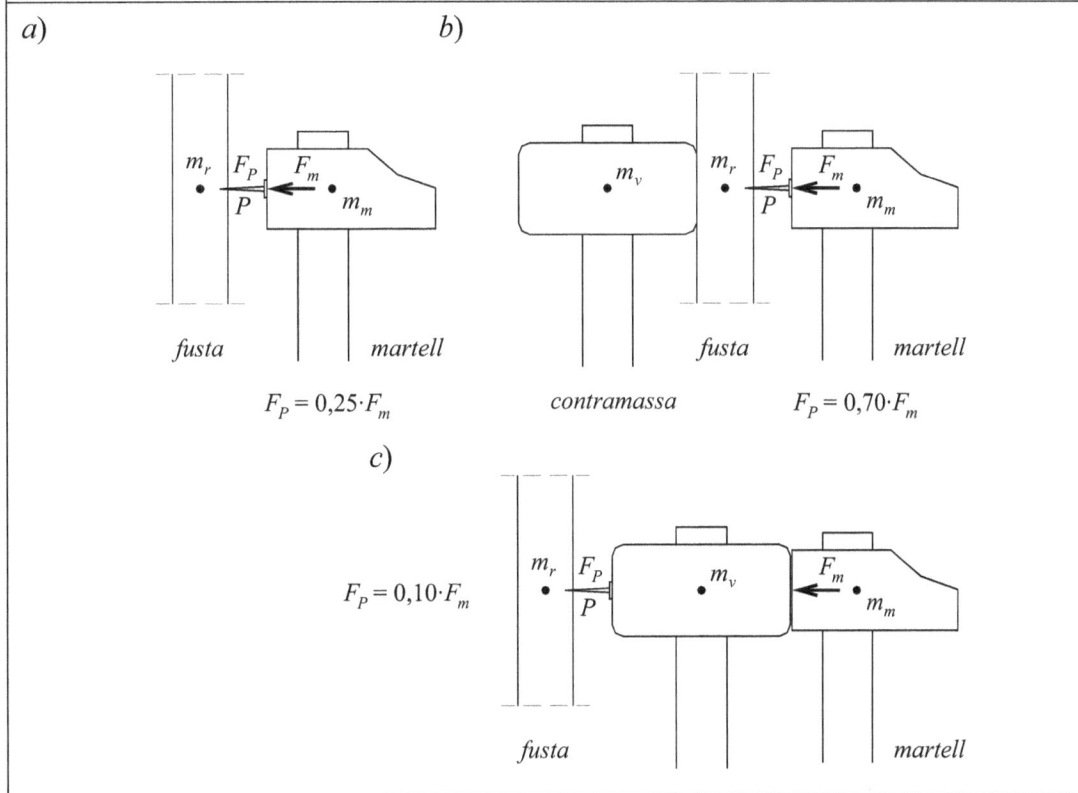

Figura 12.7 Clavar un clau sobre una fusta no fixa (m_m=0,21 kg; m_r=0,07 kg; m_v=0,42 kg;: a) Sistema simple; b) Sistema normalment utilitzat amb una contramassa darrera de la fusta; c) Sistema contraproduent amb la contramassa entre el martell i el clau.

Exemple 12.5: Situació d'un volant per a filtrar sotragades

Enunciat

Una màquina amb moments d'inèrcia motor i receptor reduïts a l'eix principal P de J_{mP} =5 kg·m^2 i J_{rP} =15 kg·m^2, està sotmesa a uns parells motor i receptor (M_{mP} i M_{rP}) que evolucionen segons els diagrames de la Figura 12.8. A fi de limitar el grau d'irregularitat, s'ha afegit un volant de J_{vP} =30 kg·m^2. Es demanen els diagrama de parells (M_P) que es transmeten en el punt P_0 per als casos següents: *a*) El volant se situa en el costat motor ($J_{vP} = J_{vPm}$); *b*) El volant se situa en el costat receptor ($J_{vP} = J_{vPr}$).

Resposta

La resposta s'obté aplicant l'Equació 11 (cal parar especial atenció en els signes dels parells) i es presenta de forma gràfica en la Figura 12.8*b*.

Volant en el costat motor (J_{vPm}):

Tram 1 $M_P = \dfrac{15}{50} \cdot 225 - \dfrac{35}{50} \cdot (-50) = 102{,}5 \ \text{N·m}$

Tram 2 $M_P = \dfrac{15}{50} \cdot (-25) - \dfrac{35}{50} \cdot (-25) = 25{,}0 \ \text{N·m}$

Tram 3 $M_P = \dfrac{15}{50} \cdot (-25) - \dfrac{35}{50} \cdot (-75) = 60{,}0 \ \text{N·m}$

Tram 4 $M_P = \dfrac{15}{50} \cdot (-25) - \dfrac{35}{50} \cdot (0) = -7{,}5 \ \text{N·m}$

Volant en el costat receptor (J_{vPm}):

Tram 1 $M_P = \dfrac{45}{50} \cdot 225 - \dfrac{5}{50} \cdot (-50) = 207{,}5 \ \text{N·m}$

Tram 2 $M_P = \dfrac{45}{50} \cdot (-25) - \dfrac{5}{50} \cdot (-25) = 25{,}0 \ \text{N·m}$

Tram 3 $M_P = \dfrac{45}{50} \cdot (-25) - \dfrac{5}{50} \cdot (-75) = 30{,}0 \ \text{N·m}$

Tram 4 $M_P = \dfrac{45}{50} \cdot (-25) - \dfrac{5}{50} \cdot (0) = -22{,}5 \ \text{N·m}$

S'observa que, en el primer cas, l'efecte de filtratge ha afectat el parell motor (el valor màxim ha disminuït a menys de la meitat), que és el més irregular mentre que, en el segon cas, l'efecte de filtratge ha afectat el parell receptor, molt menys irregular. Per tant, sembla més convenient de situar el volant del cantó motor.

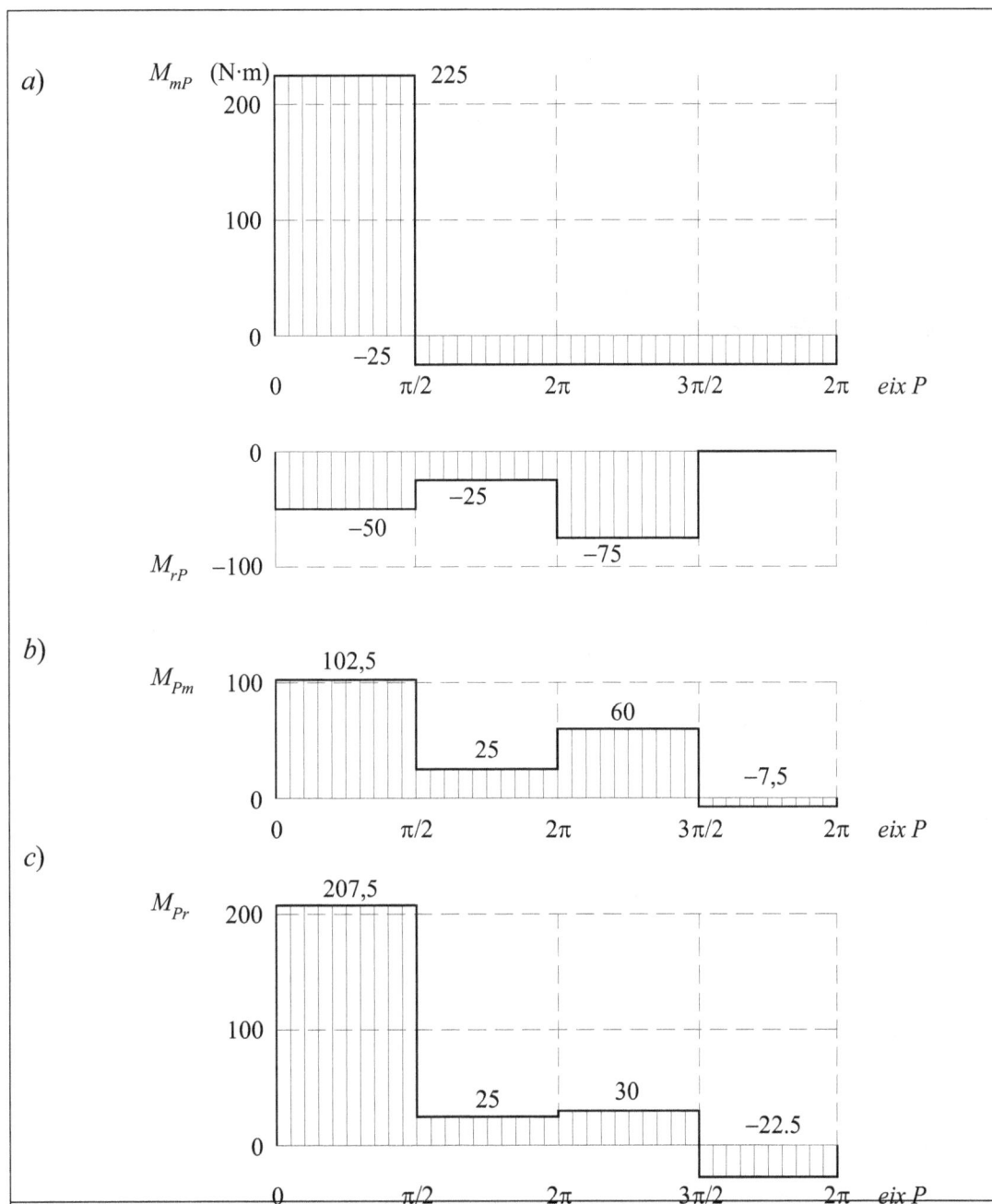

Figura 12.8 Diagrames de parells reduïts a l'eix P de l'exemple 12.3: a) Diagrama de parells motors i parells receptors; b) Diagrama de parells transmesos en el punt P_0 quan el volant se situa del costat motor (J_{vPm}); c) Diagrama de parells transmesos en el punt P_0 quan el volant se situa del costat receptor (J_{vPr}).

Exemple 12.6: Situació del volant d'inèrcia en la bomba de petroli brut

Enunciat

En relació a la bomba de petroli brut de l'Exemple 12.3, es demana que d'estudiar les repercussions que té sobre el parell transmès en l'última etapa del reductor d'engranatges, el situar el volant a l'eix principal, *P*, o a l'eix del motor, *M*.

Resposta

En aquest cas no es pot considerar constant el moment d'inèrcia reduït del sistema, per la qual cosa cal aplicar l'Equació 7 del Capítol 11 on hi ha un terme amb la deri-vada del moment d'inèrcia reduït respecte a la posició angular. Aquesta equació, que es resol per mètodes numèrics, pren la següent forma per a la iteració *i*:

$$J_{Pi} \cdot \alpha_{Pi} + \frac{1}{2} \cdot \left(\frac{dJ_P}{d\theta_P} \right)_i \cdot \omega_{Pi}^2 = M_{mPi} + M_{rPi} \tag{13}$$

Els dos primers termes d'aquesta equació poden transformar-se de la següent manera:

$$J_{Pi} \cdot \alpha_{Pi} = J_{Pi} \cdot \left(\frac{d\omega_P}{d\theta_P} \right)_i \cdot \left(\frac{d\theta_P}{dt} \right)_i = J_{Pi} \cdot \frac{\omega_{Pi+1} - \omega_{Pi}}{\Delta\theta_P} \cdot \omega_{Pi}$$

$$\frac{1}{2} \cdot \left(\frac{dJ_P}{d\theta_P} \right)_i \cdot \omega_{Pi}^2 = \frac{1}{2} \cdot \frac{J_{Pi+1} - J_{Pi}}{\Delta\theta_P} \cdot \omega_{Pi}^2 \tag{14}$$

Introduint aquestes expressions en l'Equació 13 i aïllant la velocitat angular de la iteració següent, s'obté:

$$\omega_{Pi+1} = \frac{(M_{mPi} - M_{rPi}) \cdot \Delta\theta_P}{J_{Pi} \cdot \omega_{Pi}} + \frac{3 \cdot J_{Pi} - J_{Pi+1}}{2 \cdot \Delta\theta_P} \cdot \omega_P \tag{15}$$

Ara s'estableix que la derivada de l'angle respecte al temps en la iteració *i* és, per un costat, l'increment d'angle dividit per l'increment de temps i, per l'altre, el promig de velocitats durant l'interval, d'on es pot obtenir el temps en la iteració *i*+1:

$$\left(\frac{d\theta_P}{dt} \right)_i = \left(\frac{\Delta\theta_P}{\Delta t} \right)_i = \frac{\Delta\theta_P}{t_{i+1} - t_i} = \frac{\omega_{Pi+1} + \omega_{Pi}}{2} \qquad t_{i+1} = t_i + \frac{2 \cdot \Delta\theta_P}{\omega_{Pi+1} + \omega_{Pi}} \tag{16}$$

Finalment, l'acceleració angular de l'eix de reducció es pot calcular per:

$$\alpha_{Pi} = \left(\frac{d\omega_P}{d\theta_P} \right)_i \cdot \left(\frac{d\theta_P}{dt} \right)_i = \frac{\omega_{Pi+1} - \omega_{Pi}}{\Delta\theta_P} \cdot \omega_{Pi} \tag{17}$$

Per a obtenir els parells que es transmeten en el punt P_0 (en aquest exemple, els engranatges del reductor) en la iteració i quan el volant està del costat motor o del costat receptor (M_{Pmi} o M_{Pri}, respectivament) es recorre a la mateixa Equació 11 dels casos anteriors però, ara, amb l'acceleració obtinguda a través del procediment anterior:

$$M_{Pmi} = M_{mP} - \alpha_{Pi} \cdot (J_{mP} + J_{vPm})$$
$$M_{Pri} = M_{mP} - \alpha_{Pi} \cdot J_{mP}$$

$$(18)$$

Per a resoldre el problema sota estudi, s'han programat les anteriors equacions en un full de càlcul, tenint present que el volant màxim en el costat motor és de 13500 kg·m^2, ja que uns 450 kg·m^2 formen part de la manovella de la màquina. Les iteracions s'han realitzat cada 2°, tot i que els resultats que proporciona la taula corresponen a intervals de 18°.

Taula 12.3

φ_A	ω_P	α_P	t	J_{totP}	M_{totP}	M_{Pm}	M_{Pi}
(°)	rad/s	rad/s^2	s	kg·m^2	N·m	N·m	N·m
0,00	1,577	0,127	0,000	14026	1911	182	1901
18,00	1,592	−0,002	0,198	14166	1002	1921	1911
36,00	1,585	−0,072	0,396	14452	181	2889	1916
54,00	1,568	−0,093	0,595	14732	−470	3167	1918
72,00	1,550	−0,079	0,796	14897	−888	2989	1917
90,00	1,537	−0,045	0,999	14895	−1032	2528	1914
108,00	1,531	−0,003	1,205	14738	−888	1957	1911
126,00	1,534	0,037	1,410	14485	−470	1413	1908
144,00	1,545	0,069	1,614	14235	181	973	1906
162,00	1,562	0,098	1,816	14072	1002	576	1904
180,00	1,584	0,122	2,016	14026	1775	253	1902
198,00	1,603	0,061	2,213	14083	1286	1084	1906
216,00	1,610	0,009	2,409	14219	831	1793	1910
234,00	1,607	−0,041	2,604	14414	311	2472	1914
252,00	1,595	−0,087	2,800	14645	−320	3093	1918
270,00	1,575	−0,113	2,998	14862	−992	3444	1920
288,00	1,553	−0,097	3,199	14965	−1485	3226	1918
306,00	1,538	−0,034	3,402	14842	−1484	2367	1914
324,00	1,540	0,047	3,607	14504	−779	1268	1907
342,00	1,554	0,106	3,810	14155	524	477	1903
360,00	1,579	0,127	4,010	14026	1911	182	1901

De manera anàloga als casos anteriors, de l'anàlisi de les dades de la Taula 12.3 es comprova que amb el volant situat del costat motor (el petit volant en l'arbre del motor, M), el parell màxim que ha de transmetre la darrera etapa de la transmissió d'engranatges és de $M_{Pm\,(màx)}=3453$ N·m (per a 274) mentre que, amb el volant en el costat receptor (el gran volant en l'arbre de la manovella, P), el parell màxim és molt menor: $M_{Pm\,(màx)}=1918$ N·m (un 45% menor).

Problemes resolts

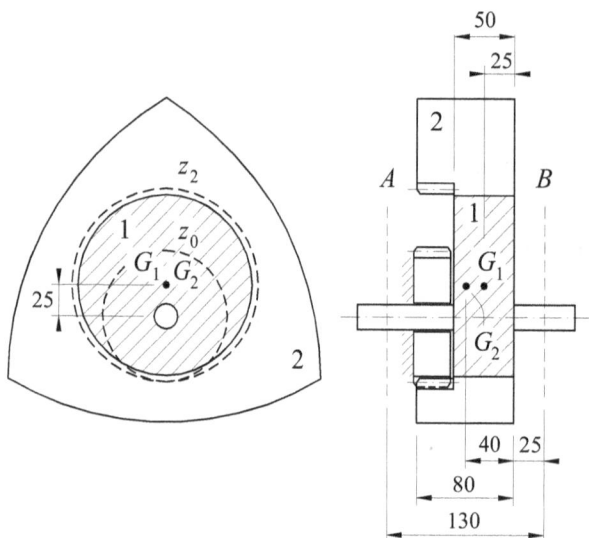

Enunciat

El rotor d'un motor Wankel està format per dos elements mòbils, 1 i 2, i un element fix, 0. L'excèntrica 1, solidària a l'eix motor, arrossega el rotor triangular 2 de manera que el seu centre G_2 descriu cercles.

Però, el moviment de rotació del rotor triangular sobre l'excèntrica no és lliure, sinó que ve determinat per l'engranatge format per la corona interior solidària del rotor triangular 2 i el pinyó fixat sobre la base 0.

La relació entre els nombres de dents de la corona i el pinyó és de $z_0/z_2 = 2/3$. Es demana:

1. Les masses per equilibrar aquests motor en els plans A i B.
2. El moment d'inèrcia reduït a l'arbre motor de les parts mòbils del motor i dels contrapesos.

Dades: $m_1 = 2$ kg; : $m_2 = 3$ kg; $I_{G1} = 0,006$ kg $\cdot$m^2; $I_{G2} = 0,036$ kg $\cdot$m^2

Resposta

1. Tot i que més endavant es comprova que no influeix en l'equilibrament, és bo d'analitzar la relació entre les velocitats angulars de l'excèntrica 1 i del rotor triangular 3. A través del diagrama de velocitats adjunt es pot establir (les velocitats tenen el mateix sentit):

$$\frac{\omega_1}{\omega_3} = \frac{v_{G1}/G_1 10}{v_{G2}/G_2 20} = \frac{v_{G1}/0,025}{v_{G2}/0,075} = 3$$

L'excèntrica 1 gira amb la velocitat angular ω_1 i el seu centre d'inèrcia és G_1, mentre que el rotor triangular gira a la velocitat angular $\omega_2 = \omega_1/3$ sobre el seu centre d'inèrcia és G_2, el qual descriu circumferències al voltant de

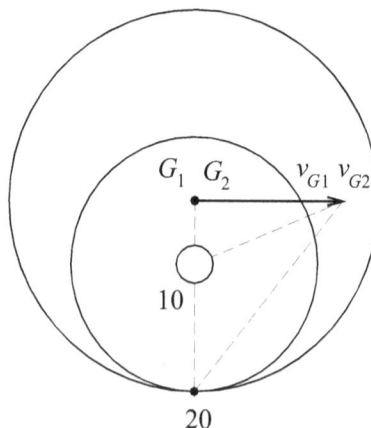

l'eix del motor amb velocitat angular ω_1. El moviment circular del centre d'inèrcia origina una força d'inèrcia centrífuga, mentre que el moviment de rotació uniforme del rotor triangular sobre el seu centre no origina cap efecte d'inèrcia.

Les forces d'inèrcia són:

$$F_{I1} = m_1 \cdot \omega_1^2 \cdot G_1 O = 0{,}050 \cdot \omega_1^2 \quad \text{N} \qquad \text{(aplicada a } G_1 \text{)}$$

$$F_{I2} = m_2 \cdot \omega_2^2 \cdot G_2 O = 0{,}075 \cdot \omega_2^2 \quad \text{N} \qquad \text{(aplicada a } G_2 \text{)}$$

Per a un moviment de rotació uniforme de l'eix del motor, el moviment de rotació del rotor triangular sobre el seu centre també ho és, per la qual cosa no origina cap força d'inèrcia ni parell d'inèrcia.

Cal equilibrar, doncs, tan sols les dues forces d'inèrcia, F_{I1} i F_{I2}, paral·leles, però situades en plans diferents. Els productes de les masses equilibradores per les seves excentricitats poden ser calculades a partir de la resolució gràfica adjunta:

$$F_{IA} = 3 \cdot F_{I1} / 8 + F_{I2} / 2 = 0{,}0563 \cdot \omega_1^2 \quad \text{N}$$

$$F_{IB} = 5 \cdot F_{I1} / 8 + F_{I2} / 2 = 0{,}0688 \cdot \omega_1^2 \quad \text{N}$$

Per tant:

$$m_A \cdot e_A = 0{,}0563 \cdot \omega_1^2 \quad \text{N}$$

$$m_B \cdot e_B = 0{,}0688 \cdot \omega_1^2 \quad \text{N}$$

Hi ha una llibertat en la determinació de les masses i de les excentricitats, que generalment es determinen en funció de les conveniències del disseny (espais, moments d'inèrcia).

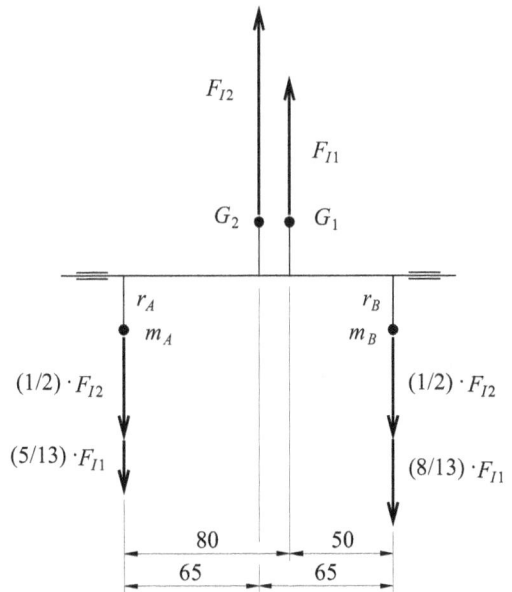

2. L'espressió del moment d'inèrcia reduït a l'eix del motor, I_R, és:

$$I_R = I_{G1} + m_1 \cdot |G_1 10|^2 + I_{G2} \cdot (\omega_2 / \omega_1)^2 + m_2 \cdot |G_2 O|^2 + (m_A \cdot e_A) \cdot e_A + (m_B \cdot e_B) \cdot e_B =$$

$$= 0{,}013125 + 0{,}563 \cdot e_A + 0{,}688 \cdot e_B \quad \text{kg} \cdot \text{m}$$

Es pot observar que, com majors són les excentricitats, e_A i e_B, menors són les masses equilibradores, m_A i m_B, però augmenta el moment d'inèrcia total del motor.

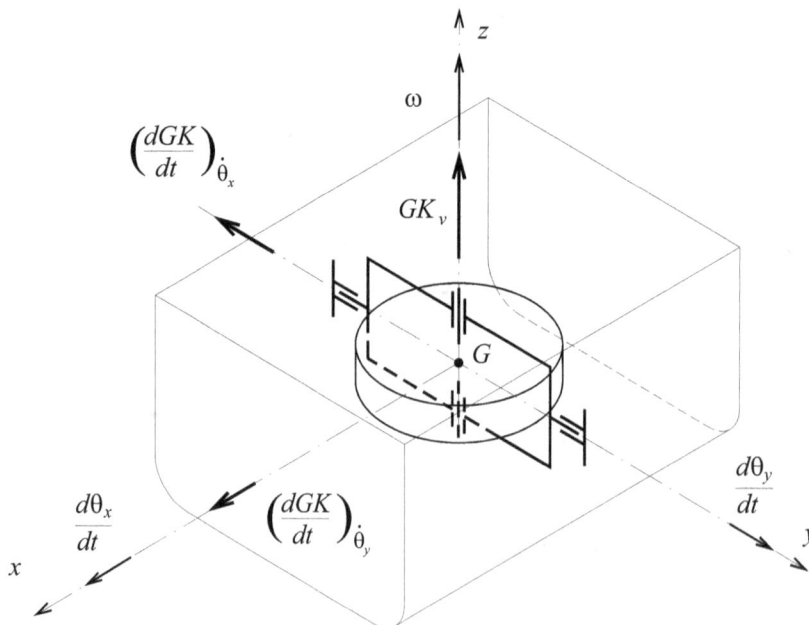

Enunciat

Alguns vaixells duen un estabilitzador giroscòpic de balanceig, dispositiu que consisteix en un volant d'eix vertical, z, que gira a gran velocitat, ω, sobre un suport que pot inclinar-se respecte al buc segons un eix horitzontal transversal, y, que passa pel seu centre d'inèrcia, G. Quan aquest eix és obligat a girar amb un moviment de precessió forçada (en el sentit adequat), s'origina un parell giroscòpic, $M_{gir.x}$, perpendicular al pla dels altres dos eixos que tendeix a compensar el moviment de balanceig causat per les onades. El moviment de precessió forçada és produït per un motor elèctric controlat per un detector de balanceig, generalment també de tipus giroscòpic. Es demana:

1. Amplitud del moviment de balanceig del vaixell sense estabilitzador.
2. Moviment de precessió forçada (segons l'eix y) que cal donar al suport del volant per aconseguir el parell giroscòpic desitjat (se suposa que el moviment de capcineig del vaixell, segons l'eix y, és nul).
3. Parell giroscòpic necessari per a limitar l'amplitud de balanceig del vaixell es limita a 0,001 rad.
4. Parell de l'actuador sobre el suport del volant necessari per assegurar el moviment de precessió forçada.
5. Potència requerida per aquest actuador.
6. Evolució dels anteriors paràmetres al llarg d'un cicle.

Dades. *Onades*: inclinació de l'horitzó respecte a l'horitzontal $\theta_{xH} = \theta_{xH0} \cdot \cos \Omega t$ (se suposa sinusoïdal, $\theta_{xH0} = 0,08$ rad, $\Omega = 1,57$ rad/s), rigidesa angular (a causa de la inclinació del vaixell respecte al pla de l'aigua) $K_{\theta x} = 2500000$ N·m/rad,; *Vaixell*: massa $m = 100000$ kg, moment d'inèrcia longitudinal $J_x = 2250000$ kg·m^2; *Volant d'inèrcia*: moment d'inèrcia, $J_v = 5000$ kg·m^2, velocitat angular, $\omega = 100$ rad/s (955 min^{-1}).

Resolució

El moviment de balanceig del buc del vaixell (segons l'eix x) combinat amb el moviment de precessió forçada del suport del volant (segons l'eix y) formen un sistema equivalent a una suspensió Cardan i, per a petits moviments al voltant de la posició en què l'eix del volant és perpendicular a l'eix de balanceig, els parells giroscòpics poden avaluar-se per mitjà de:

$$M_{gir\,x} = J_v \cdot \omega \cdot \frac{d\theta_y}{dt} \qquad\qquad M_{gir\,y} = -J_v \cdot \omega \cdot \frac{d\theta_x}{dt}$$

1. *Amplitud del moviment de balanceig del buc, sense estabilitzador*

   En l'equació del moviment de balanceig hi intervenen els termes de parell d'inèrcia del buc, parell adreçador causat pel desplaçament del centre de flotació i el parell d'excitació de les onades:

   $$-J_x \cdot \frac{d^2\theta_x}{dt^2} - K_{\theta x} \cdot \theta_x + K_{\theta x} \cdot \theta_{xH0} \cdot \cos \Omega t = 0$$

   Atès que el moviment del mar és sinusoïdal, també ho serà el moviment de balanceig del vaixell. Si s'assagen solucions del tipus:

   $$\theta_x = \theta_{x0} \cdot \cos \Omega t \qquad\qquad \frac{d^2\theta_x}{dt^2} = -\theta_{x0} \cdot \Omega^2 \cdot \cos \Omega t$$

   Definit prèviament la freqüència pròpia, Ω_0, de balanceig del vaixell i la freqüència relativa, ρ, s'obté:

   $$\Omega_0 = \sqrt{\frac{K_{\theta x}}{(J_x + J_{vx})}} = \sqrt{\frac{2500000}{(225000 + 3375)}} = 3,333 \text{ rad/s} \qquad \rho = \frac{\Omega}{\Omega_0} = \frac{1,570}{3,333} = 0,471$$

   $$\theta_x = \theta_{x0} \cdot \cos \Omega t = \frac{\theta_{xH0}}{(1 - \rho^2)} \cdot \cos \Omega t = \frac{0,08}{(1 - 0,471^2)} \cdot \cos \Omega t = 0,1028 \cdot \cos 1,57\,t$$

   La fórmula mostra que existeix ressonància quan la freqüència d'oscil·lació de les onades coincideix amb la freqüència pròpia de balanceig del vaixell (no s'han tingut en compte els amortiments).

2. *Parell giroscòpic necessari per a limitar el balanceig a un moviment d'amplitud 0,001 radiants*

L'equació del moviment de balanceig en aquest cas és igual a l'anterior amb l'única excepció que cal introduir-hi el parell giroscòpic, $M_{gir.x}$, funció de la velocitat angular de l'eix y:

$$-J_x \cdot \frac{d^2\theta_x}{dt^2} - K_{\theta x} \cdot \theta_x + K_{\theta x} \cdot \theta_{xH0} \cdot \cos\Omega t + J_v \cdot \omega \cdot \frac{d\theta_y}{dt} = 0$$

Si i s'introdueixen l'angle θ_x i la seva segona deriva (conegudes gràcies a l'enunciat del problema) s'aïlla aquesta la velocitat angular de l'eix y, s'obté la seva llei d'evolució:

$$\frac{d\theta_y}{dt} = -\frac{K_{\theta x} \cdot (\theta_{xH0} - (1-\rho^2) \cdot \theta_{x0})}{J_v \cdot \omega} \cdot \cos\Omega t = -0,3961 \cos\Omega t \text{ rad/s}$$

Per mitjà de la integració d'aquesta equació, s'obté l'amplitud màxima del moviment de l'eix y:

$$\theta_y = -\frac{K_{\theta x} \cdot (\theta_{xH0} - (1-\rho^2) \cdot \theta_{x0})}{J_v \cdot \omega \cdot \Omega} \cdot \sin\Omega t = -0,2523 \cdot \sin\Omega t \text{ rad} = -14,456 \cdot \sin\Omega t \text{ °}$$

3. *Parell giroscòpic necessari per a limitar el balanceig a un moviment d'amplitud 0,001 radiants*

El parell giroscòpic sobre l'eix y depèn de la velocitat de precessió de l'eix x:

$$\frac{d\theta_x}{dt} = -\Omega \cdot \theta_{x0} \cdot \sin\Omega t \qquad M_{gir.x} = -J_v \cdot \omega \cdot \frac{d\theta_y}{dt} = J_v \cdot \omega \cdot \Omega \cdot \theta_{x0} \cdot \sin\Omega t$$

4. *Parell de l'actuador per assegurar la precessió forçada sobre l'eix y*

El parell de l'actuador de l'eix y, $M_{act.y}$, és la suma del parell giroscòpic sobre l'eix y, i del parell d'inèrcia per fer girar el volant ($J_{vy}=3375$ kg·m^2):

$$M_{act.y} = M_{gir.y} + M_{Iy} = J_v \cdot \omega \cdot \frac{d\theta_x}{dt} - J_{vy} \cdot \frac{d^2\theta_y}{dt^2} =$$

$$= J_v \cdot \omega \cdot (-\Omega \cdot \theta_{x0} \cdot \sin\Omega) - J_{vy} \cdot (-\Omega \cdot \frac{K_{\theta x} \cdot (\theta_{xH0} - (1-\rho^2) \cdot \theta_{x0})}{J_v \cdot \omega} \sin\Omega t) =$$

$$= (-35855 + 2099) \cdot \sin\Omega t = -33756 \cdot \sin\Omega t \text{ N·m}$$

S'observa que el parell giroscòpic domina davant del parell d'inèrcia.

5. *Potència requerida per l'actuador de l'eix y*

És el producte del parell de l'actuador per la velocitat angular de l'eix y:

$$P_{act.y} = M_{act.y} \cdot \frac{d\theta_y}{dt} = (-33756 \cdot \sin\Omega t) \cdot (-0,3961 \cdot \cos\Omega t) =$$

$$= \frac{1}{2} \cdot 33756 \cdot 0,3961 \cdot \sin 2\Omega t = 6686 \cdot \sin 2\Omega t \ \text{W}$$

6. *Evolució dels anteriors paràmetres al llarga d'un cicle*

Malgrat que els diferents paràmetres d'aquest problema evolucionen de forma sinusoïdal, les Taules PR-1 i PR-2 que ve a continuació ofereixen una visió de conjunt del comportament de l'estabilitzador giroscòpic de balanceig.

Taula PR-1

$\Omega \cdot t$	θ_x	$d\theta_x/dt$	$M_{gir.x}$	θ_y	$d\theta_y/dt$	$M_{gir.y}$	$M_{act.y}$	$P_{act.y}$
°	rad	rad/s	N·m	rad	rad/s	N·m	N·m	W
0	0,0010	0	-198055	0	-0,3961	0	0	0
15	0,0010	-0,0004	-191306	-0,0653	-0,3826	9820	8737	-3343
30	0,0009	-0,0008	-171520	-0,1261	-0,3430	17927	16878	-5790
45	0,0007	-0,0011	-140046	-0,1784	-0,2801	25353	23869	-6686
60	0,0005	-0,0014	-99027	-0,2185	-0,1981	31051	29234	-5790
75	0,0003	-0,0015	-51260	-0,2437	-0,1025	34633	32606	-3343
90	0	-0,0016	0	-0,2523	0	35855	33756	0
105	-0,0003	-0,0015	51260	-0,2437	0,1025	34633	32606	3343
120	-0,0005	-0,0014	99027	-0,2185	0,1981	31051	29234	5790
135	-0,0007	-0,0011	140046	-0,1784	0,2801	25353	23869	6686
150	-0,0009	-0,0008	171520	-0,1261	0,3430	17927	16878	5790
165	-0,0010	-0,0004	191306	-0,0653	0,3826	9820	8737	3343
180	-0,0010	0	198055	0	0,3961	0	0	0
195	-0,0010	0,0004	191306	0,0653	0,3826	-9820	-8737	-3343
210	-0,0009	0,0008	171520	0,1261	0,3430	-17927	-16878	-5790
225	-0,0007	0,0011	140046	0,1784	0,2801	-25353	-23869	-6686
240	-0,0005	0,0014	99027	0,2185	0,1981	-31051	-29234	-5790
255	-0,0003	0,0015	51260	0,2437	0,1025	-34633	-32606	-3343
270	0	0,0016	0	0,2523	0	-35855	-33756	0
285	0,0003	0,0015	-51260	0,2437	-0,1025	-34633	-32606	3343
300	0,0005	0,0014	-99027	0,2185	-0,1981	-31051	-29234	5790
315	0,0007	0,0011	-140046	0,1784	-0,2801	-25353	-23869	6686
330	0,0009	0,0008	-171520	0,1261	-0,3430	-17927	-16878	5790
345	0,0010	0,0004	-191306	0,0653	-0,3826	-9820	-8737	3343
360	0,0010	0	-198055	0	-0,3961	0	0	0

En la Taula PR-2 es presenten els diferents parells que intervenen en la direcció x (balanceig) del vaixell: $M_{adr.x}$, parell adreçador quan el vaixell es desvia de la seva posició horitzontal; $M_{ona.x}$, parell que crea l'onada sobre el vaixell en variar la tangent de l'aigua respecte a l'horitzontal; $M_{ine.x}$, parell d'inèrcia a causa de l'acceleració angular x del vaixell (inclòs el volant); $M_{gir.x}$, parell giroscòpic que actua compensant el balanceig; també s'hi inclou la suma per comprovar que en tot moment és zero.

Taula PR-2

$\Omega \cdot t$	$M_{adr.x}$	$M_{ona.x}$	$M_{ine.x}$	$M_{gir.x}$	ΣM_x
º	N·m	N·m	N·m	N·m	N·m
0	-2500	200000	555	-198055	0
15	-2415	193185	536	-191306	0
30	-2165	173205	480	-171520	0
45	-1768	141421	392	-140046	0
60	-1250	100000	277	-99027	0
75	-647	51764	144	-51260	0
90	0	0	0	0	0
105	647	-51764	-144	51260	0
120	1250	-100000	-277	99027	0
135	1768	-141421	-392	140046	0
150	2165	-173205	-480	171520	0
165	2415	-193185	-536	191306	0
180	2500	-200000	-555	198055	0
195	2415	-193185	-536	191306	0
210	2165	-173205	-480	171520	0
225	1768	-141421	-392	140046	0
240	1250	-100000	-277	99027	0
255	647	-51764	-144	51260	0
270	0	0	0	0	0
285	-647	51764	144	-51260	0
300	-1250	100000	277	-99027	0
315	-1768	141421	392	-140046	0
330	-2165	173205	480	-171520	0
345	-2415	193185	536	-191306	0
360	-2500	200000	555	-198055	0

Comentaris

a) Les dimensions i paràmetres d'aquest problema poden correspondre a un vaixell d'uns 20 m d'eslora.

b) Si s'aconsegueix que l'angle de balanceig sigui nul (θ_{x0} =0), el parell i la potència de l'actuador esdevenen també nuls, però aquesta situació no permet detectar el desequilibri ni, per tant, avaluar la velocitat a què l'actuador ha de fer girar l'eix *y*.

c) Si les onades fossin totalment regulars, el sistema de control de l'actuador podria predir el moviment que ha de fer l'eix *y*. Lamentablement, les irregularitats de les onades fan que calgui mesurar en cada moment el desequilibri per establir el control.

d) Per tant, el disseny del servosistema per aconseguir una actuació suficientment ràpida amb un parell i una potència suficients de l'eix *y* és crític i, com més ràpida és la resposta, més baixos són el parell i la potència requerida.

e) Onades amb una amplituds creixents de l'angle de canvi d'horitzontal, θ_{xH0}, o de freqüències més elevades, Ω, fan més crític el sistema de control quant al temps de resposta i a l'amplitud de moviment, parell i potència requerida de l'actuador sobre l'eix *y*.

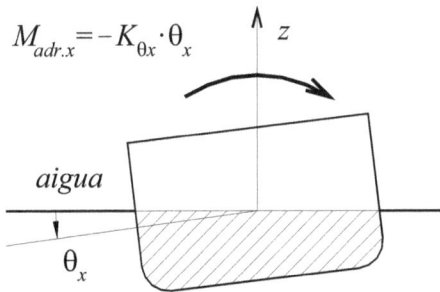

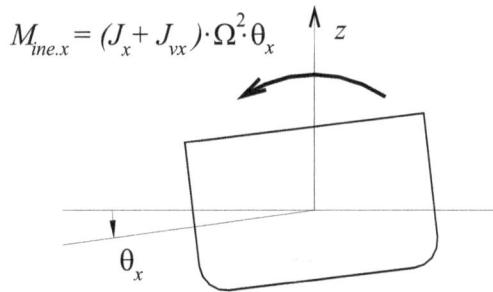

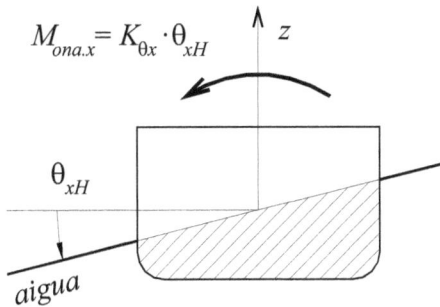

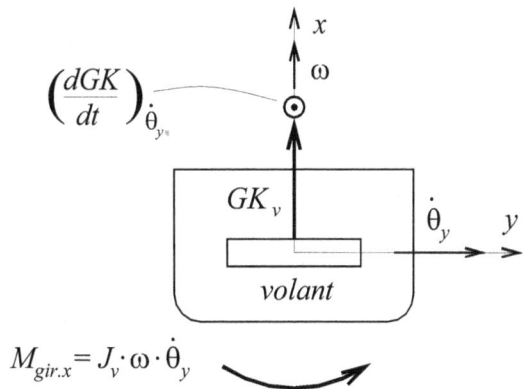

a)   b)   c)   d)

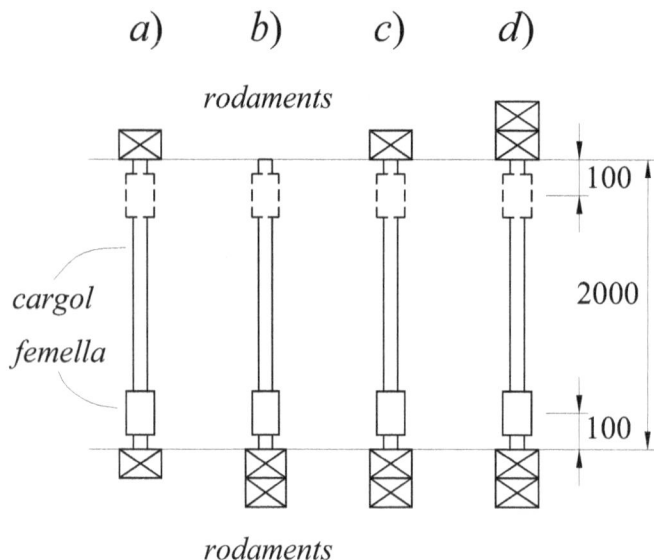

Enunciat

Els cargols de boles són transmissions de cargol–femella on hi ha un conjunt de boles interposades entre les dues parts de la rosca (amb un dispositiu de recirculació) a fi de millorar sensiblement el rendiment (fins a $\eta = 0.85$).

Quan el cargol gira i la femella es desplaça (forma més habitual de funcionament), el moviment queda limitat per la velocitat crítica del cargol a causa de la seva gran llargada i poc diàmetre.

En dependre en gran mesura el valor de la velocitat crítica del cargol dels suports dels seus extrems, es proposen les següents modelitzacions simplificades: *Rodament simple*: *suport*, que permet la deformació angular de l'extrem; *Rodament doble*: *encastament*, que no permet la deformació angular de l'extrem; *Lliure*, sense cap suport.

Es demana que s'avaluïn les quatre formes de muntatge del cargol mostrades a la Figura i que solen presentar els catàlegs: *a*) Rodament simple en els dos extrems; *b*) Rodament doble en un sol extrem; *c*) Rodament simple en un extrem i rodament doble en l'altre; *d*) Rodament doble en els dos extrems.

Dades: *Cargol*: longitud lliure $l=2000$ mm (no es té en compte el possible guiatge per mitjà de la femella); diàmetre $d=40$ mm; material: acer (densitat 7800 kg/m³, mòdul d'elasticitat $E=210000$ MPa).

Resolució

Atès que un cargol de boles és una barra amb la massa distribuïda uniformement, es calcula la primera velocitat crítica ja que és la primera que limita el ventall de velocitats d'utilització. Com ja es diu en l'enunciat, no es té en compte el guiatge de la femella per dos motius: *a*) En primer lloc, perquè en el seu continu moviment pot situar-se en un extrem on perdria pràcticament l'efecte de guiatge; *b*) Perquè el muntatge de la femella per l'usuari, en molts casos no assegura cap efecte de guiatge.

Essent la càrrega uniforme, el valor de la velocitat crítica es calcula per mitjà de l'equació simplificada de Rayleigh–Ritz (Capítol 9, Equació 16), per a la qual cal conèixer la deformació lateral màxima del cargol, $\delta_{màx}$, quan es sotmet al seu propi pes. La massa del cargol es calcula com un cos cilíndric i la càrrega per unitat de longitud, q, és el seu pes dividit per la longitud:

$$m=\frac{\pi}{4}\cdot d^2 \cdot l \cdot \gamma = \frac{\pi}{4}\cdot 0{,}04^2 \cdot 2{,}00 \cdot 7800 = 19{,}604 \ \text{kg}$$

$$q=m\cdot g / l = 19{,}604\cdot 9{,}81/2{,}00 = 96{,}155 \ \text{N/m}$$

El moment d'inèrcia d'una secció rodona és:

$$I=\frac{\pi}{64}\cdot d^4 = \frac{\pi}{64}\cdot 0{,}040^4 = 0{,}126\cdot 10^{-6} \ \text{m}^4$$

Les equacions generals de les bigues amb càrrega uniformement repartida són:

$E\cdot I \cdot \delta^{IV}=q$ (=constant) $\qquad\qquad q$ (càrrega per unitat de longitud)

$E\cdot I \cdot \delta^{III}=\dfrac{1}{2}q\cdot x + A$ $\qquad\qquad Q$ (força tallant)

$E\cdot I \cdot \delta^{II}=\dfrac{1}{2}q\cdot x^2 + A\cdot x + B$ $\qquad\qquad M$ (moment flector)

$E\cdot I \cdot \delta^{I}=\dfrac{1}{6}q\cdot x^3 + \dfrac{1}{2}A\cdot x^2 + B\cdot x + C$ $\qquad\qquad \theta$ (pendent de la deformada)

$E\cdot I \cdot \delta=\dfrac{1}{24}q\cdot x^4 + \dfrac{1}{6}A\cdot x^3 + \dfrac{1}{2}B\cdot x + C$ $\qquad\qquad \delta$ (deformada transversal)

L'aplicació d'aquestes fórmules a cada un dels casos del problema és la següent:

a) *Suport−suport*

Les condicions de contorn són: $\delta(0)=0$, $\delta(l)=0$, $\delta^{II}(0)=0$ i $\delta^{II}(l)=0$, d'on es dedueix la següent expressió de la deformada per aquests suports d'extrem:

$$E\cdot I \cdot \delta=\frac{1}{24}q\cdot x^4 - \frac{1}{12}q\cdot l\cdot x^3 + \frac{1}{24}q\cdot l^3 \cdot x$$

b) *Encastament−lliure*

Les condicions de contorn són: $\delta(0)=0$, $\delta^{I}(0)=0$, $\delta^{II}(0)=q\cdot l^2/(2\cdot E\cdot I)$, moment d'encastament, i $\delta^{II}(l)=0$, d'on es dedueix la següent expressió de la deformada per aquests suports d'extrem:

$$E\cdot I \cdot \delta=\frac{1}{24}q\cdot x^4 - \frac{1}{6}q\cdot l\cdot x^3 + \frac{1}{4}q\cdot l^2 \cdot x^2$$

c) *Encast–suport*

Les condicions de contorn són: $\delta(0)=0$, $\delta(l)=0$, $\delta'(0)=0$ i $\delta''(l)=0$, d'on es dedueix la següent expressió de la deformada per aquests suports d'extrem:

$$E \cdot I \cdot \delta = \frac{1}{24} q \cdot x^4 - \frac{5}{48} q \cdot l \cdot x^3 + \frac{1}{16} q \cdot l^2 \cdot x^2$$

d) *Encast–encast*

Les condicions de contorn són: $\delta(0)=0$, $\delta(l)=0$, $\delta'(0)=0$ i $\delta'(l)=0$, d'on es dedueix la següent expressió de la deformada per aquests suports d'extrem:

$$E \cdot I \cdot \delta = \frac{1}{24} q \cdot x^4 - \frac{1}{12} q \cdot l \cdot x^3 + \frac{1}{24} q \cdot l^2 \cdot x^2$$

En els casos a) i d) la deformada és simètrica i la màxima deformació es dóna al centre ($x=l/2$), en el cas b), la deformació màxima correspon al seu extrem ($x=l$), mentre que en el cas c) té lloc per a la secció corresponent a $x=0,578 \cdot l$ (resultat d'igualar a zero la primera derivada). La taula que es dóna a continuació (PR-3) resumeix els resultats:

Taula PR-3

		cas a) Suport–suport	cas b) Encast–lliure	cas c) Encast–suport	cas d) Encast–encast
x/l	(–)	0,500	1,000	0,578	0,500
$\delta_{màx}$	(m)	0,000759	0,007287	0,000315	0,000152
ω_c	(rad/s)	127,098	41,021	197,361	284,199
n_c	(min^{-1})	1213,7	391,7	1884,7	2713,9

Comentaris finals:

1. Aquestes velocitats són les que es troben en els catàlegs de característiques dels cargols de boles. En general, es recomana a la pràctica no superar el 80% d'aquesta velocitat crítica.

2. La forma constructiva del suport dels cargols de boles influeix d'una forma determinant en la seva velocitat crítica. Especialment crític és el suport del cargol de boles en voladís que limita dràsticament la velocitat màxima d'utilització. La col·locació d'un doble rodament per forçar un encastament és eficaç però comporta un cost més elevat.

Enunciat

Atès que la part inferior del cilindre d'un motor monocilíndric de 2 temps bombeja la barreja d'aire i gasolina vers la càmera de combustió a través dels canals de transferència, convé que el volum lliure de la cavitat inferior del cigonyal, sigui com més petita millor (la Figura mostra que la forma del cigonyal permet ajustar-se a la cavitat que el conté) ja que, la sobrepressió originada per la pistonada inferior col·labora a una ompierta més eficaç del cilindre.

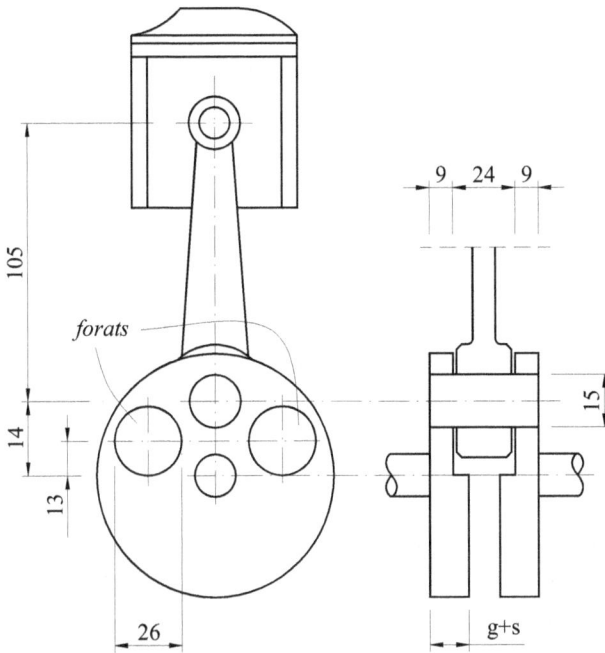

Es demana equilibrar el motor per mitjà de 4 forats d'alleugeriment en els discs del cigonyal i dos contrapesos semicilíndrics en la seva part interior. Determineu el gruix s.

El pistó té una massa de m_P =130 g i la biela té una massa m_b =230 g que es descompon en una massa equivalent en el seu peu de m_{bP} =170 g i una massa equivalent en el seu cap de m_{bC} =60 g. El cigonyal és d'acer (densitat γ =7,8 Mg/m^3).

Resolució

La forma òptima d'equilibrar un motor monocilíndric tan sols amb contrapesos en el cigonyal (tot i que queda descompensada la força d'inèrcia primària a $-\omega$) consisteix en equilibrar sobre el cigonyal les masses rotatives i les masses alternatives primàries a $+\omega$ situades sobre el colze del cigonyal.

En el present cas, l'equilibrament es realitza per mitjà de quatre forats d'alleugeriment en els discs del cigonyal, situats en el cantó de les masses desequilibrades (el forat actua com a massa de signe negatiu) i dos contrapesos semicilíndrics de gruix indeterminat, s, que permetran ajustar el sistema.

En primer lloc s'avaluen les masses desequilibrades i els contrapesos a partir dels volums i les densitats: el buló (la part central entre els discs del cigonyal); un forat d'alleugeriment; i un contrapès semicircular.

Massa rotativa desequilibrada

És la suma de la massa desequilibrada del cigonyal (buló) més la massa equivalent al peu de biela:

$$m_{rot} = m_{cig} + m_{BP} = 33{,}1 + 170 = 203{,}1 \text{ g}$$

Massa alternativa

Són la suma de la massa del pistó i la massa equivalent al cap de biela:

$$m_{alt} = m_{pis} + m_{BC} = 130 + 60 = 190 \text{ g}$$

Productes massa–distància de les masses desequilibrades

Corresponen a les masses rotatives i a la meitat de les masses alternatives, totes elles situades sobre el colze del cigonyal:

$$(m \cdot r)_{des} = (m_{rot} + m_{alt}/2) \cdot r = (203{,}1 + 190/2) \cdot 28 = 8346{,}8 \text{ g·mm}$$

Productes massa–distància de les masses equilibradores

Corresponen als 4 forats alleugeridors (pel fet de ser forats, estan en el mateix costat del desequilibri i compten amb valor negatiu) i als dos contrapesos semicilíndrics:

$$(m \cdot r)_{equ} = -4 \cdot m_{for} \cdot e_{for} - 2 \cdot m_{cp} \cdot e_{cp}$$
$$= (-4 \cdot 37{,}3 \cdot 13 - 2 \cdot (25{,}93 \cdot s) \cdot 19{,}5) = (m \cdot r)_{des} = 8346{,}8 \text{ g·mm}$$

D'aquesta darrera igualtat es dedueix el gruix dels contrapesos semicirculars:

$$s = 6{,}34 \text{ mm}$$

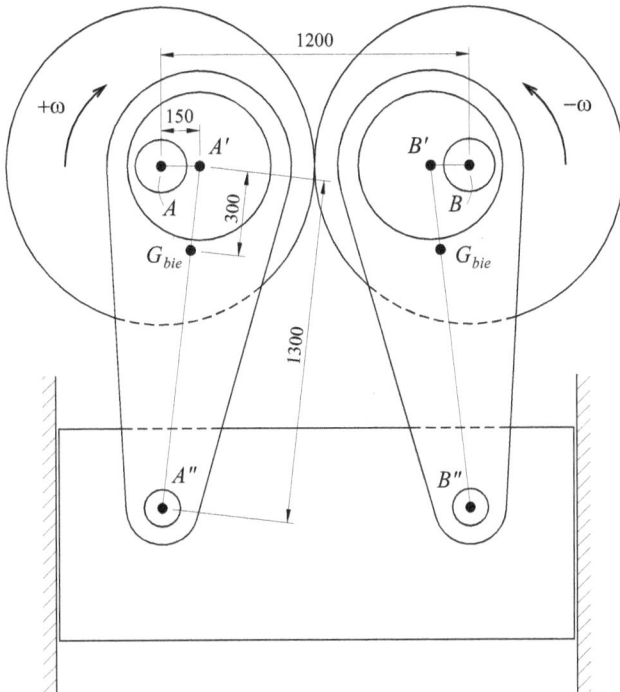

Enunciat

L'accionament d'una premsa consta de dos arbres enllaçats per dues rodes dentades exteriors iguals (moviments simètrics) que, a través de quatre excèntriques i quatre bieles (mecanisme duplicat en dos plans paral·lels), transmeten el moviment a la corredora, alhora que col·laboren en el seu guiatge paral·lel.

Es demana d'estudiar l'equilibrament d'aquest mecanisme d'accionament fent l'analogia amb els motors alternatius. En concret, es demana:

1. Forces d'inèrcia equilibrades o que es poden equilibrar amb contrapesos en els arbres A i B i forces d'inèrcia que no es poden equilibrar.

2. Per als equilibraments possibles, contrapesos necessaris en els arbres A i B.

3. Valor màxim de les forces d'inèrcia que no es poden equilibrar en els arbres A i B.

Massa de la corredora, $m_{cor} = 960$ kg; Massa d'una excèntrica: $m_{exc} = 90$ kg; Massa d'una biela, $m_{bie} = 260$ kg; Radi d'inèrcia d'una biela: $i_{Gbie} = 570$ mm. Cadència: 1 cicle/s.

Resolució

Descomposició de la biela en masses puntuals

Per a realitzar l'estudi d'equilibrament, en primer lloc cal descompondre la massa de la biela en dues masses situades en els corresponents cap i peu de biela. Atès que les articulacions de cap i de peu de biela no tenen perquè coincidir en punts conjugats respecte el centre de masses, G.

Cal comprovar l'error que es comet en fer aquesta descomposició de masses:

$$i_{Gbie}{}^2 = 570^2 = 324900 \text{ mm}^2$$
$$d_1 \cdot d_2 = 300 \cdot 1000 = 300000 \text{ mm}^2$$

Per tant, les noves masses puntuals donen un moment d'inèrcia un 8,3% més gran que el real de la biela (=100·(324900/300000)), fet que es considera acceptable. Les masses puntuals que resulten de la descomposició en el cap i en el peu són:

$$m_{bie1} = m_{bie} \cdot \frac{d_2}{d_1 + d_2} = 260 \cdot \frac{1000}{300 + 1000} = 200 \text{ kg}$$

$$m_{bie2} = m_{bie} \cdot \frac{d_1}{d_1 + d_2} = 260 \cdot \frac{300}{300 + 1000} = 60 \text{ kg}$$

1. *Grau d'equilibrament del sistema*

Els dos mecanismes d'excèntrica–biela–corredora que mostra la figura es mouen simètricament i estan duplicats en dos plans paral·lels (a efectes d'anàlisi, s'estudia com si situessin en un mateix pla) i poden ser modelitzats com a dos motors monocilíndrics que es mouen en paral·lel, amb excèntriques (o cigonyals) que giren en sentits contraris i que comparteixen una mateixa corredora (o pistó).

Partint de la posició de l'enunciat i, tenint en compte la simetria geomètrica i de moviment del sistema, s'estableixen els quatre grups de forces d'inèrcia (i els rotors equivalents corresponents) de les masses alternatives.

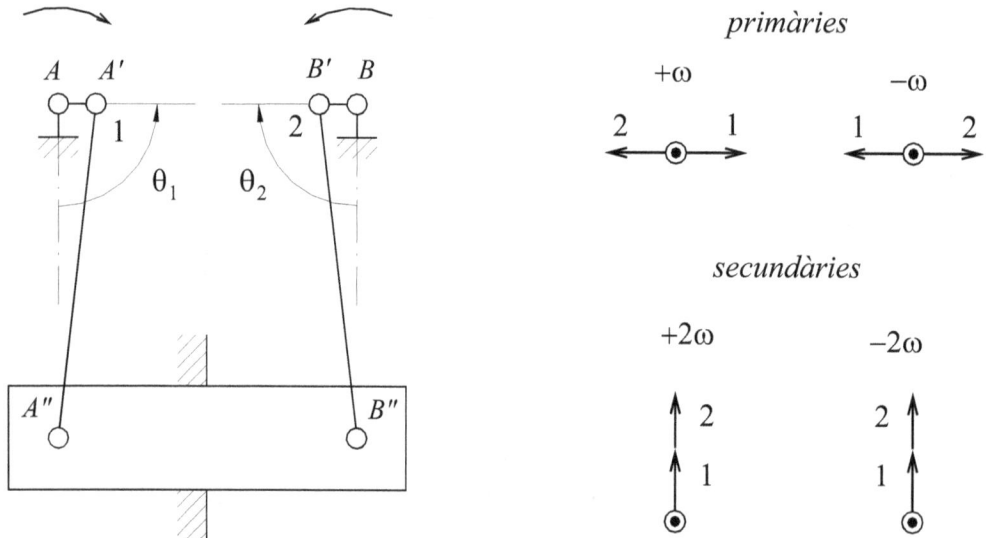

S'observa que tant les forces d'inèrcia primàries a $+\omega$ com les a $-\omega$ queden equilibrades per al conjunt del sistema, mentre que totes forces d'inèrcia secundàries a $+2\omega$ i a -2ω queden desequilibrades. Les forces d'inèrcia secundaries no poden ser equilibrades ja que requereixen uns rotors que girin $+2\omega$ i a -2ω (aquests arbres es podrien crear, però el mecanisme resultaria més complex i costós).

2. *Contrapesos en els arbres A i B*

En principi no són necessaris contrapesos sobre els arbres A i B per equilibrar les forces d'inèrcia creades per les masses rotatives ni les forces d'inèrcia primàries de les masses alternatives, ja que estan equilibrades per al conjunt de la premsa.

En tot cas, per disminuir les càrregues sobre els suports dels arbres A i B, es poden col·locar uns contrapesos sobre aquests arbres que contrarestin les forces d'inèrcia de les masses rotatives desequilibrades (dues excèntriques i dos peus de biela per cada arbre) i les forces d'inèrcia primàries a $+\omega$ de les masses alternatives associades a cada un d'aquests dos arbres (dos caps de biela i la meitat de la corredora):

$$m_{rot} = 2 \cdot m_{exc} + 2 \cdot m_{biel1} = 2 \cdot 90 + 2 \cdot 200 = 580 \ \text{kg}$$
$$m_{alt} = m_{corr} / 2 + 2 \cdot m_{biel2} = 960 / 2 + 2 \cdot 60 = 600 \ \text{kg}$$

En aquest cas, els contrapesos necessaris sobre cada arbre són la suma de les masses rotatives desequilibrades més la meitat de la massa alternativa associada (corresponent a les forces d'inèrcia primàries), situades a la distància e=0,150 m i en sentit contrari a l'excèntrica. Si els contrapesos se situen a una distància diferent, el producte massa per excentricitat ha de ser:

$$(m \cdot e)_A = (m \cdot e)_B = (m_{rot} + m_{alt} / 2) \cdot e = (580 + 600 / 2) \cdot 0,150 = 132 \ \text{kg·m}$$

2. *Valor màxim de les forces d'inèrcia no equilibrades*

Resten desequilibrades les forces d'inèrcia secundàries originades per la massa alternativa (suma de la dels dos mecanismes). S'avaluen a través de la següent fórmula:

$$F_{I \, \text{sec}} = \left(2 \cdot m_{alt} \cdot \frac{e^2}{l} \right) \cdot \omega^2 \cdot \cos 2\omega t$$

Els valors màxims d'aquesta força d'inèrcia secundària corresponen als moments en què l'angle girat pels arbres respecte a la posició en què l'excèntrica (equivalent al cigonyal) i la biela estan alineades, són múltiples de 90° (per tant, cada quart de volta). El seu valor és:

$$\left(F_{I \, \text{sec}} \right)_{màx} = \left(2 \cdot m_{alt} \cdot \frac{e^2}{l} \right) \cdot \omega^2 = 2 \cdot 600 \cdot \frac{0,15^2}{1,3} \cdot (2 \cdot \pi)^2 = 819,9 \ \text{N}$$

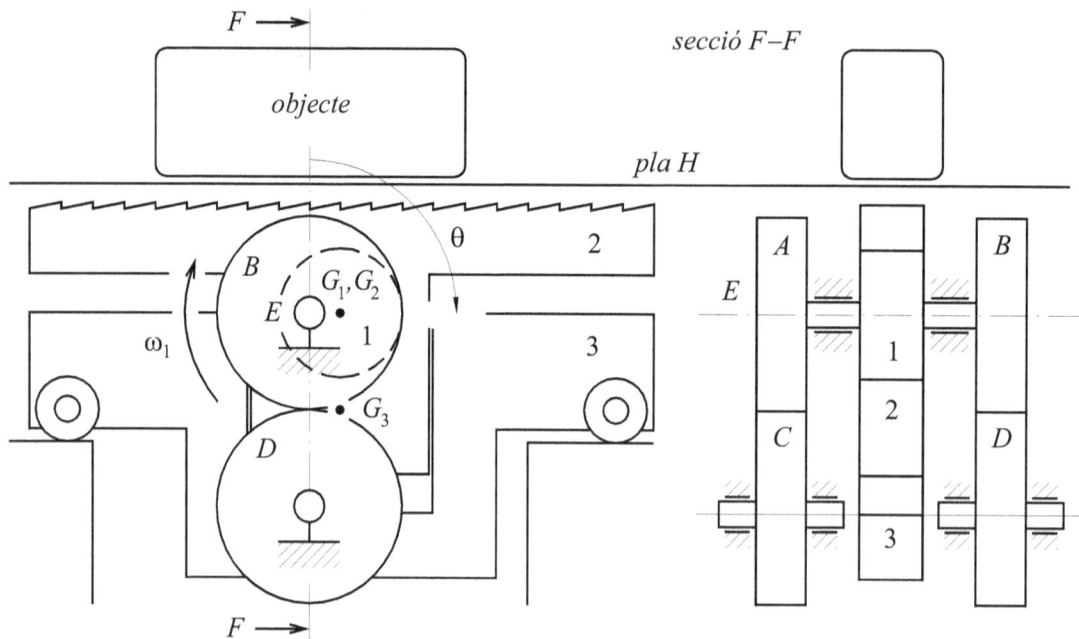

Equilibrament d'un mecanisme d'avanç intermitent

Enunciat

La Figura mostra un mecanisme d'alimentació amb avanç intermitent produït quan, en desplaçar-se la serreta S vers la dreta, sobresurt del pla H de suport dels objectes mentre que, en desplaçar-se vers l'esquerra, retorna per sota d'aquest pla. El mecanisme bàsic està format per una excèntrica 1 que mou el membre 2 (solidari amb la serreta S) guiat verticalment pel membre 3 que el seu torn està guiat horitzontalment sobre la base.

El sistema es completa amb quatre rodes dentades iguals, A, B, C i D, dues sobre l'eix de l'excèntrica engranades amb les altres dues situades sobre uns eixos a la vertical dels anteriors, les quals són susceptibles de ser el suport de diversos contrapesos del sistema. Es demana:

1. Analitzar els desequilibris d'aquest mecanisme sense contrapesos
2. Equilibrament possible del mecanisme amb contrapesos situats sobre les rodes dentades A, B, C i D
3. Productes $m \cdot r$ dels contrapesos sobre les rodes dentades A, B, C i D que materialitzin el màxim grau d'equilibrament possible del sistema
4. Proposta de la geometria d'aquestes masses sabent que són d'acer ($\gamma = 7800$ kg·m^2)
5. Moment d'inèrcia reduït a l'eix E del sistema desequilibrat i equilibrat. Increment del moment d'inèrcia a causa de les rodes dentades i contrapesos.

Dades: *Membre* 1: excentricitat EG_1=5 mm massa m_1 =25 g, moment d'inèrcia J_{G1}=1,25 kg·mm^2; *Membre* 2: massa m_2 =125 g, moment d'inèrcia J_{G2} =120 kg·mm^2; *Membre* 3: massa m_3 =150 g, moment d'inèrcia J_{G3}=135 kg·mm^2; *Rodes dentades*: diàmetre primitiu d=30 mm, massa m_d = 55g, moment d'inèrcia J_d = 6,25 kg·mm^2.

Resposta

1. *Anàlisi dels desequilibris*

Els membres d'aquest mecanisme que presenten desequilibris són els 1, 2 i 3.

L'excèntrica 1, pel fet de tenir el seu centre d'inèrcia fora de l'eix de revolució E, fa que s'origini una força d'inèrcia giratòria dirigida del punt E vers G_1 de mòdul:

$$F_{I1} = m_1 \cdot EG_1 \cdot \omega_1^2$$

El membre 2 realitza una translació paral·lela al voltant del seu centre d'inèrcia que descriu trajectòries circulars al voltant del punt E. S'origina, doncs, una força d'inèrcia giratòria dirigida del punt E vers G_1, anàloga a la de l'excèntrica, que s'expressa per:

$$F_{I2} = m_2 \cdot EG_2 \cdot \omega_1^2 = m_2 \cdot EG_1^2 \cdot \omega_1^2 \qquad (EG_1 = EG_2)$$

El membre 3 realitza un moviment de translació que és la projecció del moviment dels punts $G_1 \equiv G_2$ sobre l'horitzontal paral·lela al voltant del seu centre d'inèrcia que descriu trajectòries circulars al voltant del punt E. S'origina, L'expressió de la força d'inèrcia horitzontal és:

$$F_{I3} = m_3 \cdot EG_1 \cdot \omega_1^2 \cdot \sin\theta_1 = m_3 \cdot EG_1 \cdot \omega_1^2 \cdot \sin(\omega_1 \cdot t) \qquad (\omega_1 \text{ constant})$$

2. *Equilibrament possible*

Tant el desequilibri del membre 1 com el del membre 2 es poden equilibrar simplement amb contrapesos sobre les rodes A i B lligades a l'eix E.

El desequilibri del membre 3 no és causat per un moviment rotatiu sinó per un moviment alternatiu de llei sinusoïdal. Aquest desequilibri es pot compensar amb dos contrapesos giratoris situades sobre rodes dentades iguals que giren en sentits contraris amb la tangent de contacte coincident amb l'eix de moviment alternatiu que conté el centre d'inèrcia de G_3. Atès que aquestes rodes i contrapesos no es poden situar constructivament en el pla del mecanisme, es dupliquen en dos plans simètrics que contenen les rodes dentades A i C, l'un d'ells, i les rodes dentades B i D, l'altre.

Per tant, l'equilibrament del mecanisme pot ser total.

3. *Productes (m·r) de les masses equilibradores*

Els contrapesos de les rodes A i B han de compensar les masses excèntriques dels membres 1 i 2, a més de la meitat del desequilibri de la massa del membre 3, mentre que els contrapesos de les rodes C i D tan sols han de compensar l'altra meitat del desequilibri de la massa del membre 3. Tenint present que hi ha dos plans d'equilibrament simètrics, les masses equilibradores es reparteixen entre ells. Expressat en termes matemàtics:

$$(m·r)_A = (m·r)_B = ((m_1 + m_2) · EG_1)/2 + ((m_3/2) · EG_1)/2 =$$
$$= ((25+125) · 5)/2 + ((150/2)·5)/2 = 562,5 \text{ g·mm}$$

$$(m·r)_C = (m·r)_D = ((m_3/2) · EG_1)/2 = ((150/2)·5)/2 = 187,5 \text{ g·mm}$$

4. *Materialització dels contrapesos*

Si els contrapesos es materialitzen en forma d'un cilindre partit per un pla diametral (geometria que aprofita al màxim l'espai sense que els contrapesos interfereixin entre ells), el producte de la massa per la distància en funció del diàmetre i amplada d'aquest volum és:

$$(m·r)_A = \left(\frac{1}{2} · \frac{\pi}{4} · d_A^3 · b_A · \gamma \right) · \left(\frac{4}{3·\pi} · \frac{d_A}{2} \right)$$

Aïllant l'amplada i substituint valors per als dos tipus de contrapesos (es prenen uns diàmetres exteriors dels contrapesos lleugerament inferiors als primitius a fi de facilitar el moviment entre ells), s'obté:

$$b_A = b_B = \frac{12·(m·r)_A}{d_A^3 · \gamma} = \frac{12·562,5}{29,5^3 · 0,0078} = 33,709 \text{ mm}$$

$$b_C = b_D = \frac{12·(m·r)_C}{d_C^3 · \gamma} = \frac{12·187,5}{29,5^3 · 0,0078} = 11,236 \text{ mm}$$

La representació gràfica dels contrapesos A i B fa veure immediatament que es dóna una desproporció en l'amplada. Una manera de disminuir-la és augmentant el diàmetre, que sols es pot fer per la cara interior. El diàmetre màxim del contrapès interior perquè no interfereixi els arbres de les rodes C i D ni amb el pla H és de 40 mm, d'on en resulta una amplada del contrapès interior de:

$$b_{A\text{int}} = b_{B\text{int}} = \frac{12·((m·r)_A - (m·r)_{A\text{ext}})}{b_{A\text{ext}} · \gamma} = \frac{12·(562,5-187,5)}{40^3 · 0,0078} = 9,014 \text{ mm}$$

Aquesta dimensió és molt més raonable tal com mostra la seva representació gràfica.

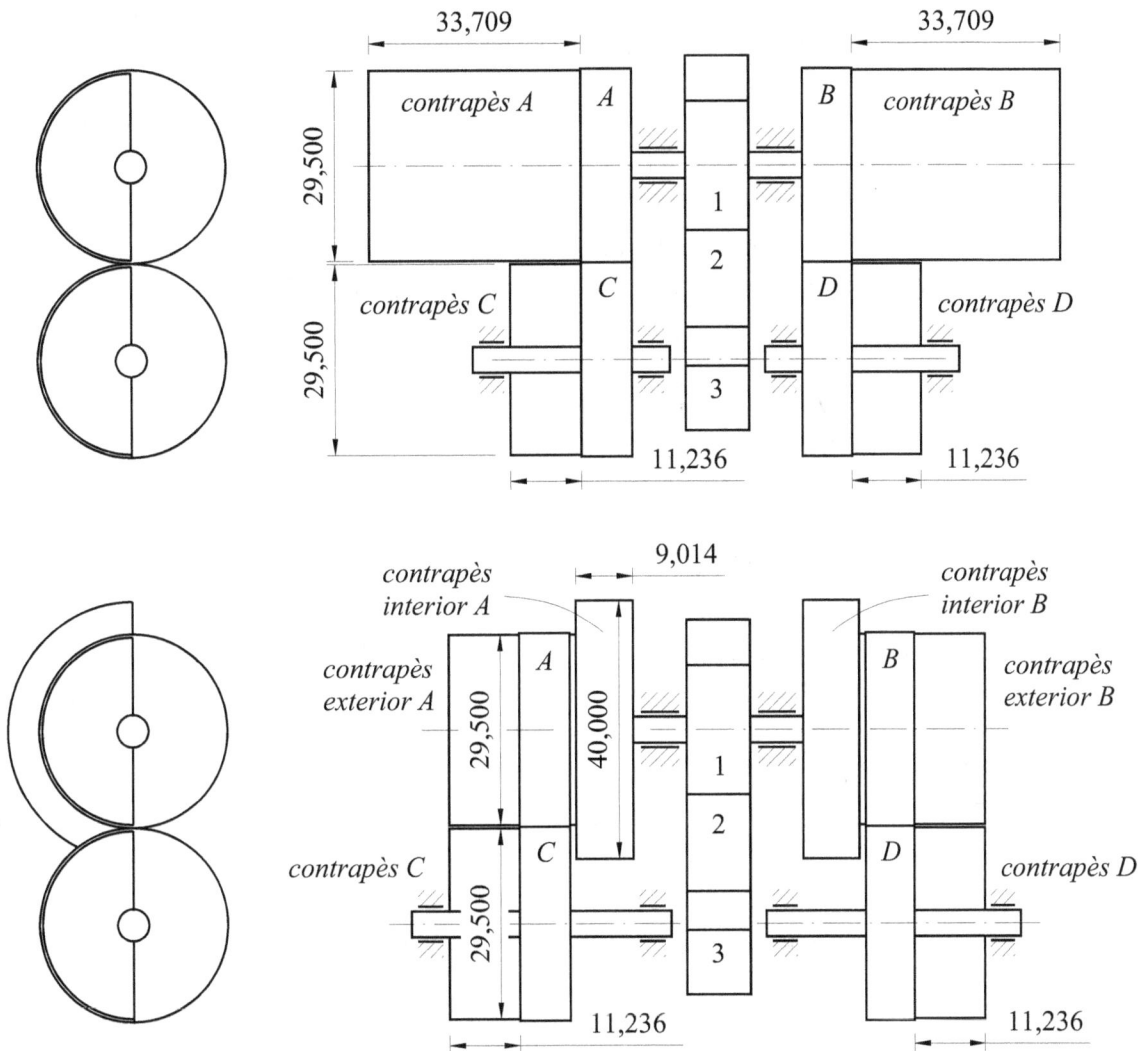

5. Moments d'inèrcia reduïts

En el moment d'inèrcia reduït a l'eix E hi intervenen els següents components:

El moment d'inèrcia de l'excèntrica respecte E (cal aplicar el teorema de Steiner), i els moments d'inèrcia de les quatre rodes dentades amb o sense les masses equilibradores (segons els casos), intervenen amb els seus valors reals, ja que giren amb la velocitat de l'eix de reducció.

El membre 2, en no canviar de direcció, intervé com a massa puntual situada al seu centre d'inèrcia, G_2.

El membre 3 tampoc canvia de direcció i la seva massa es desplaça horitzontalment seguint una llei sinusoïdal (l'eix de l'excèntrica és l'eix de reducció: $\omega_1=\omega_E$):

$$x_{G3} = EG_1 \cdot \sin(\omega_1 \cdot t) \qquad v_{G3} = \omega_1 \cdot EG_1 \cdot \cos(\omega_1 \cdot t) \qquad i_{G3E} = \frac{v_{G3}}{\omega_E} = EG_1 \cdot \cos(\omega_1 \cdot t)$$

Moment d'inèrcia reduït del sistema sense equilibrar

En funció dels comentaris anteriors, l'expressió del moment d'inèrcia reduït del sistema sense equilibrar és (les masses es donen en kg i les distàncies en mm):

$$J_{E(no.eq)} = (J_1 + m_1 \cdot EG_1^2) + m_2 \cdot EG_1^2 + m_3 \cdot EG_1^2 \cdot \cos^2 \theta =$$
$$= 1,25 + 0,025 \cdot 5^2 + 0,125 \cdot 5^2 + 0,150 \cdot 5^2 \cdot \cos^2 \theta =$$
$$= 1,25 + 0,625 + 3,125 + 3,75 \cdot \cos^2 \theta = 5 + 3,75 \cdot \cos^2 \theta$$

Moment d'inèrcia reduït del sistema equilibrat

En aquest cas cal afegir-hi els moments d'inèrcia de les quatre rodes dentades i els del conjunt de contrapesos.

El moment d'inèrcia dels contrapesos respecte a l'eix de gir és la meitat de la d'un cilindre i, atès que tots ells estan duplicats (un a cada costat del pla del mecanisme), cada parella compte com un cilindre complet a efectes de moment d'inèrcia (com en els casos anteriors, la massa està calculada en kg i els radis en mm):

$$J_{A\,ext} + J_{B\,ext} = \frac{1}{2}\left(\frac{\pi}{4} \cdot d_{A\,ext}^2 \cdot b_{A\,ext} \cdot \gamma\right) \cdot \left(\frac{d_{A\,ext}}{2}\right)^2 =$$
$$= \frac{1}{2}\left(\frac{\pi}{4} \cdot 0,0295^2 \cdot 0,0112 \cdot 7800\right) \cdot \left(\frac{29,5}{2}\right)^2 = 6,516 \ \text{kg·mm}^2$$

$$J_{A\,int} + J_{B\,int} = \frac{1}{2}\left(\frac{\pi}{4} \cdot d_{A\,int}^2 \cdot b_{A\,int} \cdot \gamma\right) \cdot \left(\frac{d_{A\,int}}{2}\right)^2 =$$
$$= \frac{1}{2}\left(\frac{\pi}{4} \cdot 0,0400^2 \cdot 0,00901 \cdot 7800\right) \cdot \left(\frac{40}{2}\right)^2 = 17,663 \ \text{kg·mm}^2$$

Els contrapesos C i D són iguals al A_{ext} i B_{ext}. A partir dels anteriors valors, el moment d'inèrcia reduït a l'eix E del sistema equilibrat és:

$$J_{E(no.eq)} = (J_1 + m_1 \cdot EG_1^2) + m_2 \cdot EG_1^2 + m_3 \cdot EG_1^2 \cdot \cos^2 \theta +$$
$$+ 4 \cdot J_D + (J_{A\,ext} + J_{B\,ext}) + (J_{A\,int} + J_{B\,int}) + (J_C + J_D) =$$
$$= 1,25 + 0,025 \cdot 5^2 + 0,125 \cdot 5^2 + 0,150 \cdot 5^2 \cdot \cos^2 \theta +$$
$$+ 4 \cdot 6,25 + 6,516 + 17,663 + 6,516 = 60,695 + 3,75 \cdot \cos^2 \theta$$

Comentaris finals

a) Aquest és un mecanisme que es pot equilibrar completament malgrat que sigui a costa d'una més gran complexitat (eixos complementaris, rodes dentades, contrapesos). Es podria compensar una gran part del desequilibri sobre l'eix principal E (totalment els membres 1 i 2 i parcialment el 3), però quedaria una força d'inèrcia descompensada que seria la que correspon a les rodes C i D (giraria a la velocitat de l'eix principal, però en sentit contrari).

b) Sovint, un dels problemes més difícils que presenta l'equilibrament dels mecanismes i les màquines consisteix en la materialització dels contrapesos que poden obligar fins i tot a modificar de forma substancial les disposicions constructives.

c) L'equilibrament de mecanismes i màquines sempre comporta un increment del moment d'inèrcia reduït del sistema, com esdevé en el present cas. En algunes aplicacions, aquest fet pot constituir un inconvenient.

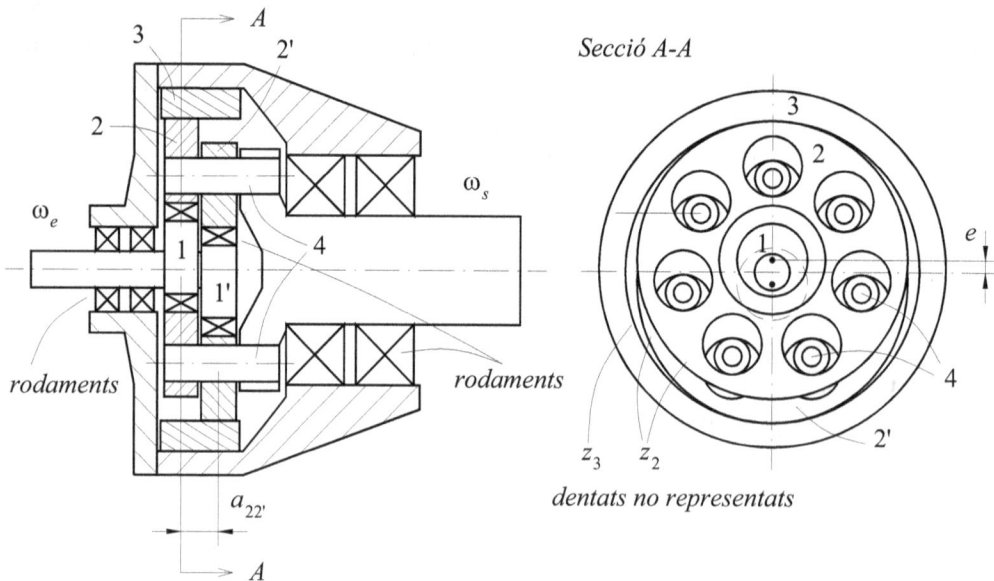

Secció A-A

dentats no representats

Enunciat

La figura mostra un reductor epicicloïdal, dels usats en robòtica, amb una relació de transmissió elevada ($i=10\div100$), que permet enllaçar motors ràpids ($\omega_m=157\div367$ rad/s, o $1500\div3500$ min^{-1}) amb braços receptors lentes ($\omega_r=1\div10$ rad/s, unes $10\div100$ min^{-1}).

El seu funcionament és com segueix: l'eix d'entrada va unit a l'excèntrica 1 (excentricitat, e) on s'articula el rotor discoïdal 2, dentat exteriorment (z_2), que engrana amb la corona fixa 3, dentada interiorment (z_3, lleugerament superior a z_2). L'arbre de sortida, solidari a uns pivots d'arrossegament 4, rep el moviment i el parell dels rotors discoïdals a través de l'enllaç amb uns forats lleugerament més grans.

Per equilibrar la força d'inèrcia que crea el moviment del centre del rotor discoïdal, se sol col·locar dues excèntriques i rotors discoïdals, desfasats entre si 180° i lleugerament desplaçats axialment (resta un petit parell d'inèrcia desequilibrat). Aquesta disposició també compensa els components radials de les forces que transmeten el parell.

Es demana el moment d'inèrcia reduït a l'eix d'entrada del reductor epicicloïdal.

Dades del problema: *Engranatge*: roda exterior $z_2=92$, corona interior $z_3=100$; mòdul, $m_0=2$; *Membre 1* (arbre d'entrada amb les excèntriques): Excentricitat $e=2$ mm, massa $m_1=0,95$ kg, moment d'inèrcia $J_1=0,000068$ kg·m^2; *Membres 2* (2 rotors discoïdals): distància entre els plans mitjans dels dos rotors discoïdals $a=13$ mm, massa (de cada un) $m_2=1,35$ kg, moment d'inèrcia (de cada un) $J_2=0,0085$ kg·m^2; *Membre 3* (arbre de sortida): massa, $m_3=5,30$ kg, moment d'inèrcia, $J_3=0,0031$ kg·m^2.

Resolució:

Cinemàtica

El rotor discoïdal 2, el centre del qual és arrossegat per l'excèntrica 1 en el sentit marcat per la Figura, engrana per la seva perifèria amb la corona 3 a través del punt d'engranament I_{23} (centre instantani relatiu). Per tant, la seva velocitat angular té sentit contrari a la de l'excèntrica. L'excentricitat és:

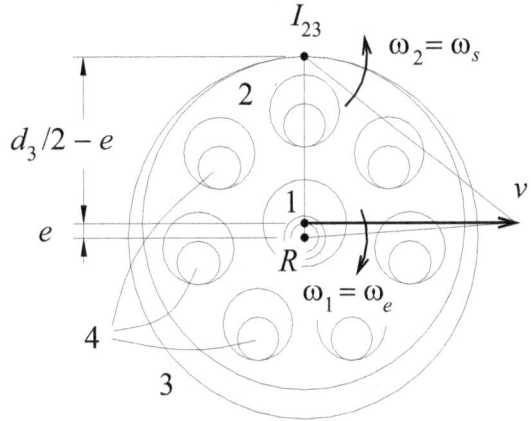

$$e = \frac{d_3 - d_2}{2} = \frac{z_3 - z_2}{2} \cdot m_0 =$$

$$= \frac{100 - 92}{2} \cdot 2 = 8 \ \text{mm}$$

L'enllaç tangencial, a través del forats cilíndrics, del rotor discoïdal 3 amb els pivots d'arrossegament 4, assegura en tot moment que el moviments angulars del rotor discoïdal i l'arbre de sortida són el mateix.

Per tant, la cinemàtica del mecanisme queda determinada quan es coneix la relació de velocitats entre l'excèntrica 1 i el rotor discoïdal 2. A partir de la Figura es pot establir:

$$\frac{\omega_1}{\omega_2} = \frac{\omega_e}{\omega_s} = i_{RS} = \frac{v/e}{-v/(d_3/2 - e)} = \frac{d_3/2 - e}{-e} = \frac{d_3/2 - (d_3 - d_2)/2}{-(d_3 - d_2)/2} = \frac{d_2}{d_2 - d_3} = \frac{z_2}{z_2 - z_3}$$

$$i_{RS} = \frac{z_2}{z_2 - z_3} = \frac{92}{92 - 100} = \frac{23}{-2}$$

Moment d'inèrcia reduït a P

Els diferents moments d'inèrcia i masses que intervenen en el càlcul del moment d'inèrcia reduït d'aquest reductor epicicloïdal, són:

Membre 1 (eix d'entrada i excèntriques). El seu eix és l'eix de reducció R i, per tant, el seu moment d'inèrcia no es modifica. El seu centre d'inèrcia es troba sobre l'eix de rotació i, per tant, la massa no intervé en el càlcul.

Membre 2 (2 rotors discoïdals que sumen els seus efectes ja que les relacions amb l'eix de reducció són equivalents). El seu centre d'inèrcia es desplaça seguint trajectòries circulars amb radi l'excentricitat de l'excèntrica, *e*, recorregudes amb la velocitat angular de l'eix de reducció R. La relació entre la velocitat angular absoluta dels rotors discoïdals i la velocitat de l'eix de reducció ve donada per i_{RS}.

Membre 3 (corona dentada). És fixa i ni el moment d'inèrcia ni la massa intervenen en el càlcul.

Membre 4 (eix de sortida amb els pivots d'arrossegament). La relació de velocitats entre aquest eix i el de reducció R ve donada per l'expressió i_{RS}. El seu centre d'inèrcia es troba sobre l'eix de rotació i, per tant, la massa no intervé en el càlcul.

A partir de les relacions cinemàtiques obtingudes i de les consideracions anteriors, es pot establir el següent càlcul per al moment d'inèrcia reduït del reductor:

$$J_R = J_1 + 2 \cdot m_2 \cdot e^2 + 2 \cdot \frac{J_2}{i_{RS}^2} + \frac{J_3}{i_{RS}^2} = 0{,}000068 + 2 \cdot 1{,}35 \cdot 0{,}004^2 + 2 \cdot \frac{0{,}0085}{(-23/2)^2} + \frac{0{,}0031}{(-23/2)^2} =$$
$$= 0{,}000068 + 0{,}000043 + 0{,}000128 + 0{,}000023 = 0{,}000262 \ \text{kg·m}^2$$

Comentaris finals

Aquest reductors per a robòtica estan dissenyats de tal manera que la inèrcia reduïda a l'eix d'entrada sigui especialment baixa.

En el cas analitzat, a fi que la figura aparegués amb una excentricitat fàcilment visible, s'ha optat per una relació de transmissió baixa entre les possibles i, aleshores, el terme tercer de l'equació del moment d'inèrcia resulta el més important; en reductors de relació de transmissió més elevada, el terme més important és el de l'arbre d'entrada.

Els reductors cicloïdals tenen la mateixa estructura que el reductor objecte d'aquest problema amb l'única diferència que l'engranament entre el rotor discoïdal i la corona fixa es realitza per mitjà de l'enllaç d'uns pivots perimetrals fixos i el perfil cicloïdal exterior del rotor. L'anàlisi i els resultats d'aquest problema són, doncs, també vàlids per als reductors cicloïdals.

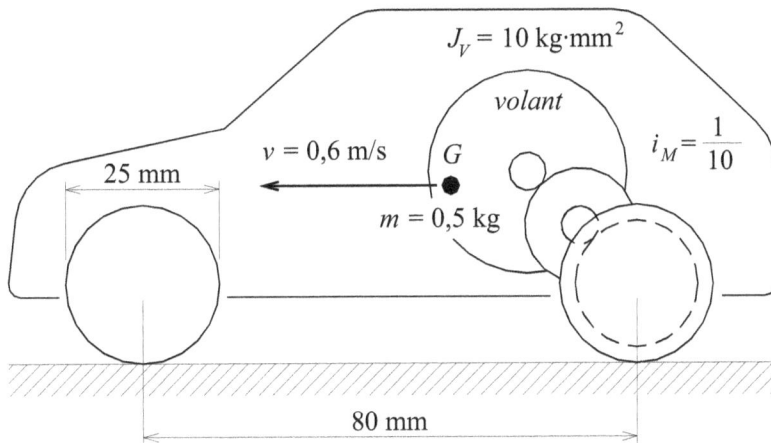

Enunciat

Un automòbil de joguina pot recórrer trajectes més llargs gràcies a un volant d'inèrcia en el seu interior, connectat a les rodes per mitjà d'uns engranatges multiplicadors ($i_M = 1/10$), que acumula una determinada energia cinètica. D'aquesta manera, adquireix una massa aparent (massa reduïda al seu centre de masses, G, molt més elevada que la massa real. Es demana:

1. Massa reduïda del vehicle en el seu centre de masses, G (es consideren la massa de l'automòbil, $m = 0,250$ kg, i el moment d'inèrcia del volant, $J_v = 0,00001$ kg·m^2, però no els moments d'inèrcia de les rodes ni dels eixos intermedis).

2. Si s'accelera el vehicle fins a una velocitat de $v = 0,6$ m/s, i se'l situa sobre un pla inclinat, quin desnivell pot superar ? (es menyspreen els efectes dels frecs). Compareu-lo amb el desnivell que superaria sense el volant.

Resolució

1. Sabent que la relació de velocitats entre el volant i el vehicle és:

$$\omega_v / v = (\omega_v / \omega_{rod}) \cdot (\omega_{rod} / v) = 10 \cdot (1 / 0,0125) = 800 \ \text{m}^{-1}$$

La massa reduïda del vehicle en el seu centre de masses, G, s'expressa per:

$$m_{GR} = m + J_v \cdot (\omega_v / v)^2 = 0,250 + 0,00001 \cdot 800^2 = 6,650 \ \text{kg}$$

2. L'energia cinètica del vehicle amb volant, E_{cv}, i l'energia cinètica del vehicle sense volant, E_c, a la velocitat de $v=0,6$ m/s, són:

$$E_{cv} = \tfrac{1}{2} \cdot m_{GR} \cdot v^2 = \tfrac{1}{2} \cdot 6,650 \cdot 0,6^2 = 1,197 \ \text{J}$$

$$E_c = \tfrac{1}{2} \cdot m \cdot v^2 = \tfrac{1}{2} \cdot 0,250 \cdot 0,6^2 = 0,045 \ \text{J}$$

Per calcular el desnivell, h, en cada un dels dos casos, cal igualar l'energia cinètica amb l'energia potencial $E_p = m \cdot g \cdot h$:

Vehicle amb volant $h_v = E_{cv}/(m \cdot g) = (1,197+0,045)/(0,250 \cdot 9,81) = 0,506 \ \text{m}$

Vehicle sense volant $h = E_c/(m \cdot g) = 0,045/(0,250 \cdot 9,81) = 0,018 \ \text{m}$

S'observa el gran creixement de la massa aparent que experimenta el vehicle gràcies al volant. A causa del petit pes del vehicle, aquesta massa aparent no és efectiva en la topada del vehicle amb un objecte, ja que les rodes rellisquen.

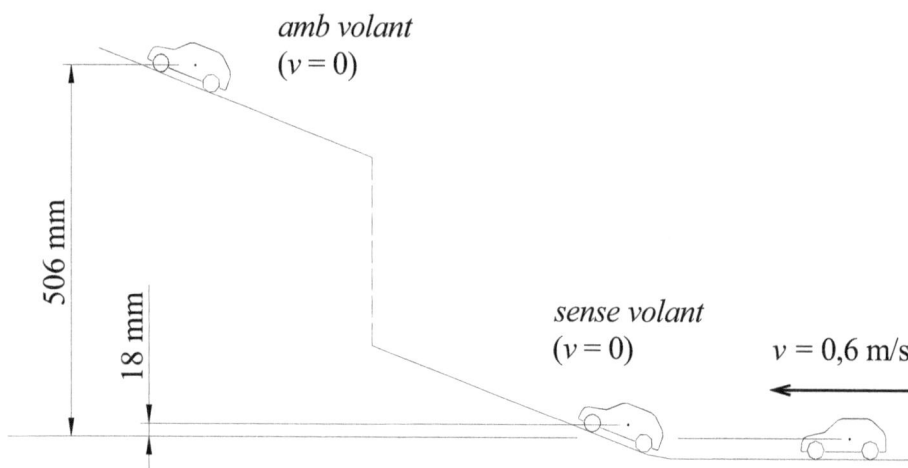

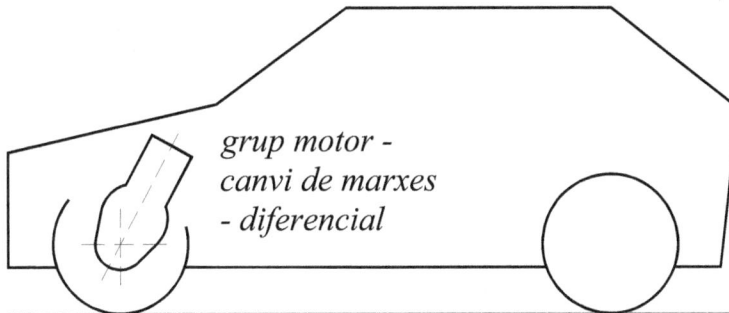

grup motor -
canvi de marxes
- diferencial

Enunciat

A partir de diferents paràmetres d'un automòbil i del seu sistema de transmissió que es donen més endavant, es demana:

1. Moment d'inèrcia reduït, J_M, a la sortida del motor (punt M) per al conjunt de l'automòbil i del sistema de transmissió per a les 5 marxes.

2. Parell receptor reduït, M_{cepM}, a la sortida del motor (punt M) per a les 5 marxes, tenint en compte la resistència al rodolament ($\mu_{rod}=0{,}012$), la resistència al pendent, (pendent, $p=5\%$) i la resistència a l'aire, $F_{air}=0{,}5\cdot v^2$, en N (v en m/s).

3. Acceleració del vehicle per al parell motor màxim de $M_{mot}=150$ N·m a un règim del motor de 4200 min^{-1}, per a la velocitat que correspon a cada una de les 5 marxes.

4. Com a conclusió, es demanen les prestacions màximes del vehicle: pendent màxim que pot superar en primera marxa i velocitat màxima que pot arribar en cinquena marxa, amb el parell motor i règim de velocitat del apartat anterior (correspon aproximadament a una potència de 90 cavalls (exactament 65,97 kW).

Paràmetres. *Vehicle*: massa $m=1200$ kg; *Rodes*: diàmetre, $d_{rod}=600$ mm, moment d'inèrcia: $J_{rod}=0{,}35$ kg·m^2; *Eix motor+volant+primari del canvi*: moment d'inèrcia $J_{mvp}=0{,}050$ kg·m^2; *Eix secundari del canvi*: moment d'inèrcia $J_s=0{,}005$ kg·m^2; *Eix diferencial+paliers*: moment d'inèrcia $J_d=0{,}020$ kg·m^2; *Canvi de marxes*: relacions de dents (z_p/z_s), primera 15/56, segona 23/47, tercera 31/41, quarta (36/35); cinquena (42/31); reducció final RF: (19/72).

Es demana que l'estudi es realitzi per a dos casos de complexitat creixent: *a*) Sense considerar els rendiments de les transmissions; *b*) Considerant els rendiments de les transmissions.

Rendiments de les transmissions: canvi $\eta_{PS}=0{,}90$; reducció final, $\eta_{SD}=0{,}90$; el rendiment de la transmissió roda–terra ja està contemplat en la resistència al rodolament.

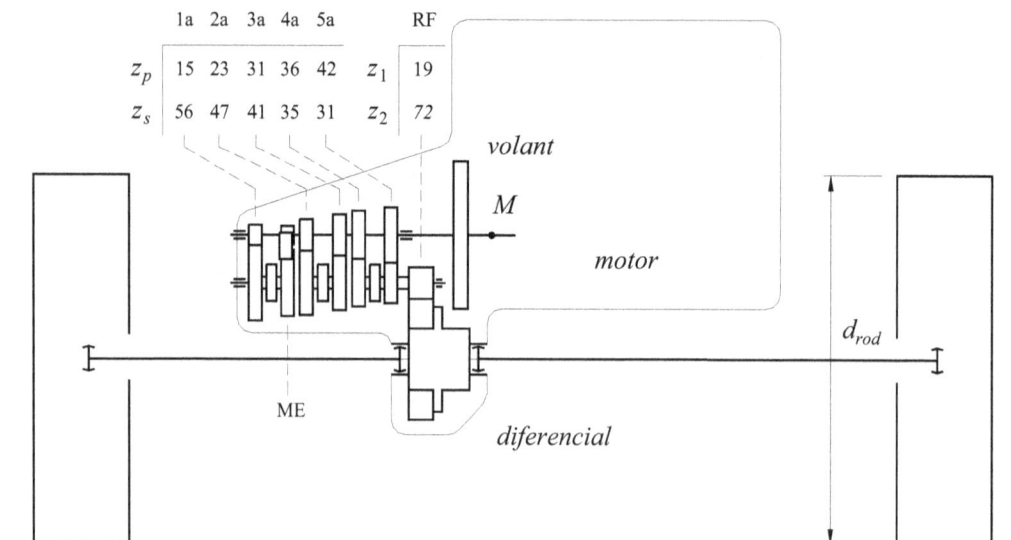

	1a	2a	3a	4a	5a		RF
z_p	15	23	31	36	42	z_1	19
z_s	56	47	41	35	31	z_2	72

Resolució

Relacions de velocitats

Tant per a reduir masses com per a reduir forces, cal establir les relacions de velocitats que, en el cas de l'automòbil, depenen de la marxa del canvi que hi ha connectada. Les tres relacions de velocitats que interessen són les que relacionen els eixos del motor, volant i primari del canvi de marxes (eix angular *M*) amb el del secundari del canvi de marxes (eix angular *S*), el del diferencial (eix angular *D*) i el del vehicle (eix lineal *G*), les expressions de les quals són:

$$i_{SM} = \frac{\omega_S}{\omega_M} = \frac{z_p}{z_s} \qquad \text{depèn de la marxa}$$

$$i_{DM} = \frac{\omega_D}{\omega_M} = \frac{\omega_D}{\omega_S} \cdot \frac{\omega_S}{\omega_M} = \frac{z_1}{z_2} \cdot \frac{z_p}{z_s} = \frac{19}{72} \cdot i_{SM}$$

$$i_{DM} = \frac{\omega_G}{\omega_M} = \frac{v_G}{\omega_D} \cdot \frac{\omega_D}{\omega_S} \cdot \frac{\omega_S}{\omega_M} = \frac{1}{d_{rod}/2} \cdot \frac{z_1}{z_2} \cdot \frac{z_p}{z_s} = \frac{1}{0{,}300} \cdot \frac{19}{72} \cdot i_{SM}$$

a) Cas en què no es consideren pèrdues a causa dels rendiments de les transmissions.

1. *Moment d'inèrcia reduït a l'eix M*

   L'expressió del moment d'inèrcia reduït de tots els membres mòbils de la transmissió i del propi vehicle en el punt de reducció *M*, és:

   $$J_M = J_{mvp} + J_s \cdot i_{SM}^2 + (J_d + 4 \cdot J_{rod}) \cdot i_{DM}^2 + m \cdot i_{GM}^2$$

2. *Parell receptor reduït a l'eix M*

   Les forces resistents que es tradueixen en parell receptor en el punt de reducció, *M*, són la resistència al rodolament, F_{rod}, la resistència al pendent, F_{pen}, i la resistència a l'aire, F_{air}. La seva avaluació és com segueix:

   Resistència al rodolament

   S'avalua com el frec de Coulomb, en funció de les reaccions normals del terra sobre les rodes (la suma és el pes del vehicle: *m·g*), però amb un coeficient de fricció (representatiu del rodolament) molt baix (μ_{rod}=0,012):

   $$F_{rod} = (m \cdot g) \cdot \mu_{rod} = (1200 \cdot 9,81) \cdot 0,012 = 141,3 \text{ N}$$

   Atès que, en general, els pendents que superen els automòbils són baixos, es considera que el pes és sensiblement igual a la seva projecció sobre la normal al terra.

   Resistència al pendent

   És la força tangencial sobre les rodes de tracció que cal fer per tal de vèncer el pendent, *p* (en %), i equival a la projecció del pes sobre la direcció del moviment:

   $$F_{pen} = (m \cdot g) \cdot \sin\alpha_{pen} \approx (m \cdot g) \cdot \tan\alpha_{pen} = (m \cdot g) \cdot p = (1200 \cdot 9,81) \cdot 0,05 = 588,6 \text{ N}$$

   Resistència a l'aire

   És la força resistent que exerceix l'aire sobre el vehicle i depèn de la forma de la carrosseria i és proporcional al quadrat de la velocitat (*v*, en m/s). De forma simplificada s'expressa per:

   $$F_{air} = 0,5 \cdot v^2 \text{ N}$$

   Atès que en tots els casos es considera el motor funcionant a la velocitat de 4200 min⁻¹, la velocitat de marxa del vehicle és diferent per a cada marxa i, per tant, la resistència de l'aire varia considerablement d'un cas a l'altre (depèn segons el quadrat de la velocitat).

   Parell receptor reduït a l'eix M

   Totes tres forces receptores actuen sobre el vehicle, de manera que el parell receptor reduït a l'eix motor és afectat per una sola relació de velocitats.

El parell receptor reduït a l'eix M és, doncs:

$$M_{recM} = (F_{rod} + F_{pen} + F_{air}) \cdot i_{GM}$$

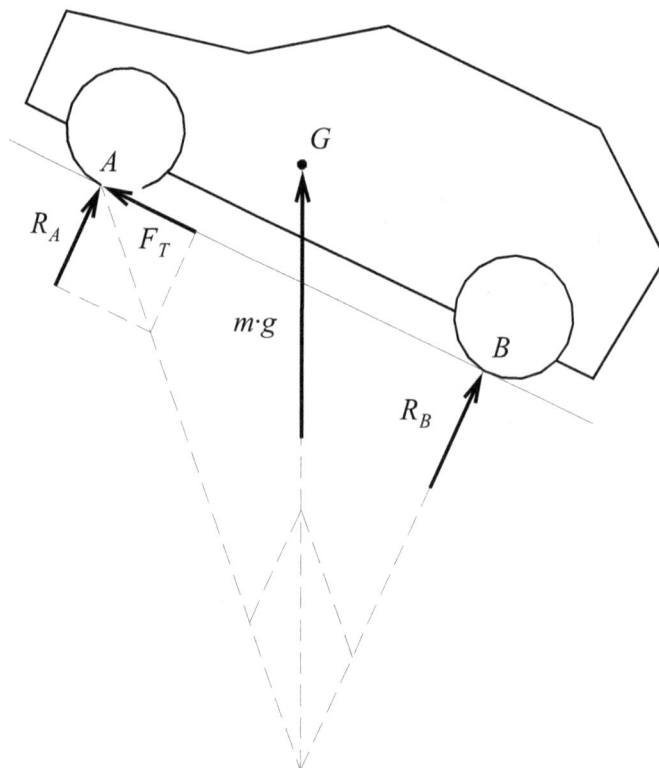

3. *Acceleració del vehicle*

El fet que totes les relacions de velocitats siguin constants permet calcular l'acceleració angular de l'eix motor M simplement com a quocient dels paràmetres reduïts a aquest eix, el parell reduït a M (motor menys receptor) i el moment d'inèrcia reduït a M:

$$\alpha_M = \frac{M_{motM} - M_{recM}}{J_M} \ \text{rad/s}^2$$

L'acceleració angular del vehicle és l'anterior acceleració angular per la relació de velocitats:

$$a_G = \alpha_M / i_{GM} \ \text{m/s}^2$$

Si s'haguessin reduït els paràmetres a un altre eix (per exemple, l'eix lineal G), els resultats obtinguts haurien coincidit exactament.

Taula PR-4

Concepte	Símbol	Unitat	marxes				
			primera	segona	tercera	quarta	cinquena
Nombres de dents	z_p	(−)	15	23	31	36	42
	z_s	(−)	56	47	41	35	31
Relacions velocitats	i_{SM}	(−)	0,2679	0,4894	0,7561	1,0286	1,3548
	i_{DM}	(−)	0,0707	0,1291	0,1995	0,2714	0,3575
	i_{GM}	(m/rad)	0,0212	0,0387	0,0599	0,0814	0,1073
Mom.inèrcia parcials M	$(J_{mvp})_M$	kg·m^2	0,050	0,050	0,050	0,050	0,050
	$(J_s)_M$	kg·m^2	0,000	0,001	0,003	0,005	0,009
	$(J_d+4·J_{rod})_M$	kg·m^2	0,007	0,024	0,057	0,105	0,182
	$(m)_M$	kg·m^2	0,540	1,801	4,300	7,957	13,805
Mom. inèrcia total a M	J_M	kg·m^2	**0,597**	**1,876**	**4,409**	**8,117**	**14,046**
Resistència rodolament	F_{rodG}	N	141,26	141,26	141,26	141,26	141,26
pendent	F_{penG}	N	0,00	0,00	0,00	0,00	0,00
aire	F_{airG}	N	43,49	145,17	346,55	641,33	1112,72
Força receptora a G	F_{recG}	N	**184,76**	**286,43**	**487,81**	**782,59**	**1253,98**
Resistència rodolament	$(F_{rod})_M$	N·m	2,99	5,47	8,46	11,50	15,15
pendent	$(F_{pen})_M$	N·m	0,00	0,00	0,00	0,00	0,00
aire	$(F_{air})_M$	N·m	0,92	5,62	20,74	52,22	119,35
Parell receptor a M	M_{recM}	N·m	**3,92**	**11,10**	**29,20**	**63,73**	**134,50**
Velocitat del vehicle	v_G	m/s	9,33	17,04	26,33	35,81	47,17
		km/h	33,58	61,34	94,78	128,93	169,83
Acceleració angular a M	α_M	rad/s^2	**244,68**	**74,05**	**27,40**	**10,63**	**1,10**
Acceleració lineal a G	a_G	m/s^2	**5,19**	**2,87**	**1,64**	**0,87**	**0,12**

Si el vehicle es mou pujant per un pendent del 5%, la nova situació queda reflectida a la Taula PR-4 on s'ha prescindit de la part cinemàtica i de reducció de moments d'inèrcia, ja que no varien:

Taula PR-5

Concepte	Símbol	Unitat	marxes				
			primera	segona	tercera	quarta	cinquena
Resistència rodolament	F_{rodG}	N	141,26	141,26	141,26	141,26	141,26
pendent	F_{penG}	N	588,60	588,60	588,60	588,60	588,60
aire	F_{airG}	N	43,49	145,17	346,55	641,33	1112,72
Força receptora a G	F_{recG}	N	**773,36**	**875,03**	**1076,41**	**1371,19**	**1842,58**
Resistència rodolament	$(F_{rod})_M$	N·m	2,99	5,47	8,46	11,50	15,15
pendent	$(F_{pen})_M$	N·m	12,48	22,80	35,23	47,93	63,13
aire	$(F_{air})_M$	N·m	0,92	5,62	20,74	52,22	119,35
Parell receptor a M	M_{recM}	N·m	**16,40**	**33,90**	**64,43**	**111,65**	**197,63**
Velocitat del vehicle	v_G	m/s	9,33	17,04	26,33	35,81	47,17
		km/h	33,58	61,34	94,78	128,93	169,83
Acceleració angular a M	α_M	rad/s^2	**223,77**	**61,89**	**19,41**	**4,72**	**−3,39**
Acceleració lineal a G	a_G	m/s^2	**4,75**	**2,40**	**1,16**	**0,38**	**−0,36**

b) Cas en què es consideren pèrdues en les transmissions

En aquest nou cas, més proper a la realitat, les relacions de velocitats són les mateixes però, les inèrcies reduïdes i les forces reduïdes queden afectades pels rendiments de les transmissions segons les següents *expressions*:

1. *Moment d'inèrcia reduït a l'eix M*:

$$J_M = J_{mvp} + J_s \cdot \frac{i_{SM}^2}{\eta_{SM}} + (J_d + 4 \cdot J_{rod}) \cdot \frac{i_{DM}^2}{\eta_{DM}} + m \cdot \frac{i_{GM}^2}{\eta_{GM}}$$

2. *Parell receptor reduït a l'eix M*:

$$M_{recM} = (F_{rodG} + F_{penG} + F_{airG}) \cdot \frac{i_{GM}}{\eta_{GM}}$$

3. *Acceleració del vehicle*

    L'acceleració s'avalua com en el cas anterior, però amb els nous paràmetres

S'han adoptat els següents rendiments: $\eta_{SM} = 0,95$ (dada de l'enunciat); $\eta_{DM} = \eta_{SM} \cdot \eta_{DS} = 0,95 \cdot 0,95 = 0,90$; $\eta_{GM} = \eta_{DM} = 0,90$ ja que les pèrdues per rodolament han estat contemplades específicament en el si de la força receptora.

Taula PR-6

Concepte	Símbol	Unitat	marxes				
			primera	segona	tercera	quarta	cinquena
Nombres de dents	z_p	(–)	15	23	31	36	42
	z_s	(–)	56	47	41	35	31
Relacions velocitats	i_{SM}	(–)	0,2679	0,4894	0,7561	1,0286	1,3548
	i_{DM}	(–)	0,0707	0,1291	0,1995	0,2714	0,3575
	i_{GM}	(m/rad)	0,0212	0,0387	0,0599	0,0814	0,1073
Mom.inèrcia parcials M	$(J_{mvp})_M$	kg·m^2	0,050	0,050	0,050	0,050	0,050
	$(J_s)_M$	kg·m^2	0,000	0,001	0,003	0,006	0,010
	$(J_d+4\cdot J_{rod})_M$	kg·m^2	0,008	0,026	0,063	0,116	0,202
	$(m)_M$	kg·m^2	0,600	2,001	4,777	8,841	15,339
Mom. inèrcia total a M	J_M	kg·m^2	**0,658**	**2,079**	**4,893**	**9,013**	**15,600**
Resistència rodolament	F_{rodG}	N	141,26	141,26	141,26	141,26	141,26
pendent	F_{penG}	N	0,00	0,00	0,00	0,00	0,00
aire	F_{airG}	N	43,49	145,17	346,55	641,33	1112,72
Força receptora a G	F_{recG}	N	**184,76**	**286,43**	**487,81**	**782,59**	**1253,98**
Resistència rodolament	$(F_{rod})_M$	N·m	3,33	6,08	9,40	12,78	16,84
pendent	$(F_{pen})_M$	N·m	0,00	0,00	0,00	0,00	0,00
aire	$(F_{air})_M$	N·m	1,02	6,25	23,05	58,02	132,61
Parell receptor a M	M_{recM}	N·m	**4,35**	**12,33**	**32,44**	**70,81**	**149,44**
Velocitat del vehicle	v_G	m/s	9,33	17,04	26,33	35,81	47,17
		km/h	33,58	61,34	94,78	128,93	169,83
Acceleració angular a M	α_M	rad/s^2	**221,41**	**66,23**	**24,03**	**8,79**	**0,04**
Acceleració lineal a G	a_G	m/s^2	**4,70**	**2,57**	**1,44**	**0,72**	**0,00**

La Taula PR-5 dóna els resultats per a la reducció a l'eix del motor (eix angular M) amb rendiment però sense pendent. Si es redueix el sistema a un altre eix (per exemple, l'eix lineal G), s'observa que els resultats no són coincidents a causa dels diferents valors que són afectats dels rendiments en un cas i altre.

4. *Prestacions màximes del vehicle*

Tal com estableix l'enunciat, les prestacions màximes del vehicle corresponen al pendent màxim que pot superar amb la primera marxa i a la velocitat màxima que pot arribar el vehicle en cinquena marxa, sense pendent i amb aire quiet. Tant en un cas com en l'altre cal tenir en compte els rendiments de les transmissions.

La Taula PR-5 pràcticament proporciona la resposta a la segona d'aquestes preguntes en establir que per al parell de 150 N·M i a la velocitat de 4200 min[-1] l'acceleració del vehicle en cinquena marxa és pràcticament nul·la, essent aleshores la velocitat de 169,8 km.

Per a la primera d'aquestes preguntes, s'ha temptejat valors de pendents fins que s'ha aconseguit que l'acceleració en la primera marxa és nul·la. La solució queda reflectida en la Taula PR-6 i el pendent resultant és de $p=0,5265$ (angle de 27,86°).

Taula PR-7

Concepte	Símbol	Unitat	marxes				
			primera	segona	tercera	quarta	cinquena
Nombres de dents	z_p	(–)	15	23	31	36	42
	z_s	(–)	56	47	41	35	31
Relacions velocitats	i_{SM}	(–)	0,2679	0,4894	0,7561	1,0286	1,3548
	i_{DM}	(–)	0,0707	0,1291	0,1995	0,2714	0,3575
	i_{GM}	(m/rad)	0,0212	0,0387	0,0599	0,0814	0,1073
Mom.inèrcia parcials M	$(J_{mvp})_M$	kg·m^2	0,050	0,050	0,050	0,050	0,050
	$(J_s)_M$	kg·m^2	0,000	0,001	0,003	0,006	0,010
	$(J_d + 4 \cdot J_{rod})_M$	kg·m^2	0,008	0,026	0,063	0,116	0,202
	$(m)_M$	kg·m^2	0,600	2,001	4,777	8,841	15,339
Mom. inèrcia total a M	J_M	kg·m^2	**0,658**	**2,079**	**4,893**	**9,013**	**15,600**
Resistència rodolament	F_{rodG}	N	124,89	124,89	124,89	124,89	124,89
pendent	F_{penG}	N	6198,0	6198,0	6198,0	6198,0	6198,0
aire	F_{airG}	N	43,49	145,17	346,55	641,33	1112,72
Força receptora a G	F_{recG}	N	**6366,45**	**6468,12**	**6669,51**	**6964,28**	**7435,67**
Resistència rodolament	$(F_{rod})_M$	N·m	2,95	5,38	8,31	11,31	14,90
pendent	$(F_{pen})_M$	N·m	146,03	266,80	412,22	560,77	738,65
aire	$(F_{air})_M$	N·m	1,02	6,25	23,05	58,02	132,61
Parell receptor a M	M_{recM}	N·m	**150,00**	**278,42**	**443,58**	**630,10**	**886,15**
Velocitat del vehicle	v_G	m/s	9,33	17,04	26,33	35,81	47,17
		km/h	33,58	61,34	94,78	128,93	169,83
Acceleració angular a M	α_M	rad/s^2	**0,00**	**−61,78**	**−60,00**	**−53,27**	**−47,19**
Acceleració lineal a G	a_G	m/s^2	**0,00**	**−2,39**	**−3,59**	**−4,34**	**−5,06**

Comentaris finals

a) Amb les successives marxes, el motor veu davant de si un moment d'inèrcia reduït creixent (a causa de les relacions de les marxes cada cop menys reductores) i un parell receptor també creixent (pel mateix motiu); per tant, cada cop es disposa d'un marge més reduït entre moment motor i el moment receptor a M (si aquesta diferència es fa negativa, el vehicle desaccelera, com en cinquena marxa amb un pendent del 0,05%) i alhora les acceleracions i desacceleracions són més lentes a causa de la inèrcia més gran.

b) El component que afecta més en la inèrcia del vehicle és la seva pròpia massa, mentre que el component més significatiu del parell receptor a velocitats baixes és el pendent (el pendent màxim superable en primera marxa és una de les limitacions del vehicle) mentre que, a velocitat elevada i amb pendents moderats, domina la resistència a l'aire (principal factor limitatiu de la velocitat màxima del vehicle).

c) Les prestacions màximes del vehicle són: El pendent màxim superable amb la primera marxa és de 52,65% o 27,86° (vegeu Taula PR-6); La velocitat màxima en pla i tenint en compte el rendiment de les transmissions és de 170 km/h, ja que el vehicle ja no té capacitat d'acceleració (vegeu Taula PR-5).

d) La inclusió del rendiment de les transmissions corregeix a la baixa les prestacions del vehicle (com esdevé en la realitat), però els resultats no difereixen de forma molt significativa (cal dir que els rendiments tampoc són molt baixos). En tot cas, cal fer notar que els resultats comptant amb el rendiment difereixen lleugerament segons l'eix de reducció a causa dels diferents valors dels paràmetres que queden afectats.

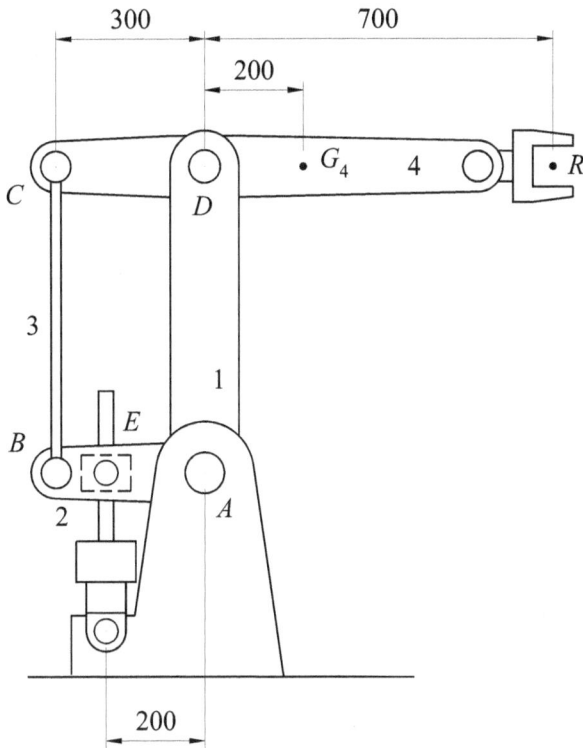

Enunciat

La Figura mostra un robot antropomòrfic amb l'estructura del braç de tres graus de llibertat: el gir del conjunt sobre un eix vertical (no representat); la rotació del membre 1 respecte a l'articulació A; i la rotació del membre 4 respecte a l'articulació D. Aquest darrer moviment és accionat per un motoreductor amb un cargol de boles que actua sobre el membre 2 en el punt E, el qual es transmet per mitjà del paral·lelogram articulat $ABCD$.

Una de les preocupacions en el disseny d'un robot industrial és que la seva estructura ofereixi una rigidesa suficient, aspecte important per dos motius: a) Perquè les càrregues influeixin el mínim en el posicionament de la pinça (exactitud i repetitivitat); b) I perquè l'estructura del robot no presenti ressonàncies amb freqüències massa baixes.

En aquest exercici s'ha simplificat el problema general de l'estudi de la rigidesa del robot i s'ha considerat tan sols la rigidesa de dos elements: la rigidesa longitudinal del cargol de boles i la seva femella en els punt E i la rigidesa radial del rodament D. Els altres membres i enllaços es consideren absolutament rígids. Es demana:

1. Rigidesa reduïda dels dos elements citats al punt mig de la pinça, R.

2. Massa reduïda al punt de reducció, R, amb l'estructura (sense càrrega i amb càrrega)

3. Freqüència pròpia d'oscil·lació d'aquest sistema (sense càrrega i amb càrrega).

Dades: *Membre* 1: massa $m_1 = 15$ kg, moment d'inèrcia $j_{G1} = 1{,}0$ kg·m^2; *Membre* 2: moment d'inèrcia respecte a A (inclosa la femella E) $j_{A2} = 0{,}3$ kg·m^2; *Membre* 3: massa $m_3 = 3$ kg, moment d'inèrcia $j_{G3} = 0{,}1$ kg·m^2; *Membre* 4: massa $m_4 = 12$ kg, moment d'inèrcia $j_{G4} = 1{,}2$ kg·m^2; *Cargol de boles* (i femella E): constant de rigidesa $K_E = 6250$ N/mm; *Articulació* D: constant de rigidesa $K_D = 12500$ N/mm.

Resposta

Rigideses en sèrie

En aquest tipus d'estructura amb membres connectats en sèrie, les deformacions en l'extrem (punt de reducció R) causades per la falta de rigidesa de cada un dels seus elements se sumen; per tant, cal aplicar l'expressió de la composició de constants de rigidesa situades en sèrie, o sigui que se sumen les inverses de les rigideses individuals:

$$\frac{1}{K_R} = \frac{1}{K_{E(R)}} + \frac{1}{K_{D(R)}}$$

Cal avaluar, doncs, les rigideses individuals reduïdes al punt de reducció R de cada un dels elements flexibles i després compondre de les rigideses reduïdes en sèrie.

Rigideses reduïdes $K_{E(R)}$ i $K_{D(R)}$

Per reduir la rigidesa K_E i K_E al punt R cal establir les relacions de velocitats entre els punts E i D i el punt R considerant, en cada cas, la resta d'estructura del robot absolutament rígida (en aquests dos casos, les forces elàstiques actuen en la mateixa direcció que els moviments, per la qual cos no cal fer projeccions entre una direcció i altra).

L'esquema primer de la Figura adjunta mostra la cinemàtica del moviment entre el punt E i el punt R quan tota l'estructura és considerada rígida excepte el cargol de boles i femella E. La relació de velocitats és com segueix:

$$i_{ER} = \frac{v_E}{v_R} = \frac{v_E}{v_B} \cdot \frac{v_B}{v_C} \cdot \frac{v_C}{v_R} =$$

$$= \frac{AE}{AB} \cdot \frac{AB}{DC} \cdot \frac{DC}{DR} = \frac{AE}{DR} =$$

$$= \frac{0,300}{0,700} = 0,4286 \quad (-)$$

I, l'esquema segon de la Figura adjunta mostra la cinemàtica del moviment entre el punt D i el punt R quan tota l'estructura és considerada rígida excepte l'articulació D que cedeix en la direcció vertical (més endavant es comprova que és la direcció de la reacció que es transmet a D):

$$i_{DR} = \frac{v_D}{v_R} = \frac{CD}{CR} = \frac{0,300}{1,000} = 0,300 \quad (-)$$

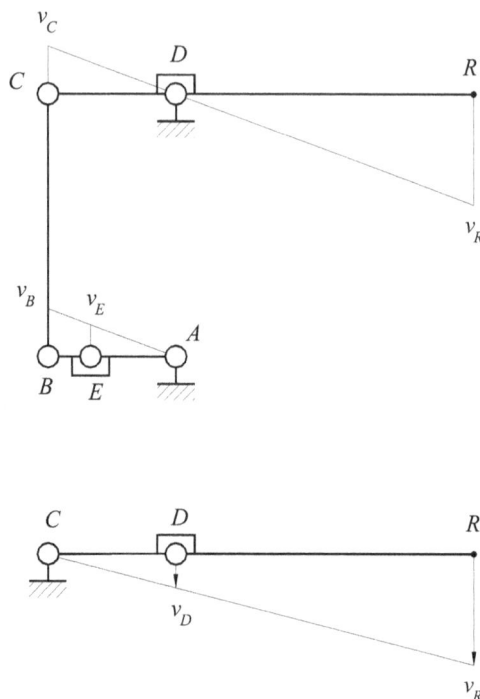

1. *Rigidesa reduïda a R*

A partir de les relacions de velocitats anteriors, es pot calcular la rigidesa reduïda del sistema en el punt R, tenint en compte que les deformacions se sumen i les rigideses treballen en sèrie:

$$\frac{1}{K_R} = \frac{1}{K_{E(R)}} + \frac{1}{K_{D(R)}} = \frac{1}{K_E \cdot i_{ER}^2} + \frac{1}{K_D \cdot i_{DR}^2} = \frac{1}{6250 \cdot 0,4286^2} + \frac{1}{12500 \cdot 0,3^2} =$$

$$= \frac{1}{1148,1} + \frac{1}{1125,0} = \frac{1}{568,2} \qquad K_R = 568,2 \ \text{N/mm}$$

2. *Massa reduïda a R*

En la reducció d'inèrcies al punt R intervenen totes aquelles masses i moment d'inèrcia de membres que tenen un moviment relacionat amb la deformació de l'estructura i, l'efecte és additiu, com en totes les reduccions de masses.

Quan l'estructura es deforma sota una determinada càrrega (per exemple, 100 N; vegeu la Figura adjunta), a més de moure's la càrrega (que té el centre d'inèrcia a R), el membre 4 gira al voltant del punt S, determinat per les deformacions δ_C i δ_D, el membre 3 es desplaça δ_C i el membre 2 gira al voltant de A.

Les relacions de velocitats virtuals per a la reducció d'inèrcies coincideix amb les relacions de deformacions.

Les masses i moments d'inèrcia que intervenen en l'expressió de la massa reduïda són: el moment d'inèrcia del membre 2 respecte a A, J_{A2}; la massa del membre 3, m_3; i el moment d'inèrcia del membre 4 respecte al punt de gir S, $J_{S4} = J_{G4} + m_4 \cdot SG_4^2$.

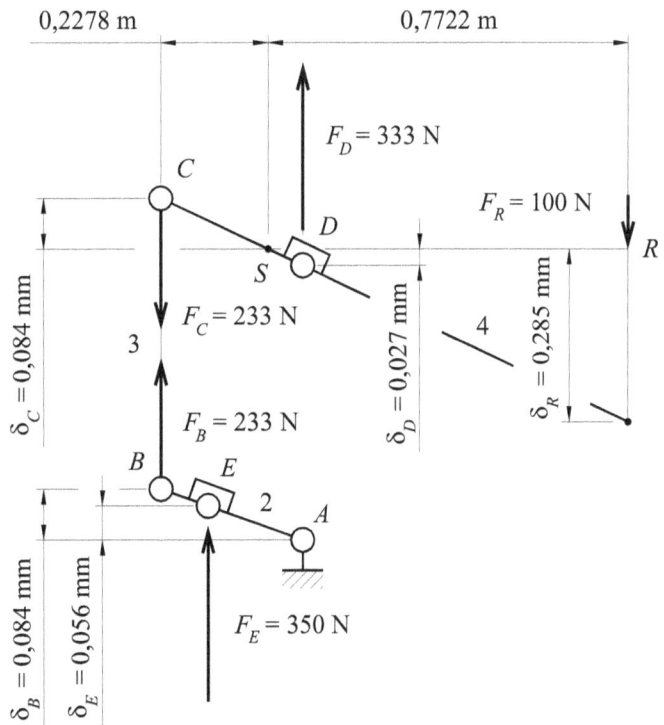

Les relacions de velocitats que interessen en aquest cas, són:

$$i_{4R} = \frac{\omega_4}{v_R} = \frac{v_R / SR}{v_R} = \frac{1}{SR} = \frac{1}{0,7722} = 1,2949 \ \text{rad/m}$$

$$i_{CR} = \frac{v_C}{v_R} = \frac{SC}{SR} = \frac{0,2278}{0,7722} = 0,2950 \ (-)$$

$$i_{2R} = \frac{\omega_2}{v_R} = \frac{v_B / AB}{v_R} = \frac{v_B}{v_C} \cdot \frac{v_C}{v_R} \cdot \frac{1}{AB} = \frac{SC}{SR} \cdot \frac{1}{AB} = \frac{0,2278}{0,7722} \cdot \frac{1}{0,3} = 0,9833 \ \text{rad/m}$$

L'expressió de la massa reduïda a R és:

$$m_R = m + J_{A2} \cdot i_{4R}^2 + m_3 \cdot i_{CR}^2 + J_{S4} \cdot i_{4R}^2 = m + J_{A2} \cdot i_{4R}^2 + m_3 \cdot i_{CR}^2 + (J_{G4} + m_4 \cdot SG_4^2) \cdot i_{4R}^2 =$$
$$= 10 + 0,3 \cdot 0,9833^2 + 3 \cdot 0,2950^2 + (1,2 + 12 \cdot 0,2722^2) \cdot 1,2949^2 =$$
$$= 10 + 0,290 + 0,261 + 3,503 = 14,054 \ \text{kg}$$

La massa reduïda de l'estructura sense càrrega és: $m_{R\,(e)}$ = 4,054 kg

La massa reduïda de l'estructura sense càrrega és: $m_{R\,(e+c)}$ = 14,054 kg

3. *Freqüències de ressonància*

La freqüència de ressonància de l'estructura sense càrrega és:

$$\omega_{0(e)} = \sqrt{\frac{K_R}{m_{R(e)}}} = \sqrt{\frac{568200 \ \text{N/m}}{4,054 \ \text{kg}}} = 374,4 \ \text{rad/s} = 59,6 \ \text{Hz}$$

La freqüència de ressonància de l'estructura amb càrrega és:

$$\omega_{0(e+c)} = \sqrt{\frac{K_R}{m_{R(e+c)}}} = \sqrt{\frac{568200 \ \text{N/m}}{14,054 \ \text{kg}}} = 201,1 \ \text{rad/s} = 32,0 \ \text{Hz}$$

Comentaris

a) En general, les deformacions causades per la falta de rigidesa dels elements de l'estructura dels robots industrials són additives i, per tant, les rigideses actuen en sèrie. Això fa que la rigidesa sigui un dels aspectes crítics en el seu disseny.

b) Les deformacions van associades a moviments dels elements de l'estructura que es tradueixen en una massa reduïda (pròpia de l'estructura) en el centre de la pinça, i la distribució de masses dels membres també té la seva importància en el seu disseny.

c) Les freqüències de ressonància elevades de l'estructura solen excitar-se amb menys facilitat i dissipar-se més ràpidament que les freqüència de ressonància baixes.

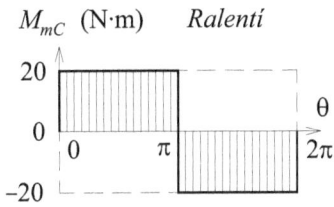

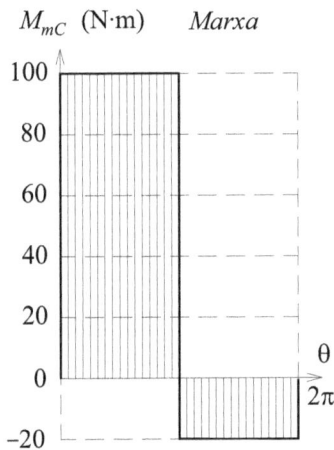

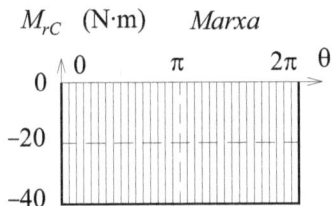

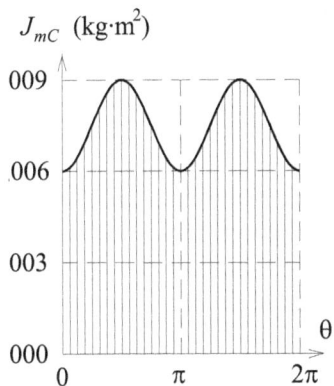

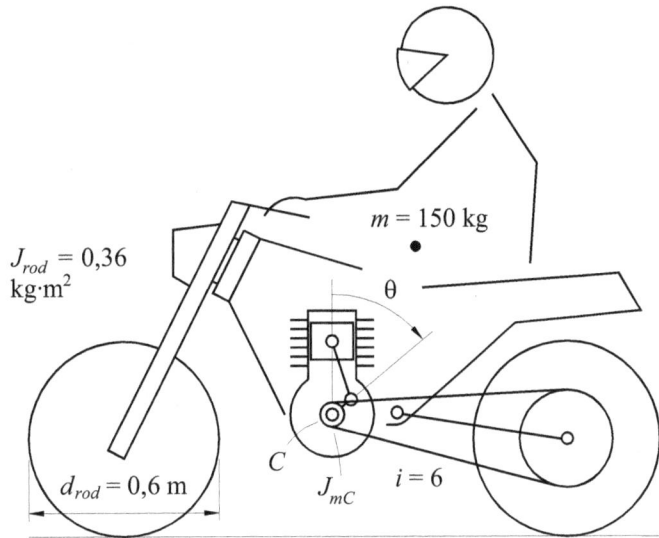

Volant en una motocicleta de motor monocilíndric

Enunciat

Es proposa estudiar el paper del volant del motor en una motocicleta de motor monocilíndric de 2 temps. Per simplificar el sistema, es considera que la transmissió va directament del cigonyal del motor a rodes ($i = 6$). S'estudien les dues situacions següents:

a) El motor està connectat a les rodes, i la motocicleta es mou a 108 km/h

b) La motocicleta està aturada, i el motor (desconnectat del pinyó de la cadena per mitjà d'un embragatge) funciona al ralentí ($\omega_C = 120$ rad/s)

Es demana:

1. En la situació a)
   Moment d'inèrcia reduït del conjunt a l'eix principal (del cigonyal), J_C.
   Grau d'irregularitat del sistema.

2. En la situació b)
   Volant d'inèrcia situat sobre el cigonyal per assegurar un gran d'irregularitat de $\delta = 0,4$.

Marxa

$M_{mC} + M_{rC}$ (N·m)

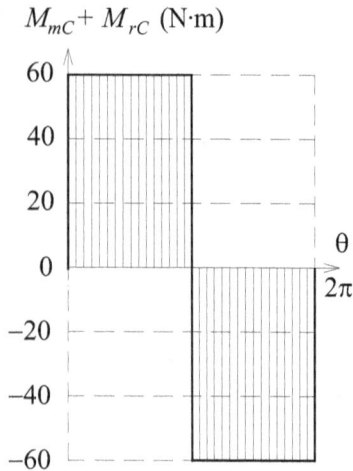

ΔE_A (J)

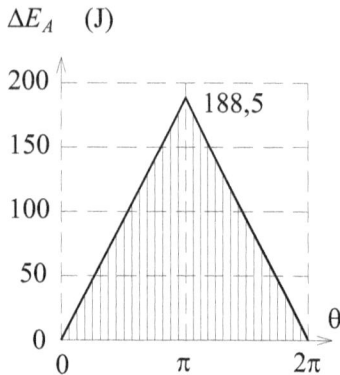

Ralentí

M_{mC} (N·m)

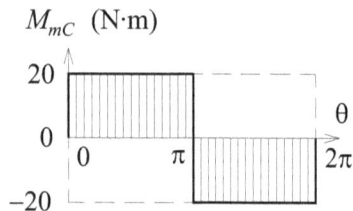

ΔE_A (J)

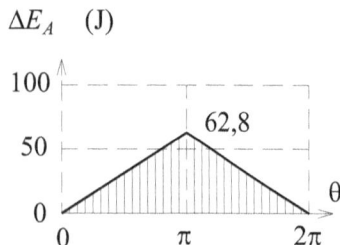

Resolució

1.1 *Marxa. Moment d'inèrcia reduït*

El moment d'inèrcia reduït de tot el sistema en el cigonyal és:

$$J_C = J_m + 2 \cdot J_{rod} \cdot (\omega_{rod}/\omega_C)^2 + m \cdot (v/\omega_C)^2$$

Les relacions de transmissió són:

$\omega_{rod}/\omega_C = 1/6$
$v/\omega_C = (v/\omega_{rod}) \cdot (\omega_{rod}/\omega_C) = (d_{rod}/2) \cdot (\omega_{rod}/\omega_C) =$
$= (0{,}6/2) \cdot (1/6) = 0{,}05$ m/rad

Aplicant aquests valors a l'expressió del moment d'inèrcia total reduït a C:

$$\begin{aligned} J_{C\,màx} &= J_{mC\,màx} + 2 \cdot J_{rod} \cdot (\omega_{rod}/\omega_C)^2 + m \cdot (v/\omega_C)^2 = \\ &= 0{,}009 + 2 \cdot 0{,}36 \cdot 6^2 + 150 \cdot 0{,}05^2 = \\ &= 0{,}404 \ \text{kg·m}^2 \end{aligned}$$

$$\begin{aligned} J_{C\,màx} &= J_{mC\,mín} + 2 \cdot J_{rod} \cdot (\omega_{rod}/\omega_C)^2 + m \cdot (v/\omega_C)^2 \\ &= 0{,}006 + 2 \cdot 0{,}36 \cdot 6^2 + 150 \cdot 0{,}05^2 = \\ &= 0{,}402 \ \text{kg·m}^2 \end{aligned}$$

1.2 *Marxa. Grau d'irregularitat*

Es pren el valor mitjà del moment d'inèrcia, $J_{Cm} = 0{,}403$ kg·m^2.

La velocitat de l'eix principal, ω_C, en funció de la velocitat del vehicle, $v = 30$ m/s, és:

$$\omega_C = (v/(d_{rod}/2)) \cdot i = (30/0{,}3) \cdot 6 = 600 \ \text{rad/s}$$

El càlcul del grau d'irregularitat, δ, és:

$$\delta = \Delta E_A/(J_{Cm} \cdot \omega_C^2) = 188{,}5/(0{,}403 \cdot 600^2) = 0{,}0013$$

2. *Ralentí. Volant d'inèrcia*

Quan la motocicleta està aturada, el motor amb una alimentació baixa (el parell motor tan sols ha de superar les pèrdues per fricció) es desconnecta de les rodes i funciona al ralentí a una velocitat de $\omega_C = 120$ rad/s.

ΔE (J)

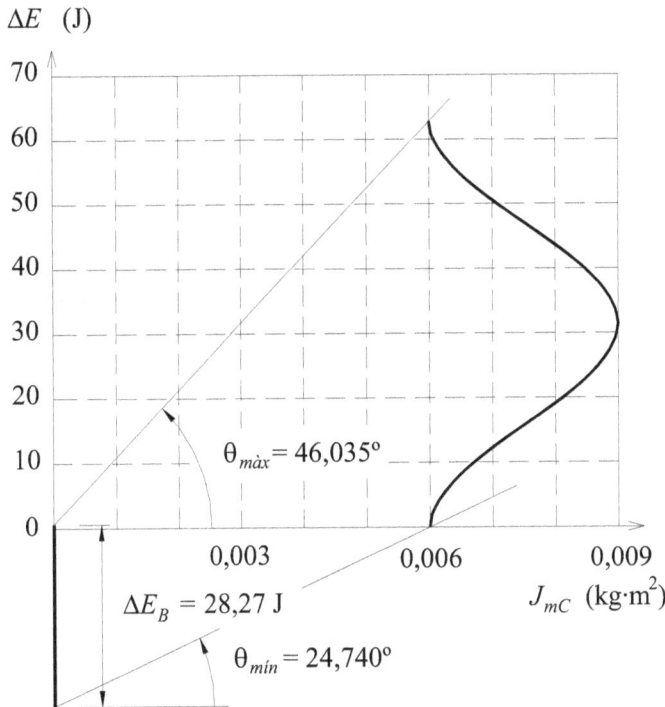

$\theta_{màx} = 46,035°$

$\Delta E_B = 28,27$ J

$\theta_{mín} = 24,740°$

J_{mC} (kg·m^2)

La variació d'energia al llarg del cicle, ΔE_A, és més baixa que en el cas anterior, però el moment d'inèrcia encara ho és més ja que el motor està desconnectat del vehicle. En aquests casos se sol col·locar un volant d'inèrcia per assegurar la continuïtat del gir i limitar el grau d'irregularitat.

En el present cas, a partir del grau d'irregularitat $\delta=0,4$ i de la velocitat mitjana de C de $\omega_C = 120$ rad/s, s'obtenen les velocitats màxima i mínima:

$\omega_{Cmàx} = (1+\delta/2)·\omega_C = 144$ rad/s
$\omega_{Cmín} = (1-\delta/2)·\omega_C = 96$ rad/s

Atès que les variacions del moment d'inèrcia al llarg del cicle són del 50%, es realitza el càlcul exacte del volant a partir de la gràfica $\Delta E_A - J_C$. Per a obtenir els valors de $\tan\theta_{màx}$ i $\tan\theta_{mín}$, cal tenir en compte les escales en què s'han dibuixat ΔE_A i J_C. En aquest cas, les variacions d'energia s'han posat a una escala de 10, i els moments d'inèrcia, a una escala de 10^{-3}; per tant, cal dividir ($\frac{1}{2}·\omega^2$) per 10^4.

$$\tan\theta_{màx} = (\frac{1}{2}·144^2)/10^4 = 1,0368 \Rightarrow \quad \theta_{màx} = 46,035°$$
$$\tan\theta_{mín} = (\frac{1}{2}·96^2)/10^4 = 0,4608 \Rightarrow \quad \theta_{mín} = 24,740°$$

Els punts de tangència (a $J_C = 0,006$ kg·m^2) determinen un valor de variació d'energia sobre l'eix de les ordenades de $\Delta E_B = 28,27$ J. El moment d'inèrcia del volant necessari per a obtenir el grau d'irregularitat predeterminat és:

$$J_v = \Delta E_B /(\delta·\omega_m^2) = 28,27/(0,4·120^2) = 0,00491 \text{ kg·m}^2$$

Comentaris

El volant d'inèrcia de les motocicletes monocilíndriques té dues funcions principals:

1. Quan la motocicleta està en marxa, aïlla els engranatges de la reducció i el canvi (no representats) de les irregularitats del parell motor. Observeu que el valor del volant calculat pràcticament no té incidència en J_C de l'apartat anterior.

2. Quan la motocicleta està al ralentí, assegurar la continuïtat del moviment a través de limitar el grau d'irregularitat del sistema.

Volant d'una premsa d'excèntrica

Enunciat

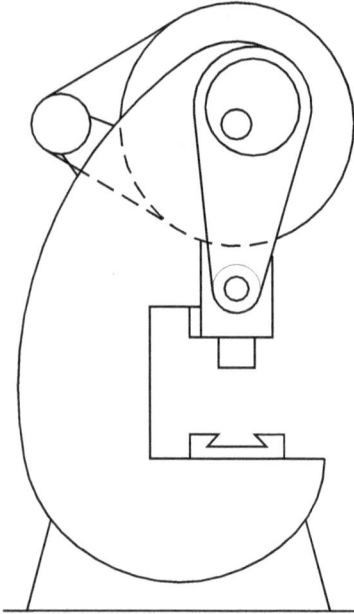

Una matriu de tall s'instal·la en una premsa d'excèntrica que ha de fer un cicle cada 0,5 segons. El treball realitzat en un tall és de $W=10000$ Joule ($W=\tau\cdot g^2\cdot p/2$; $\tau=0,6\cdot R_m$, resistència al cisallament; g, gruix de la xapa; p, perímetre de tall).

Si l'energia consumida pel treball de tall és 1/4 de l'energia del sistema en l'instant de l'inicia del tall, es demana:

1. Moment d'inèrcia, J_v, del volant i parell del motor, M_m (suposat constant), necessaris per a assegurar aquestes condicions. El moment d'inèrcia del mecanisme d'excèntrica–biela –corredora+punxó es considera constant i de valor, $J_0=48$ kg·m^2

2. Grau d'irregularitat, δ, del sistema

3. Potència necessària del motor, P_m.

En el cas que el sistema dissenyat en els apartats anteriors hagués de reduir la cadència de treball a 1 cicle per segon, amb el mateix treball de tall, es demana:

4. Nou grau d'irregularitat del sistema, δ_1.

Es considera que el temps del treball de tall és negligible davant del temps total corresponent a un cicle.

Resolució

Les premses d'excèntrica amb volant són màquines alimentades de forma contínua per un motor elèctric de parell constant que cedeixen l'energia de treball en una fracció molt petita del cicle (en l'enunciat es diu que és negligible). El volant d'inèrcia és l'element acumulador del sistema, capaç d'absorbir l'energia que proporciona el motor durant el cicle i de cedir-la de forma concentrada en el moment del tall.

En una primera aproximació (que, a efectes pràctics, és suficient), es considera que el motor proporciona de forma contínua durant el cicle l'energia que després es converteix en treball de tall i que, alhora, constitueix la variació d'energia durant el cicle ΔE_A.

Un model més complet fa intervenir el temps del procés de tall. Per exemple, amb una excentricitat de 80 mm i una biela de longitud 600 mm, els angles d'inici i final (referenciats al punt mort inferior) per a tallar una xapa de 5 mm de gruix amb sortida d'eina de 5 mm, són de 27,353° i 19,1478°. Per tant, el treball de tall es realitza durant una rotació de l'eix de l'excèntrica de 8,205° que és una fracció del 2,27% del cicle total.

Així, doncs, partint del mètode simplificat (sense comptar el temps de tall), la variació d'energia durant el cicle, ΔE_A, és un 2,3% superior que partint del mètode exacte (tenint en compte el temps de tall), com mostren més endavant les Gràfiques de parell motor, parell receptor i variació d'energia al llarg del cicle.

En la resolució d'aquest problema s'ha adoptat el mètode simplificat, i les equacions que governen el comportament d'aquest sistema són les següents:

a) L'energia màxima, $E_{cmàx}$, correspon a l'energia cinètica màxima del sistema:

$$E_{cmàx} = \tfrac{1}{2} \cdot (J_R + J_v) \cdot \omega_{màx}^2$$

b) L'energia mínima és $E_{cmín}$ correspon a l'energia cinètica mínima del sistema:

$$E_{cmín} = \tfrac{1}{2} \cdot (J_R + J_v) \cdot \omega_{mín}^2$$

c) La variació màxima d'energia al llarg d'un cicle, ΔE_A, és la diferència entre les energies màxima i mínima del sistema:

$$\Delta E_A = E_{cmàx} - E_{cmín}$$

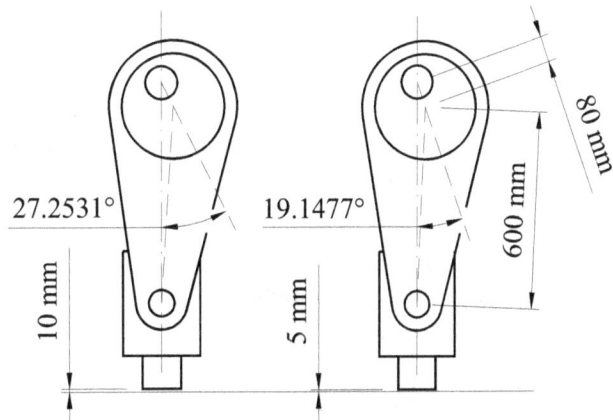

d) La variació de l'energia durant un cicle, ΔE_A, és el producte del parell motor sobre l'arbre principal (suposat constant), M_m, i l'angle girat en un cicle $(2 \cdot \pi)$:

$$\Delta E_A = M_m \cdot (2 \cdot \pi)$$

e) La potència mitjana del motor és el quocient entre l'energia absorbida per la càrrega durant un cicle, ΔE_A, i el temps del cicle, T:

$$P_m = \Delta E_A / T$$

f) La velocitat mitjana del sistema és el quocient entre l'angle girat en un cicle i el període del cicle, T:

$$\omega_m = 2 \cdot \pi / T$$

g) La velocitat mitjana s'assimila a la semisuma de les velocitats màxima i mínima del cicle (aproximació tan més certa com més petit és el grau d'irregularitat):

$$\omega_m = (\omega_{màx} + \omega_{mín})/2$$

h) El grau d'irregularitat, δ, es defineix com el quocient entre la diferència de velocitats màxima i mínima durant el cicle i la seva semisuma. A partir de les definicions anteriors a), b), c) i g), també es relaciona amb el moment d'inèrcia total (propi + volant) i amb la velocitat semisuma:

$$\delta = (\omega_{màx} - \omega_{mín})/\omega_m = \Delta E_A/((J_R + J_v) \cdot \omega_m^2)$$

i) L'acceleració angular de l'arbre principal del sistema, α, és constant, ja que tant el parell motor, M_m, com el moment d'inèrcia del sistema (propi + volant), també ho són. A partir de les definicions anteriors d), f) i h), també es pot establir una altra expressió de l'acceleració com a quocient entre la diferència de velocitats màxima i mínima i període de temps del cicle (deduïble també pel fet que el parell motor i el moment d'inèrcia són constants):

$$\alpha = M_m/(J_R + J_v) = (\omega_{màx} - \omega_{mín})/T$$

El sistema anterior es composa de 9 equacions independent que relacionen 13 variables ($E_{cmàx}$, $E_{cmín}$, $\omega_{màx}$, $\omega_{mín}$, J_R, J_v, ΔE_A, M_m, P_m, T, δ, ω_m i α). Per tant, quatre d'elles es poden imposar lliurement com a dades.

Resposta als punts 1, 2 i 3

La resposta als tres primers punts de l'enunciat parteix del coneixement de les següents dades $E_{cmàx}$, ΔE_A, J_R i T; en efecte, l'energia absorbida pel procés de tall, $W = \tau \cdot g^2 \cdot p/2$ (valor constant per a una operació determinada), coincideix, gràcies a les simplificacions admeses, amb la variació d'energia al llarg d'un cicle, $\Delta E_A = 10000$ J, mentre que l'energia cinètica màxima és quatre vegades superior, $E_{cmàx} = 40000$ J. El temps de cicle i el moment d'inèrcia reduït es donen com a dades ($T = 0,5$ s; $J_R = 48$ kg·m^2).

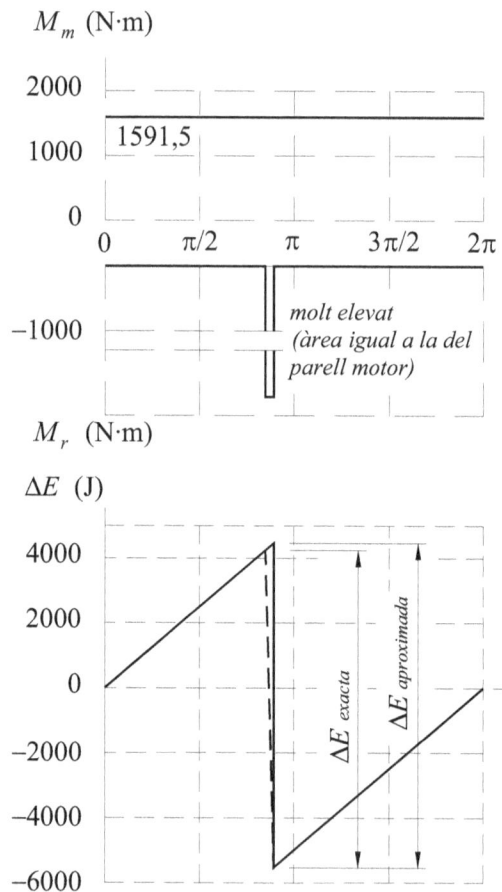

Resposta al punt 4

La resposta a aquest apartat parteix de les següents dades: ΔE_A, J_R, J_v i T; el temps és més llarg ($T = 1$ s) i es coneix el moment d'inèrcia del volant calculat anteriorment ($J_v = 393$ kg·m^2), però ara es desconeix l'energia cinètica màxima inicial del sistema.

Els resultats es donen en la Taula Resum:

Taula PR-10

		Primer cas	Segon cas
Dades del problema			
Energia cinètica màxima	$E_{cmàx}$ (joule)	40000	?
Variació d'energia durant un cicle	A (joule)	10000	10000
Moment d'inèrcia propi	J_R (kg·m^2)	48	48
Moment d'inèrcia del volant	J_v (kg·m^2)	?	393
Temps de cicle	T (segons)	0,5	1
Resultats del càlcul			
Energia cinètica màxima	$E_{cmàx}$ (joule)	-	14423,8
Energia cinètica mínima	$E_{cmín}$ (joule)	30000	4423,8
Velocitat angular màxima (eix principal)	$\omega_{màx}$ (rad/s)	13,47	8,088
Velocitat angular mínima (eix principal)	ω_{min} (rad/s)	11,66	4,479
Moment d'inèrcia del volant	J_v (kg·m^2)	393	-
Parell motor (reduït a l'eix principal)	M_m (N·m)	1591,5	1591,5
Potència del motor necessària	P_m (W)	20000	10000
Grau d'irregularitat	δ (-)	0,144	0,574
Velocitat angular mitjana (eix principal)	ω_m (rad/s)	12,57	6,28
Acceleració angular (eix principal)	α (rad/s^2)	3,609	3,609

Observacions:

a) El volant que resulta, $J_v = 393$ kg·m^2, és de grans dimensions (volant d'acer de 1140 mm de diàmetre, 300 mm de gruix i 2380 kg de massa)

b) En la segona solució (el temps de cicle es duplica) resulta una energia cinètica mínima molt reduïda que fa pensar que una acció de tall que exigeixi una mica més d'energia de la prevista, pot deixar la premsa clavada a mitja operació.

c) També en la segona solució, i com un altre punt de vista coincident amb el que s'acaba de dir, el grau d'irregularitat és massa gran.

d) Es podria limitar més el grau d'irregularitat, per exemple a $\delta = 0,2$ però aleshores el moment d'inèrcia del volant seria molt més gran encara: $J_v = 1266,5$ kg·m^2 (volant d'acer de 1350 mm de diàmetre, 480 mm de gruix i 5350 kg de massa).

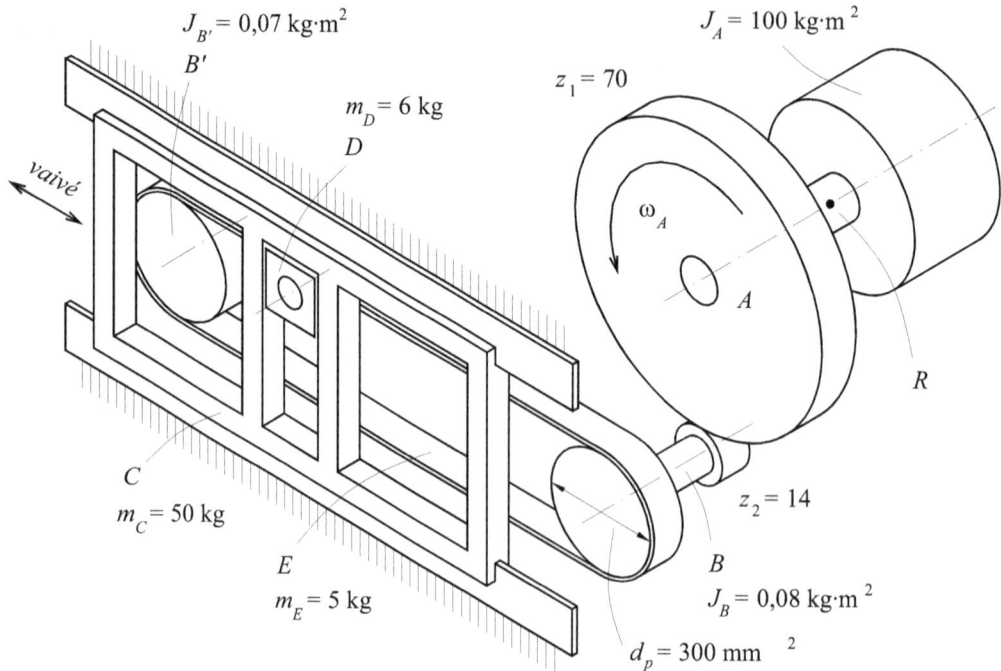

$J_{B'} = 0,07$ kg·m^2

B'

$m_D = 6$ kg

D

vaivé

C

$m_C = 50$ kg

E

$m_E = 5$ kg

$J_A = 100$ kg·m^2

$z_1 = 70$

ω_A

A

R

$z_2 = 14$

B

$J_B = 0,08$ kg·m^2

$d_p = 300$ mm ^{2}

Enunciat

La figura mostra un mecanisme alimentador format per un carro C que es mou en vaivé accionat a través del dau D articulat sobre una baula de la cadena E. La resta de la màquina realitza un cicle a cada volta de l'eix principal A i la relació de transmissió és l'adequada perquè el carro realitzi un moviment complet de vaivé. La resta d'òrgans mòbils de la màquina tenen un moment d'inèrcia reduït a l'eix A de valor $J_A = 100$ kg·m^2, constant. Un cop la màquina ha arribat a règim, es pot considerar que la seva energia cinètica és constant (la petita potència proporcionada pel motor elèctric té per funció vèncer les forces passives) i que les fluctuacions de velocitat són conseqüència de la variació del moment d'inèrcia reduït del mecanisme al llarg del cicle. Es demana:

1. Moment d'inèrcia reduït a A, valors màxim i mínim, i posicions del mecanisme.
2. Variació de velocitat que experimenta el sistema i grau d'irregularitat sabent que, per a la situació de la figura, és $\omega_A = 30$ min^{-1}.
3. Si s'augmenta la cadència de la màquina fins a $\omega_A = 45$ min^{-1}, el nou grau d'irregularitat serà superior, inferior o igual a $\delta = 0,1$?
4. Si el sistema funcionant a $\omega_A = 45$ min^{-1}, cal afegir un volant d'inèrcia per assegurar un grau d'irregularitat de $\delta = 0,05$. Es demana:
   4.1 Eix (A o B) sobre el qual és més adequat situar-lo
   4.2 Moment d'inèrcia que ha de tenir aquest volant

Resolució

Tal com diu a l'enunciat, aquest sistema no experimenta canvis de l'energia cinètica al llarg del seu cicle, però en canvi, el moment d'inèrcia reduït a l'eix principal no és constant, fet que provoca variacions de la velocitat angular. En efecte:

$$E_c = \tfrac{1}{2} \cdot J_{Amàx} \cdot \omega_{Amín}^2 = \tfrac{1}{2} \cdot J_{Amín} \cdot \omega_{Amàx}^2 \qquad \Rightarrow \qquad (\omega_{Amàx}/\omega_{Amín}) = (J_{Amàx}/J_{Amín})^{1/2}$$

Si es defineix: $\rho = \omega_{Amàx}/\omega_{Amín}$; el grau d'irregularitat esdevé: $\delta = 2 \cdot (\rho - 1)/(\rho + 1)$ el qual no varia amb la velocitat de sistema, sinó tan sols amb la relació de moments d'inèrcia màxim i mínim del sistema.

1. El moment d'inèrcia total del sistema reduït a l'eix A en el punt R és:

$$J_R = J_A + (J_B + J_B') \cdot (\omega_B/\omega_A)^2 + (m_D + m_E) \cdot (v/\omega_A)^2 + m_C \cdot (v/\omega_A)^2$$

Les relacions de velocitats són (v és la velocitat del carro C):

En tot moment: $\qquad\qquad \omega_B/\omega_A = z_1/z_2 = 70/14 = 5$

En els trams rectilinis: $\quad v/\omega_A = (d_p/2) \cdot (z_1/z_2) = 0{,}15 \cdot 5 = 0{,}75$ m/rad
En extrems de la cursa: $\quad v/\omega_A = 0$

Introduint aquestes relacions en l'expressió de moment d'inèrcia total, s'obté (cal tenir en compte que en els extrems de la cursa, el carro de massa m_C s'atura):

$$J_R \qquad = J_A + (J_B + J_B') \cdot (z_1/z_2)^2 + (m_D + m_E) \cdot (d_p/2)^2 \cdot (z_1/z_2)^2 + J_{Avariable}$$

$$J_{Avar} \qquad = m_C \cdot (d_p/2)^2 \cdot (z_1/z_2)^2 \qquad \text{(màxim, en els trams rectilinis)}$$
$$J_{Avar} \qquad = 0 \qquad\qquad\qquad\qquad \text{(mínim, en els extrems de la cursa)}$$

Aplicant valors ($z_1/z_2 = 70/14 = 5$; $(d_p/2) \cdot (z_1/z_2) = 0{,}15 \cdot 5 = 0{,}75$ m/rad):

$$J_{Rmàx} \quad = 100 + 3{,}750 + 6{,}187 + 28{,}125 \qquad = 138{,}062 \ \text{kg·m}^2$$
$$J_{Rmín} \quad = 100 + 3{,}750 + 6{,}187 + 0 \qquad\qquad = 109{,}937 \ \text{kg·m}^2$$

2. En la posició de la figura, el moment d'inèrcia reduït del sistema és el màxim, ja que el carro té la màxima velocitat en relació a l'eix principal. La relació de velocitats, ρ, depèn exclusivament de la relació de moments d'inèrcia:

$$\rho = \omega_{Amàx}/\omega_{Amín} = (J_{Amàx}/J_{Amín})^{1/2} = (138{,}062/109{,}937)^{1/2} = 1{,}121$$

$$\omega_{Amín} = 30 \cdot (\pi/30) = 3{,}142 \ \text{rad/s}$$
$$\omega_{Amàx} = \omega_{Amín} \cdot \rho = 3{,}142 \cdot 1{,}121 = 3{,}521 \ \text{rad/s}$$

En aquest cas, el grau d'irregularitat és funció exclusivament de la relació de velocitats màxima i mínima i, en definitiva, de la relació de moments d'inèrcia màxim i mínim:

$$\delta = 2\cdot(\rho-1)/(\rho+1) = 2\cdot(1,121-1)/(1,121+1) = 0,114$$

3. Quan s'augmenta la cadència de la màquina, augmenta la velocitat angular mitjana, però no la relació de moments d'inèrcia màxim i mínim. Per tant, no es modifica el grau d'irregularitat i continua essent major que 0,1.

4. Si a la velocitat angular $\omega_A = 45$ min^{-1} es vol limitar el grau d'irregularitat a $\delta = 0,05$, cal augmentar el moment d'inèrcia del sistema. A partir de l'anterior fórmula del grau d'irregularitat s'aïlla la relació de velocitats:

$$\rho_{(0,05)} = (2+\delta)/(2-\delta) = (2+0,05)/(2-0,05) = 1,0513$$

La variació de moment d'inèrcia reduït a l'eix principal A causat pel moviment de la massa m_C és: $\Delta J = 28,128$ kg·m^2; El nou moment d'inèrcia mínim del sistema reduït a l'eix principal A ha de ser:

$$((J_{R\,mín\,(0,05)} + \Delta J)/J_{R\,mín\,(0,05)})^{1/2} = \rho_{(0,05)}$$

D'aquí en resulta:

$$J_{R\,mín\,(0,05)} = 267,296 \text{ kg·m}^2$$

La diferència amb el moment d'inèrcia mínim de què ja disposa el sistema correspon al volant d'inèrcia, J_{vA}, que cal afegir a l'arbre A:

$$J_{vA} = J_{R\,mín\,(0,05)} - J_{R\,mín} = 267,296 - 109,937 = 157,589 \text{ kg·m}^2$$

Si enlloc de situar el volant d'inèrcia a l'eix A, es situés a l'eix B, el seu moment d'inèrcia es reduiria $(z_1/z_2)^2 = 25$ vegades:

$$J_{vB} = J_{vA}/25 = 6,304 \text{ kg·m}^2$$

Sembla millor, doncs, de situar el volant d'inèrcia en l'eix B més ràpid.

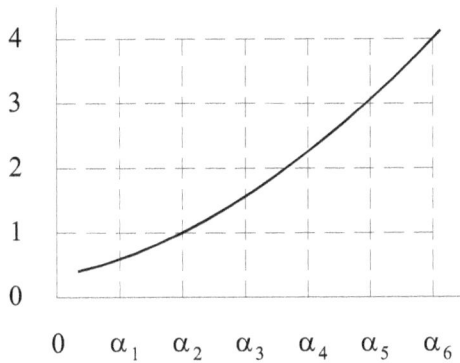

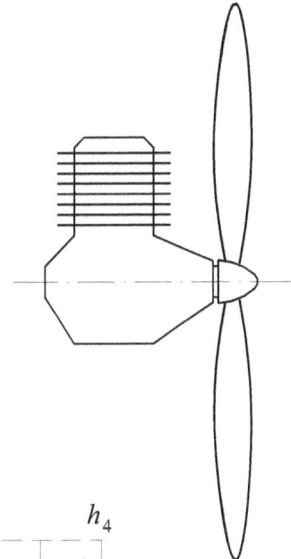

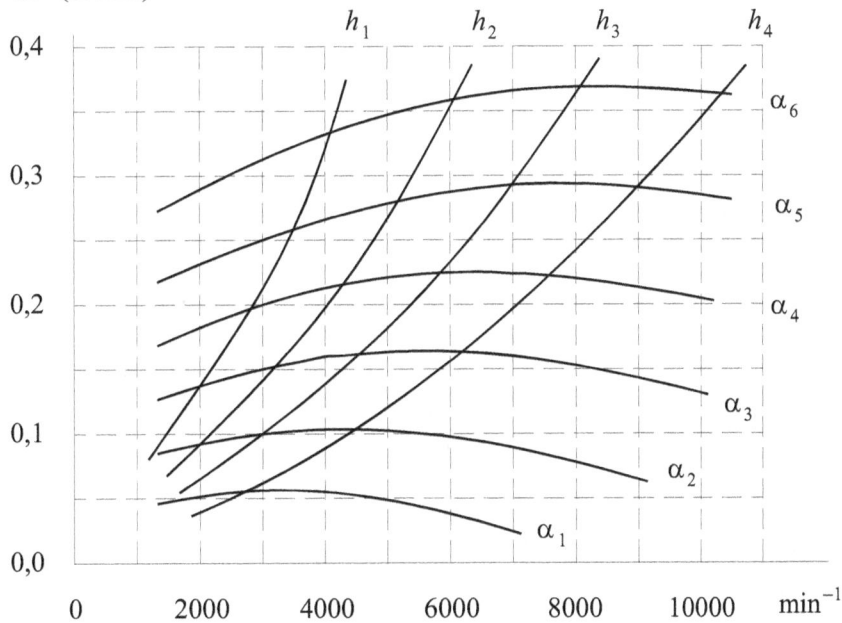

Enunciat

Es tracta d'elegir una hèlice, d'entre quatre possibles, per a un motor d'aeromodelisme que compleixi les condicions següents:

1. El sistema motor–hèlice elegit no ha de superar la velocitat de 7000 min^{-1}

2. L'hèlice elegida ha de permetre baixar l'alimentació del motor fins a una velocitat de 2000 min^{-1} sense que es cali, sabent que el funcionament del motor no és estable quan el grau d'irregularitat augmenta per sobre de $\delta \geq 0,2$.

El parell receptor de l'hèlice és continu, mentre que el del motor té grans fluctuacions que originen un salt energètic a cada cicle. La primera gràfica mostra la variació d'energia del motor (que coincideix amb la del sistema) en un cicle, ΔE_A, en funció dels diferents graus d'alimentació del motor, α. La segona gràfica proporciona les corbes de parell motor segons el nivell d'alimentació, α, superposades a les corbes per a les quatre hèlices de què es disposa, que representen quatre nivells de parell receptor, h.

Els moments d'inèrcia de les quatre hèlices són: $J_1=0,000150$ kg·m^2; $J_2=0,000120$ kg·m^2; $J_3=0,000100$ kg·m^2; $J_4=0,000080$ kg·m^2. El moment d'inèrcia reduït del motor és $J_{mR}=0,000015$ kg·m^2.

Resolució

1. *Limitació de velocitat màxima*

   La limitació de la velocitat del sistema motor–hèlice a una velocitat de 7000 min^{-1} descarta les hèlices h_3 i h_4 ja que amb la màxima alimentació del motor, α_6, la sobrepassarien.

2. *Grau d'irregularitat màxim*

   Cal comprovar si les dues hèlices restants compleixen la condició que, en disminuir la velocitat fins a 2000 min^{-1}, el grau d'irregularitat és igual o inferior a $\delta \leq 0,2$. En un principi sembla que l'hèlice més gran, h_1, que té el moment d'inèrcia més gran, és la que resulta més favorable; tanmateix, per a mantenir l'hèlice l'hèlice h_1 a la velocitat de 2000 min^{-1}, cal alimentar el motor al nivell α_3 mentre que, per a mantenir-hi l'hèlice h_2 n'hi ha prou amb alimentar-lo a α_2.

   La variació d'energia al llarg d'un cicle és, per al nivell d'alimentació del motor α_2, de $\Delta E_{A2}=1$ Joule, mentre que, per al nivell d'alimentació α_3, és de $\Delta E_{A3}=1,5$ Joule. Aplicant les fórmules, s'obté ($\omega_m=2000\cdot\pi/30=209,44$ rad/s):

   hèlice h_1 $\delta_1 = \dfrac{\Delta E_3}{(J_1+J_{mot})\cdot\omega_m^2} = \dfrac{1,5}{(0,000150+0,000015)\cdot209,44^2} = 0,207$

   hèlice h_2 $\delta_{21} = \dfrac{\Delta E_2}{(J_2+J_{mot})\cdot\omega_m^2} = \dfrac{1}{(0,000120+0,000015)\cdot209,44^2} = 0,169$

   Sorprenentment, és l'hèlice h_2, de menor moment d'inèrcia entre les que compleixen el primer punt, la que també compleix aquesta segona premissa de l'enunciat.

Enunciats de problemes

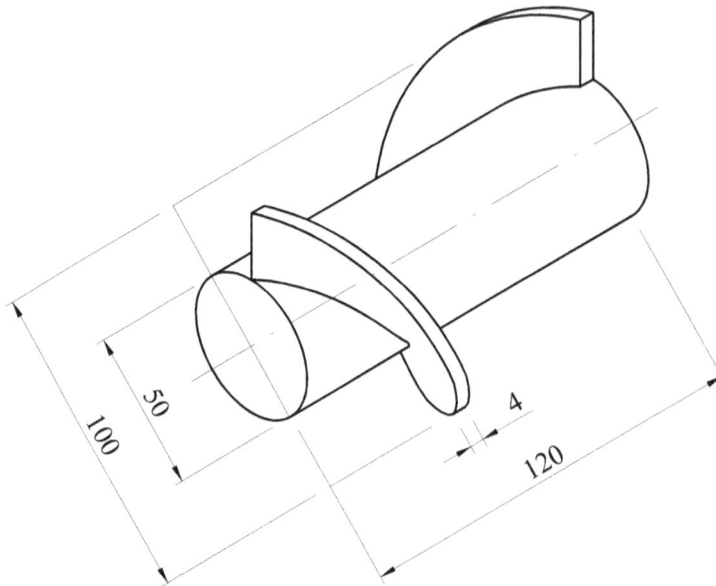

Enunciat

Es demana que s'avaluï el desequilibri creat per un àlep helicoïdal enrotllat sobre un cilindre i que dóna una volta completa. Es demana:

1. Dóna lloc a desequilibri estàtic, a desequilibri dinàmic o a tots dos ?

2. Cas d'haver-hi desequilibris, dissenyeu unes masses equilibradores (valor i situació) en els plans A i B.

Dades: Diàmetre interior de l'àlep: $d=50$ mm; Diàmetre exterior de l'àlep: $D=100$ mm; Gruix de l'àlep: $g=2$ mm; Pas helicoïdal: $p_h=200$ mm; Material de l'àlep: acer (densitat $\gamma=7{,}8$ Mg/m^3).

Enunciat

Un tren circula a 108 km/h per una via (sentit positiu de z en la Figura) i, en un determinat moment, la roda dreta passa per damunt d'una ondulació del carril (de fet un sotrac) la forma de la qual es pot modelitzar per la llei següent: $y = -y_0 (1-\cos\lambda x)$, on $y_0 = 0{,}02$ m i $\lambda = 2$ rad/m.

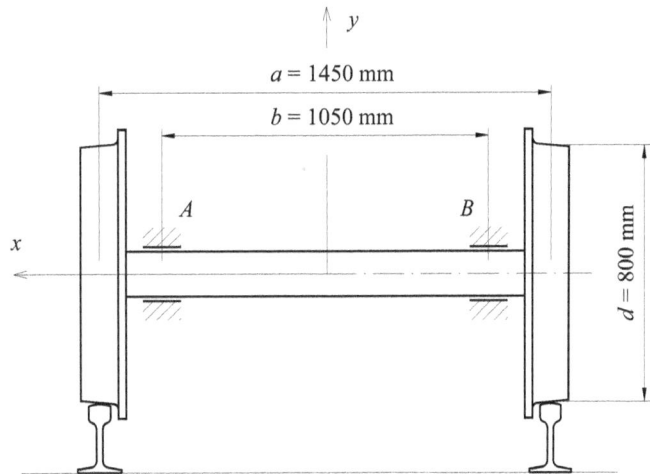

La roda, sotmesa al seu propi pes, segueix el carril de manera que l'eix rep una inclinació momentània a mà dreta que torna a redreçar-se ràpidament. Es demana:

1. Llei del parell giroscòpic que experimenta l'eix del tren en passar per damunt de la ondulació o sotrac.

2. Reaccions sobre els suports A i B de l'eix del tren

3. Valor del parell giroscòpic i reaccions en els suports si el tren circula a 144 km/h

Dades: *Eix (amb les dues rodes)*: moment d'inèrcia, $J_E = 60$ kg·m^2, distància entre suports, $a = 1050$ mm; *Rodes*: diàmetre de contacte amb el carril, $d = 800$ mm; *Via*: distància de contacte entre les rodes: $b = 1450$ mm.

Resposta: 1. $M_{gir\,y} = 3724{,}1 \cdot \sin(60 \cdot t)$ N·m; 2. $-R_{Az} = R_{Az} = 3548{,}6 \cdot \sin(60 \cdot t)$ N; 3. $M_{gir.y} = 6602{,}7 \cdot \sin(80 \cdot t)$ N·m; $-R_{Az} = R_{Az} = 6305{,}4 \cdot \sin(80 \cdot t)$ N;

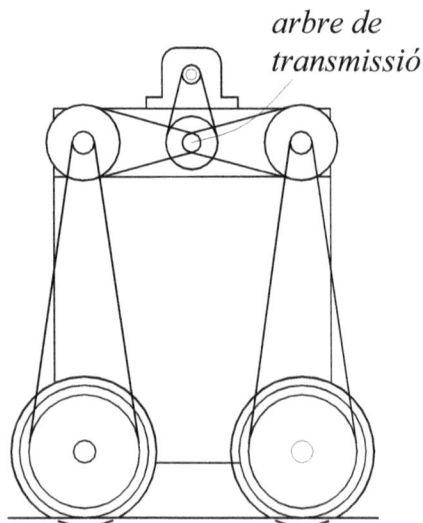

arbre de transmissió

arbre de transmissió

motor

longitud lliure entre suports 1950 mm

Enunciat

En una instal·lació industrial s'ha dissenyat un carro guiat sobre carrils distanciats 2000 mm que ha de deixar un pas inferior lliure entre rodes de 900 mm d'alçada. El carro, que té una velocitat màxima de $v = 1,05$ m/s es mou gràcies a la tracció de les quatre rodes i el moviment es transmet del motor a un arbre de transmissió elevat que connecta els dos costats del carro i, a les rodes, per mitjà de cadenes que redueixen la velocitat. Es demana:

1. Velocitat crítica de l'eix de transmissió sabent que es pot considerar simplement suportat pels dos costats

2. En cas que la velocitat crítica calculada limiti el correcte funcionament d'aquest sistema, possibles solucions per evitar-ho.

Dades: *Rodes*: diàmetre $d_{rod}=350$ mm; *Transmissió de cadenes*: relació de velocitats entre l'arbre de transmissió i les rodes $i_{cad}=20$; *Arbre de transmissió*: diàmetre $d_{arb}=25$ mm, longitud entre suports, $l_{arb}=1950$ mm.

Resposta: 1. Velocitat crítica: 798 min^{-1}; 2. Limita el correcte funcionament del sistema (no s'indiquen les solucions que ho eviten).

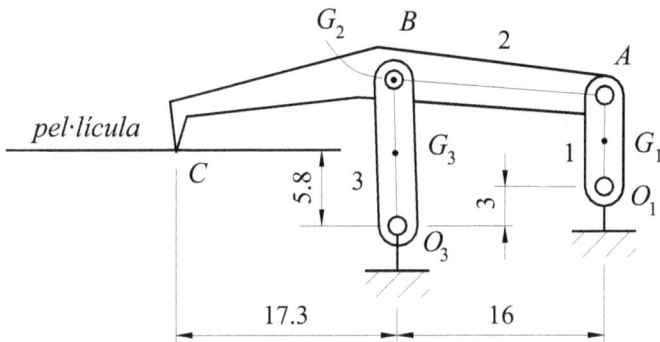

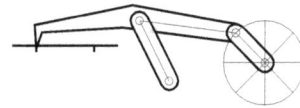

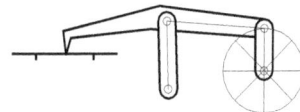

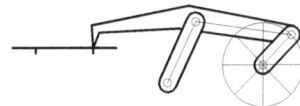

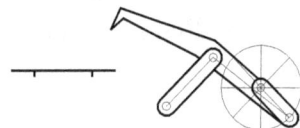

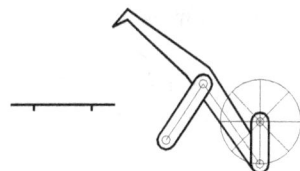

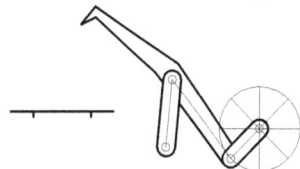

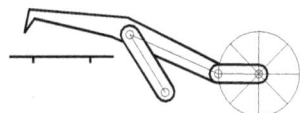

Enunciat

La Figura representa el mecanisme d'avanç intermitent que, a partir d'un moviment uniforme del membre 1, arrossega la pel·lícula en un projector de cinema. Atesa l'elevada velocitat del sistema (24 imatges per segon a fi de donar la sensació de continuïtat), es demana equilibrar el sistema seguint els següents passos:

1. Situeu una massa equilibradora damunt de la línia BC de manera que la massa total del membre 2 es pugui descompondre en dues masses puntuals en els punts B i C

2. Amb la nova massa del membre 2, equilibreu la resultant de les forces d'inèrcia del mecanisme (membres 1, 2 i 3) per mitjà de dos contrapesos en els arbres A i D.

3. Resta algun desequilibri en el mecanisme ?

Dades: *Mecanisme*: membres mòbils $AB = 6,9$ mm, $BC = 16,4$ mm, $CD = 11,1$ mm (la distàncies fixes estan representades a la Figura); *Membre* 1: massa $m_1 = 1,2$ g, moment d'inèrcia $J_{G1} = 0,017$ kg·mm^2; *Membre* 2: massa $m_2 = 4,1$ g, moment d'inèrcia $J_{G2} = 0,550$ kg·mm^2 (el centre d'inèrcia G_2 coincideix amb C); *Membre* 3: massa $m_3 = 1,5$ g, moment d'inèrcia $J_{G3} = 0,030$ kg·mm^2.

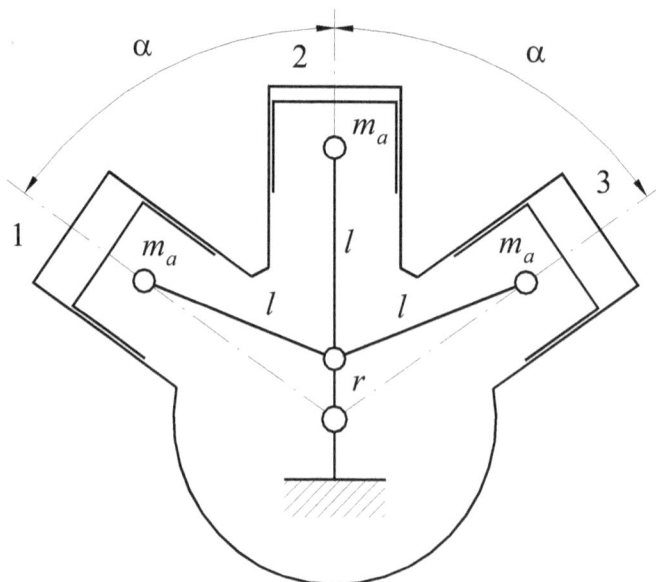

Enunciat

Es vol construir un compressor d'aire comprimit de tres cilindres en un mateix pla i es proposa d'analitzar la solució més convenient, des del punt de vista de l'equilibrament de masses, d'entre les dues fixades per l'angle: *a*) $\alpha = 45°$; *a*) $\alpha = 60°$. Es demana:

1. Establiu, per a cada una d'aquestes dues solucions, els diagrames de desequilibris de cada un dels conjunts de forces (primàries a $+\omega$, primàries a $-\omega$, secundàries a $+2\omega$, i secundàries a -2ω).

2. Avalueu, per a cada una d'aquestes dues solucions, les forces de desequilibri resultants (primàries a $+\omega$, primàries a $-\omega$, secundàries a $+2\omega$, secundàries a -2ω).

3. Doneu la vostra opinió sobre quina d'aquestes dues solucions és la millor.

Dades: Massa alternativa $m_a = 120$ g, longitud biela $l = 60$ mm, radi colze cigonyal $r = 20$ mm; Velocitat del cigonyal $n = 1432$ min^{-1}.

Resposta: 1. (gràfic). 2. *a*) Primàries a $+\omega$, 324 N; primàries a $-\omega$, 108 N; secundàries a $+2\omega$, 86,9 N; secundàries a -2ω, 14,9 N; *b*) primàries a $+\omega$, 324 N; primàries a $-\omega$, 0 N; secundàries a $+2\omega$, 72 N; secundàries a -2ω, 36 N. 3. És millor $\alpha = 60°$.

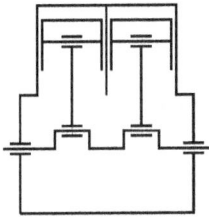 

Norton 750 (4T);   FIAT 500 (4T)

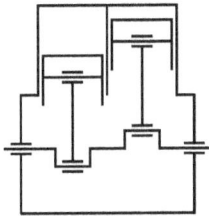 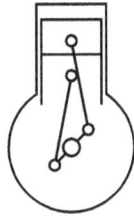

Ducati 500 (4T);   Benelli 250 (2T)

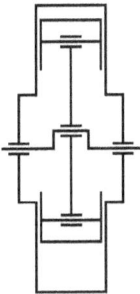 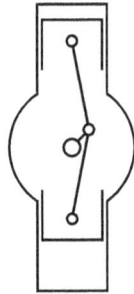

No s'utilitzen

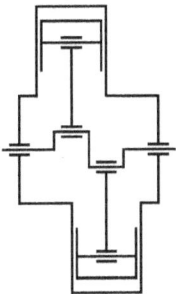 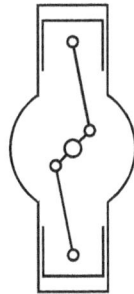

BMW-750 (4T);   Citroën 2CV (4T)

Enunciat

Analitzeu i valoreu els avantatges i inconvenients que presenten cada una de les configuracions de motors bicilíndrics de la figura, tant per a motors de 2 temps (2T) com de 4 temps (4T), des dels punts de vista següents:

1. Grau d'equilibrament del motor gràcies a la posició relativa dels cilindres i colzes de cigonyal

2. Facilitat de compensar els desequilibris del motor amb masses equilibradores

3. Regularitat del parell motor.

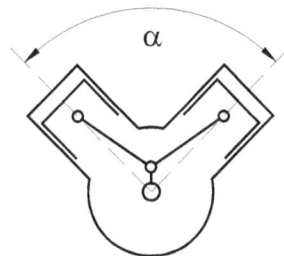

$\alpha = 90°$
Ducati 750
Guzzi 900

$\alpha = 60°$
Harley
Davidson

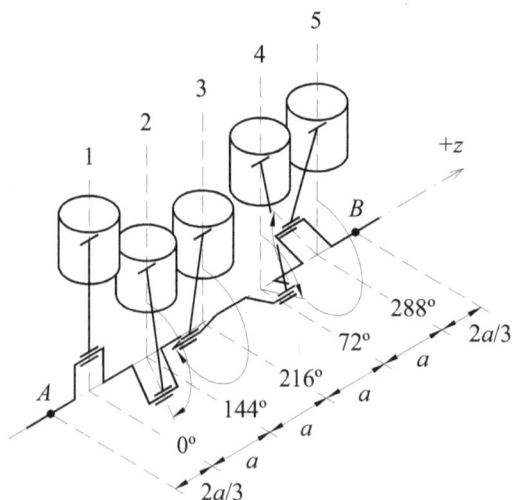

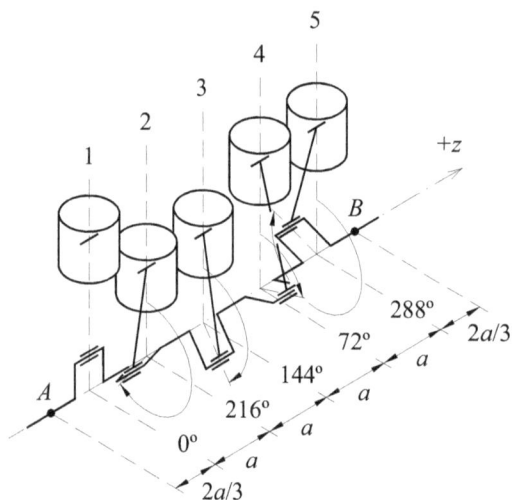

Enunciat

Hi ha moltes disposicions dels colzes de cigonyal en un motor de 5 cilindres en línia i 4 temps, d'entre les quals es vol estudiar les dues disposicions que mostra la Figura ($d1$ i $d2$). Es demana:

1. Avalueu els desequilibris (forces i moments, primàries i secundàries). Quina d'aquestes disposicions dóna un equilibrament millor ?

2. Es pot millorar l'equilibrament disposant dues masses equilibradores sobre dos plans perpendiculars al cigonyal en els punts A i B ? Quin producte $m \cdot r$ i quina orientació θ haurien de tenir aquestes masses equilibradores ?

3. Quin seria l'ordre d'explosió dels cilindres per repartir el parell al llarg del cicle en les dues disposicions de motor de la Figura ?

Resposta: 1. $d1$) Forces primàries i secundàries equilibrades; desequilibri moments primaris $(m_p \cdot r) \cdot (1{,}561 \cdot a)$; desequilibri moments secundaris $(m_s \cdot r) \cdot (4{,}750 \cdot a)$; $d2$) Forces primàries i secundàries equilibrades; desequilibri moments primaris $(m_p \cdot r) \cdot (0{,}449 \cdot a)$; desequilibri moments secundaris $(m_s \cdot r) \cdot (4{,}980 \cdot a)$; millor $d2$ que $d1$.

2. Sí. Per a $d2$: $(m \cdot r)_A = (m \cdot r)_B = 0{,}0842 \cdot (0{,}5 \cdot m_p \cdot r)$; $\theta_A = 306{,}124°$, $\theta_B = 126{,}124°$.

3. Per a $d2$ i rotació $+z$: 1–2–4–5–3.

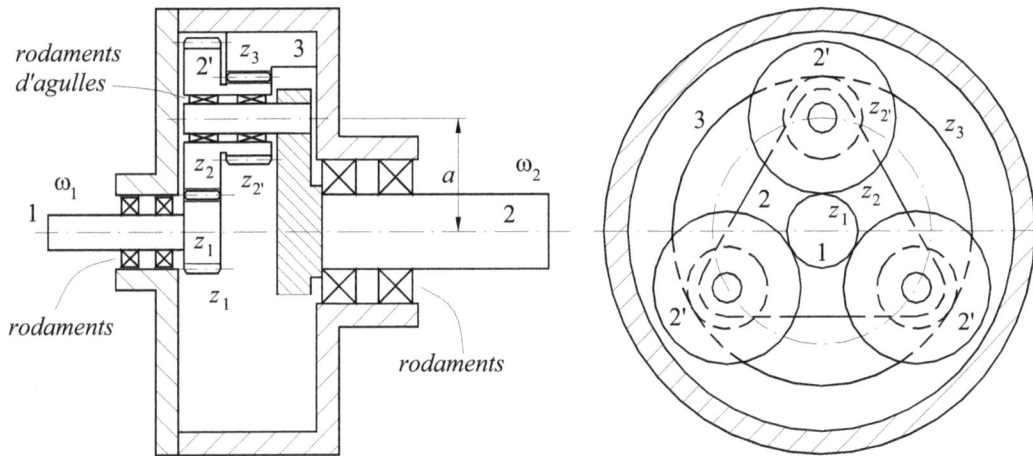

Enunciat

Es vol avaluar el moment d'inèrcia reduït a l'eix d'entrada del reductor planetari que mostra la figura amb tres eixos de satèl·lits. Totes les rodes dentades han estat tallades sense desplaçament amb una eina de mòdul $m_0=1,75$ i els nombres de dents són: $z_1=17$, $z_2=35$, $z_{2'}=19$ i $z_3=71$.

Els paràmetres de massa i moment d'inèrcia dels diferents membres són: *Membre* 1 (arbre d'entrada): $m_1=0,085$ kg, $J_1=0,000030$ kg·m^2; *Membre* 2 (braç de sortida): $m_2=0,860$ kg, $J_2=0,000395$ kg·m^2; *Membre* 2' (conjunt de 2 satèl·lits, repetit 3 vagades): $m_{2'}=0,285$ kg, $J_{2'}=0,000420$ kg·m^2; *Membre* 3 (corona): $m_2=1,475$ kg, $J_3=0,022275$ kg·m^2.

Es demana de calcular el moment d'inèrcia reduït a l'eix d'entrada:

Resposta: $J_R=0,000077$ kg·m^2

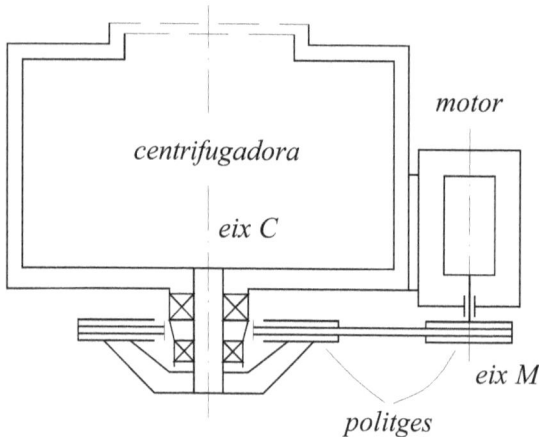

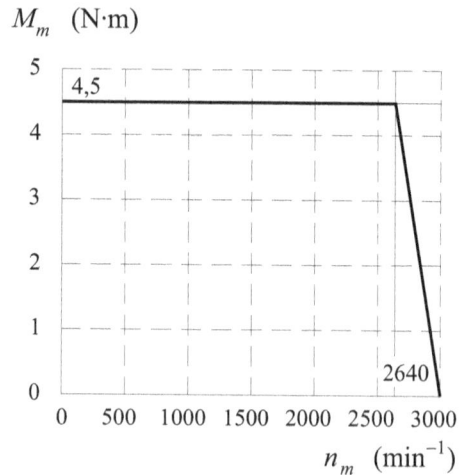

Enunciat

La Figura 1 representa una centrifugadora d'eix vertical accionada per un motor asíncron trifàsic de característica mecànica esquematitzada en la Figura 2 i una transmissió per corretja trapezial. De forma simplificada, se suposa que actuen uns parells de fricció constants sobre l'arbre motor, M_{fm}, i sobre l'arbre de la centrifugadora, M_{fc}. Es demana:

1. Velocitat de règim de la centrifugadora.

2. Temps d'acceleració del sistema fins a arribar al 90% de la velocitat de règim (el temps per aconseguir la velocitat de règim és teòricament infinit, ja que el parell accelerador tendeix a zero).

3. Temps d'aturada suposant que tan sols actuen els parells de fricció

4. Temps d'aturada si es col·loca un fre en l'arbre motor capaç d'exercir un parell, M_f = 9,5 N·m, considerat constant.

Paràmetres del sistema: *Motor*: moment d'inèrcia J_m=0,005 kg·m², parell de fricció: M_{fm}=0,25 N·m; *Tambor de la centrifugadora*: moment d'inèrcia J_c=3,78 kg·m², parell de fricció M_{fc}=4,5 N·m (en considerar-lo constant, s'ha simplificat la realitat ja que augmenta més que proporcionalment amb la velocitat a causa de la turbulència de l'aire); *Transmissió* (no es consideren les pèrdues per rendiment): diàmetre de la politja motora d_m=85 mm, diàmetre de la politja receptora (a l'eix de la centrifugadora) d_c=255 mm, massa de la corretja menyspreable.

Resposta: 1.: 2880 min⁻¹; 2.: 40,92 s; 3.: 86,17 s; 4.: 13,40 s

Enunciat

Un ascensor de construcció senzilla i funcionament esporàdic, sense contrapès, concebut per pujar 3 passatgers, és accionat per un motor asíncron En els ascensors sense contrapès (poc freqüents, ja que consumeixen molta energia) el parell motor sol ser elevat en relació a les inèrcies del sistema i les acceleracions resulten excessivament elevades.

Es demana:

1. Parell motor, parell receptor (1 persona i 3 persones) i moment d'inèrcia (1 persona i 3 persones), reduïts a l'eix del motor, M.

2. Acceleració de l'eix motor i de l'ascensor (1 persona i 3 persones)

3. Volant d'inèrcia que cal afegir a l'arbre del motor a fi de limitar l'acceleració màxima de l'ascensor amb 1 persona a $a_A = 2$ m/s^2.

Dades: *Motor*: característica mecànica de la gràfica adjunta; *Transmissió entre motor i ascensor* (reductor d'engranatges + tambor–cable): relació de transmissió $i_{MA}=310$ rad/m ($i_{red}=58,9$ rad/rad i de $d_{tam}=380$ mm), rendiment del conjunt, de $\eta_{MA}=0,80$; *Cabina i passatgers*: massa cabina $m_{cab}=180$ kg, massa de cada passatger $m_{cab}=70$ kg.

Resposta: 1. $M_{mM}=33$ N·m; $M_{rM(1\ per)}=9,41$ N·m; $M_{rM(3\ per)}=14,68$ N·m; $J_{rM(1\ per)}=0,0104$ kg·m^2; $J_{rM(3\ per)}=0,0121$ kg·m^2; 2. $a_{M(1\ per)}=6,96$ m/s^2, $a_{M(3\ per)}=4,65$ m/s^2; 3. $J_v=0,0258$ kg·m^2.

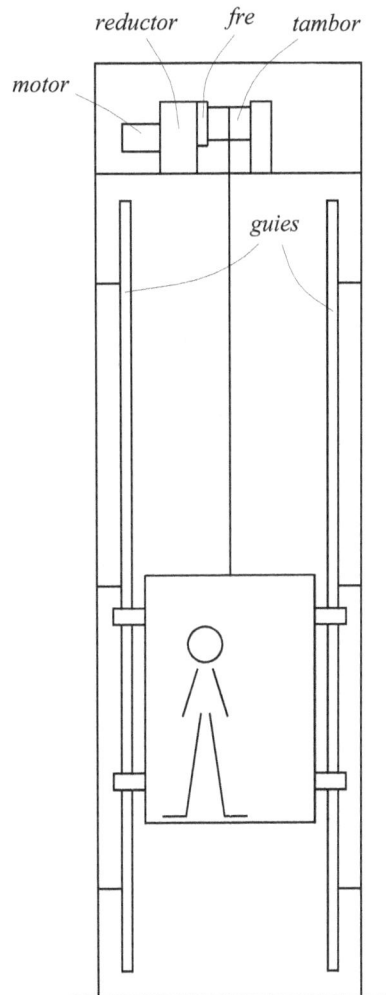

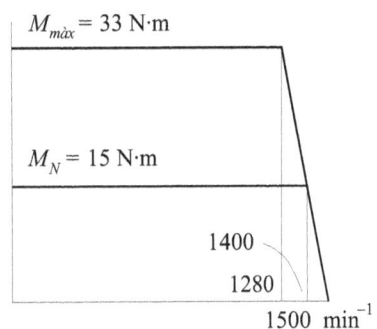

Enunciat

La figura representa la suspensió d'un vehicle per barra de torsió i amortidor.

Es demana:

1. Reduïu els paràmetres del sistema al punt B.

2. Determineu l'equació del moviment lliure del sistema per a petites oscil·lacions (es parteix de la hipòtesi de la linealitat del sistema i que el pneumàtic no perd el contacte amb el terra, que es manté fix).

3. Si el terra té un moviment harmònic expressat per $x_A = X \cdot \cos \omega t$, determineu l'equació del moviment a B i analitzeu la possibilitat que el sistema entri en ressonància.

Dades: *Roda*: radi $r = 250$ mm, massa $m_r = 8$ kg, moment d'inèrcia $I_r = 0{,}25$ kg·m^2; *Braç*: distàncies $BD = 330$ mm, $DG = 110$ mm, $DE = 110$ mm (BD i DE són perpendiculars, massa $m_b = 5$ kg, moment d'inèrcia al seu centre d'inèrcia $I_{Gb} = 0{,}24$ kg·m^2; *Barra de torsió*: rigidesa angular $K_\theta = 7500$ N·m/rad; *Pneumàtic*: rigidesa lineal equivalent: $K = 500$ kN/m; *Amortidor*: constant viscosa lineal $C = 500$ N·s/m.

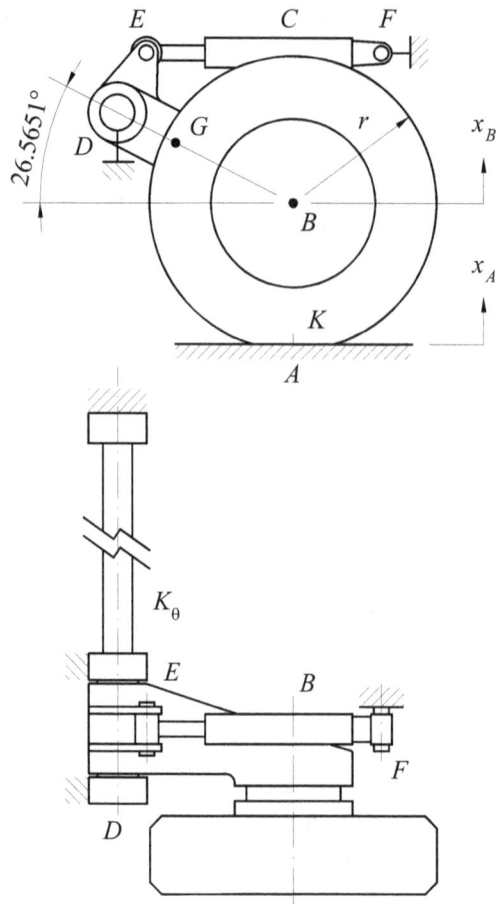

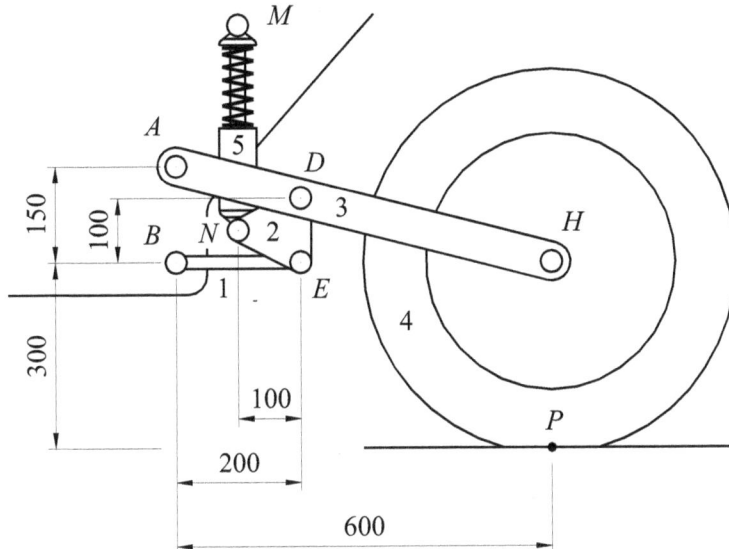

Enunciat

La Figura mostra l'esquema del mecanisme anomenat *de bieletes* per a la suspensió de la roda posterior d'una motocicleta que té entre altres objectius evitar la duplicació dels conjunts molla–amortidor a ambdós costats del vehicle i obtenir un efecte de rigidesa progressiva de la molla. El mecanisme, format pel quadrilàter articulat *ADEB*, aprofita el moviment amplificat del punt de biela *N* per actuar sobre el conjunt molla–amortidor (els punts *A*, *B* i *M* són solidaris amb el xassís de la motocicleta). Es demana:

1. Relació entre un petit desplaçament vertical del punt de contacte, *P*, de la roda amb el terra i la variació de la longitud de la molla.

2. Força reduïda en el punt de contacte, *P*, de la molla, F_{mP} (definida en la direcció perpendicular al terra)

3. Rigidesa reduïda en el punt de contacte, *P*, de la molla de la suspensió, K_P (definida en la direcció perpendicular a terra), essent la rigidesa de la molla, $K=80$ N/mm.

4. Amortiment reduït en el punt de contacte, *P*, de l'amortidor de la suspensió, C_P (definit en la direcció perpendicular a terra), essent la constant d'amortiment de l'amortidor, $C=18$ kN·s/m.

L'estudi es pot realitzar per a la posició de la Figura o per a tot el moviment de la suspensió.

Dimensions donades a la Figura.

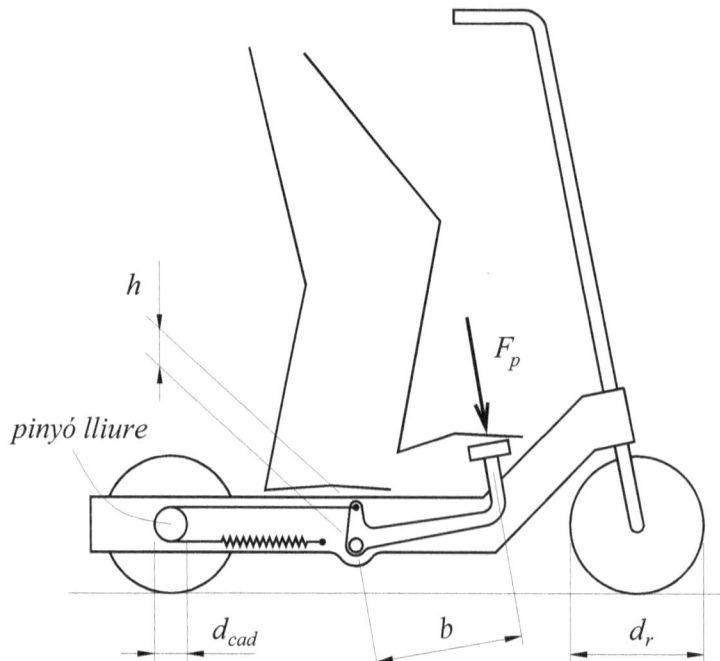

Enunciat

El pedal del patinet representat a la Figura actua sobre una cadena que engrana amb un pinyó lliure solidari a la roda (transmet el moviment en un sol sentit, com en una bicicleta); la cadena és retinguda per una molla de tracció en l'altre extrem, Es demana:

1. Massa reduïda del conjunt del patinet i tripulant al punt P del pedal. (Influeix molt el gir de les rodes?)

2. Per a la posició de la Figura, força sobre el pedal, F_P, necessària per arrencar el vehicle amb una acceleració de 1,25 m/s^2

3. Per a la posició de la Figura, força sobre el pedal, F_P, necessària per vèncer una pujada del 5%

4. És constant la massa reduïda durant el moviment del pedal? Quins són els seus valors en les posicions extremes? (el moviment del pedal respecte a la posició de la Figura és de ±15°).

Dades: *Masses i moments d'inèrcia*: massa total patinet m_p = 10 kg, : massa tripulant m_t = 70 kg, massa roda m_r = 1 kg,, moment d'inèrcia roda J_r = 0,03 kg·m^2; *Dimensions*: diàmetre roda d_r = 250 mm, diàmetre roda cadena d_{cad} = 50 mm, braç pedal b = 300 mm, braç tracció cadena h = 75 mm.

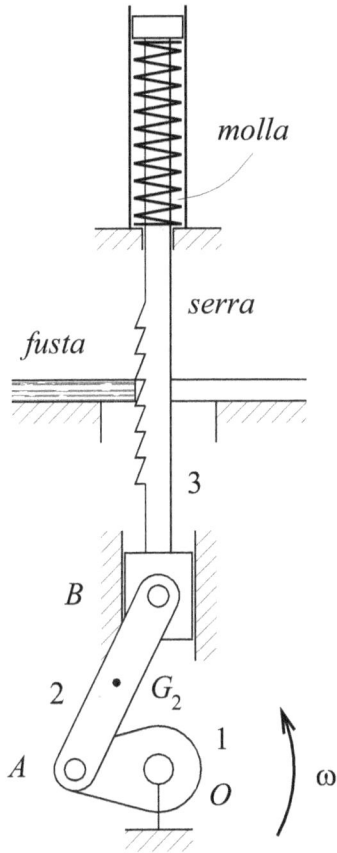

molla

serra

fusta

3

B

2 · G_2

1

A

O

ω

Enunciat

La Figura esquematitza una serra de marqueteria per a una determinada posició.

Es demana:

1. Calculeu les reaccions en les articulacions A i B i la força de la molla.

2. Si el frec entre la serra i la fusta és equivalent a un amortiment viscós de constant C = 20 N·s/m, determineu la freqüència pròpia del sistema en la posició de la Figura (reduïu els paràmetres a l'eix del cigonyal)

3. Quin és el grau d'irregularitat del sistema sense cap volant addicional?

Dades: *Cigonyal*: radi OA=10 mm, massa m_1 = 0,04 kg, moment d'inèrcia J_{O1}=0,04 kg·m^2; *Biela*: longitud AB=24 mm, massa m_2=0,04 kg, moment d'inèrcia J_{G2}=0,04 kg·m^2; *Corredora+serra*: massa m_3=0,03 kg; moment d'inèrcia J_{G3}=0,04 kg·m^2; *Molla*: constant de rigidesa K=0,05 N/mm; *Contacte serra-fusta*: força F=10 N; *Motor*: parell màxim M_m=0,05 N·m, velocitat angular ω_m=100 rad/s, moment d'inèrcia J_m=20 g·mm^2,.

(No tingueu en compte el pes dels elements mòbils)

Enunciat

El mecanisme de la Figura, que funciona en posició vertical, consta d'un element motriu 1 que, en girar, produeix un moviment alternatiu al carro 2. Quan el carro puja eleva una massa m (no representada) i, quan baixa, ho fa en buit.

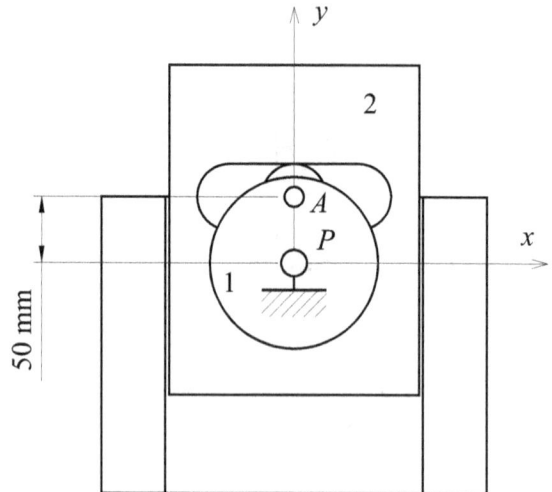

Com a responsable del projecte, us heu de pronunciar sobre els següents punts:

1. Parell motor que, suposat constant, és necessari per a fer funcionar el mecanisme en règim permanent. Potència del motor a l'eix 1.

2. Necessitat o no d'un volant d'inèrcia i, en cas afirmatiu, el seu valor.

3. La validesa de les hipòtesis que s'utilitzin. En cas de fer una hipòtesi simplificada, indiqueu de què serviria fer-la més exacta.

Dades: *Membre* 1: moment d'inèrcia $J_{P1} = 0,2$ kg·m^2; *Membre* 2: velocitat angular $\omega_1 = 10$ rad/s (la posició inicial és la representada i gira a dretes), massa $m_2 = 5$ kg (no es considera la massa del corró); *Càrrega*: massa $m = 10$ kg; *Sistema*: grau d'irregularitat admissible $\delta = 0,04$.

Resposta: 1. $M_{mot1} = 1,561$ N·m; $P_{mot1} = 15,6$ W; 2. Cal volant d'inèrcia de $J_v = 2,24$ kg·m^2; 3. No es justifica fer el càlcul exacte del volant.

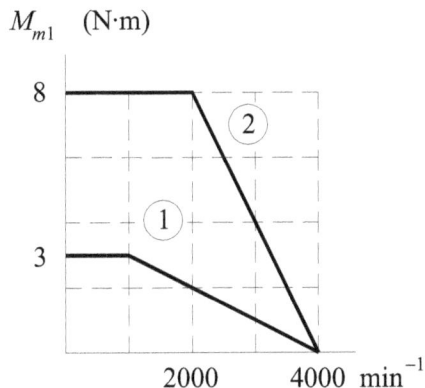

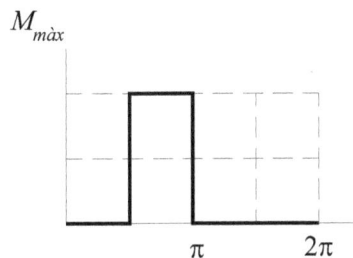

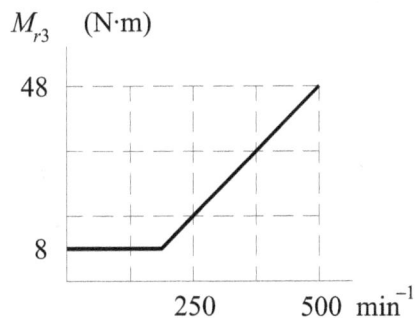

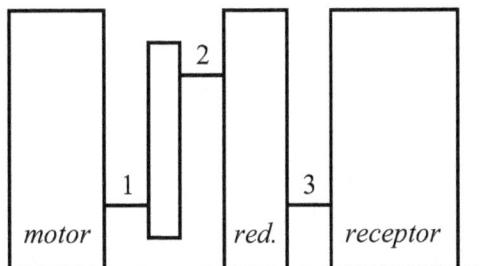

Enunciat

El conjunt de la Figura consta d'un motor, una transmissió per corretja, un reductor i una màquina que funciona a règim permanent. Es demana:

1. Tensió inicial de la corretja si llisca quan el parell motor excedeix 6 N·m.

2. Velocitat de règim a cada nivell d'alimentació.

3. El moment motor màxim en un cicle en cada nivell d'alimentació.

4. El grau d'irregularitat a l'eix motor

5. El temps del transitori que es produeix quan es canvia sobtadament al nivell d'alimentació 2 des de la situació de règim al nivell 1.

Dades:

Motor: Es disposa: corbes de parell motor mitjà reduït a l'eix 1 amb dos nivells d'alimentació, corba de variació del parell motor en un cicle; moment d'inèrcia reduït a l'eix 1 $J_{m1}=2$ kg·m^2 (inclou la politja).

Transmissió per corretja: diàmetres politges $d_1=100$ mm $d_2=150$ mm, distància entre eixos $a=200$ mm, límit d'adherència corretja–politges $\mu_0=0{,}25$;

Reductor: moment d'inèrcia reduït a l'eix 2 $J_{red2}=0{,}5$ kg·m^2 (inclou politja 2), relació de transmissió $i=4$.

Màquina receptora: Es disposa de corba de parell receptor reduït a l'eix 3 (es manté constant en cada cicle), moment d'inèrcia reduït a l'eix 3 $J_{r3}=8$ kg·m^2.

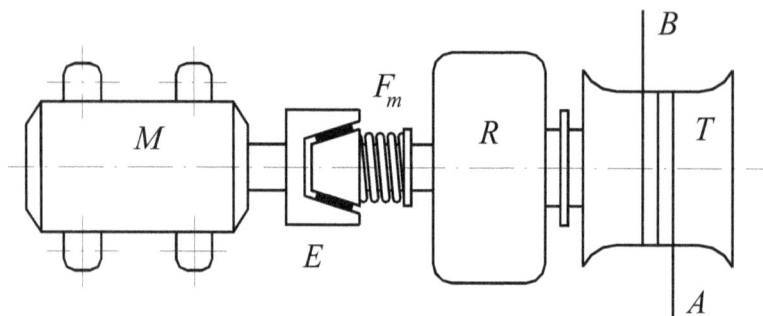

M_m (N·m)

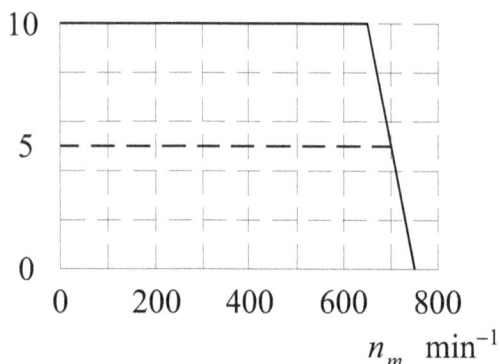

n_m min^{-1}

Enunciat

Una manera d'obtenir una gran força de tracció en un cable és per mitjà de l'ajut de la màquina de la Figura, d'ús freqüent en els vaixells.

Els conjunt consta d'un motor, M, un embragatge cònic, E, un reductor, R, i un tambor, T. La maniobra es realitza de la forma següent:

a) Després de posar en marxa el conjunt, el mariner dóna unes voltes de cable sobre el tambor, deixant-lo fluix i mantenint-lo per A sense tensió

b) Quan li donen l'ordre, el mariner exerceix una certa tensió en A i així aconsegueix a B una tensió molt més elevada, necessària per a la maniobra.

Es demana:

1. Tensió de la molla, F_m, per tal que el màxim parell transmès sigui de 7 N·m
2. Força de tracció que, com a màxim, hi haurà a B, i, en aquest cas, força que ha de fer l'operador i nombre de voltes del cable.
3. Descriure i justificar la posada en marxa. Pot patinar l'embragatge ?

Dades: *Motor*: parell nominal M_N=5 N·m, velocitat nominal n_N=700 min^{-1}, moment d'inèrcia J_m=0,004 kg·m^2; *Embragatge*: diàmetre exterior d_e=100 mm, diàmetre interior d_i=75 mm, semiangle del con δ=30°, coeficient fricció μ=0,2; *Reductor*: relació de transmissió i=50; *Tambor*: diàmetre d_T=200 mm; *Conjunt embragatge– reductor–tambor*: moment d'inèrcia reduït a l'eix motor J_R=5 kg·m^2; *Cable–tambor*: límit d'adherència μ_a=0,15; *Mariner*: força màxima a A, F_A=100 N; *Resistències passives*: parell equivalent a l'arbre motor M_{rR} = 1 N·m.

Sistema mecànic amb embragatge i fre

Problema IIIE-18   JMP

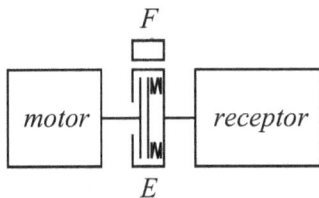

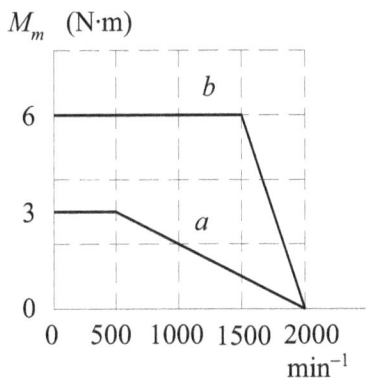

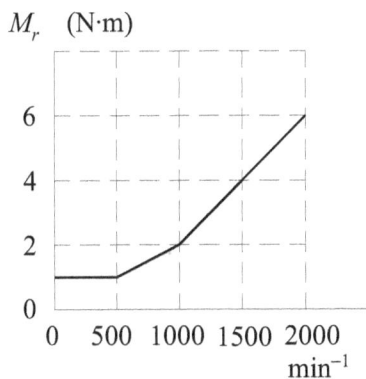

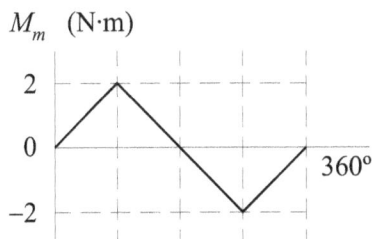

Enunciat

La Figura mostra un sistema composat per un motor enllaçat a una màquina a través d'un conjunt d'embragatge i fre. Es demana:

1. Força de les molles de l'embragatge per garantir que lliscarà quan el parell transmès sigui de 6 N·m

2. Temps del transitori que correspon al canvi brusc del nivell d'alimentació a al nivell b

3. Moment d'inèrcia que hauria de tenir un volant afegit al sistema per reduir el seu grau d'irregularitat a la meitat

4. Si per frenar s'atura el motor i s'aplica un parell de frenada de $M_f = 8$ N·m, lliscarà l'embragatge ?

Dades:

Embragatge: monodisc en sec i actuen 2 cares, diàmetre exterior $d_e = 150$ mm, diàmetre interior $d_i = 100$ mm, coeficient de fricció $\mu = 0,2$.

Motor: diagrama de parell motor per a dos nivells d'alimentació (el parell motor es manté constant en cada cicle), moment d'inèrcia reduït a l'eix $J_{mR} = 0,1$ Kg·m² (constant).

Màquina receptora: diagrama de parell receptor reduït a l'eix de la màquina, diagrama de variació del parell receptor en cada cicle M_{rm} (representa el parell receptor mitjà que correspon a un règim determinat), moment d'inèrcia reduït a l'eix $J_{rR} = 0,05$ Kg·m² (constant).

Bibliografia

AGULLÓ I BATLLE J. [1995]. *Mecànica de la partícula i del sòlid rígid*. Publicacions OK PUNT, Barcelona.

AUBLIN, M.; et al. [1992]. *Systèmes mécaniques. Théorie et dimensionnement*. Dunod, Paris.

BARÁNOV, G.G. [1979]. *Curso de la teoría de mecanismos y máquinas*, Editorial MIR, Moscú.

CARDONA, S.; i altres [1999]. *Teoria de màquines* (segona edició) CPDA, Publicacions d'Abast, ETS d'Enginyeria Industrial de Barcelona.

DE LAMADRID MARTÍNEZ, A.; DE CORRAL SAIZ, A. [1992]. *Cinemática y dinámica de máquinas* (VII edició; 1a edició de 1969) ETS de Ingenieros Industriales, Madrid.

ESNAULT, F. [1994]. *Construction mécanique. Transmission de puissance. Applications*. Dunod, París.

FANCHON, J.-L. [1989]. *Mécanique (statique, cinématique, énergétique, résistance des matériaux)*. Nathan Technique, París.

FEODOSIEV, V.I. [1972]. *Resistencia de materiales*. Editorial MIR, Moscú.

HANNAH, J.; STEPHENS, R.C. [1982]. *Mechanics of Machines. Advanced theory and examples*. Editat per Edward Arnold, Londres 1982 (primera edició de 1963).

LAFITA BABIO, F.; MATA CORTÉS, H. [1964]. *Vibraciones mecánicas en ingeniería*. Editat per INTA, Madrid.

LEÓN, J. [1983]. *Dinámica de máquinas*. Editorial Limusa, México.

MABIE, H.H.; REINHOLTZ, C.F. [1998]. *Mecanismos y dinámica de maquinaria*. Limusa, Noriega Editores, México.

NORTON, R.L. [1995]. *Diseño de maquinaria*. McGraw-Hill, México.

RAMÓN MOLINER, P. [1978]. *Dinámica de máquinas*. CPDA de la ETS d'Enginyeria Industrial de Barcelona.

RAMÓN MOLINER, P. [1980]. *Vibraciones*. CPDA de la ETS d'Enginyeria Industrial de Barcelona.

RAMÓN MOLINER, P. [1981]. *134 problemas de teoría de máquinas y mecanismos.* CPDA de la ETS d'Enginyeria Industrial de Barcelona.

RIBA ROMEVA, C. [1988]. *Selecció de motors i transmissions en el projecte mecànic.* CPDA de la ETS d'Enginyeria Industrial de Barcelona.

SHIGLEY, J.E.; UICKER, J.J. [1988]. *Teoría de máquinas y mecanismos.* McGraw-Hill, México.

www.ingramcontent.com/pod-product-compliance
Lightning Source LLC
Chambersburg PA
CBHW080540220326
41599CB00032B/6326